U0260132

国家出版基金项目
NATIONAL PUBLICATION FOUNDATION

"十三五"国家重点图书出版规划项目
中国河口海湾水生生物资源与环境出版工程
庄 平 主编

辽河口及邻近海域 生态环境与渔业资源

霍堂斌 宋 伦 姜作发 主编

中国农业出版社
北 京

图书在版编目（CIP）数据

辽河口及邻近海域生态环境与渔业资源/霍堂斌，宋伦，姜作发主编 . —北京：中国农业出版社，2018.12
中国河口海湾水生生物资源与环境出版工程/庄平主编
ISBN 978-7-109-24695-9

Ⅰ.①辽…　Ⅱ.①霍…②宋…③姜…　Ⅲ.①辽河流域—生态环境②辽河流域—水产资源　Ⅳ.①X321.23②S922.3

中国版本图书馆 CIP 数据核字（2018）第 228792 号

中国农业出版社出版
（北京市朝阳区麦子店街 18 号楼）
（邮政编码 100125）
策划编辑　郑　珂　黄向阳
责任编辑　林珠英　黄向阳

北京通州皇家印刷厂印刷　　新华书店北京发行所发行
2018 年 12 月第 1 版　　2018 年 12 月北京第 1 次印刷

开本：787mm×1092mm　1/16　印张：16.25
字数：335 千字
定价：118.00 元
（凡本版图书出现印刷、装订错误，请向出版社发行部调换）

内容简介

　　本书共6章。第一章地理特征及生态环境，阐述了辽河口及邻近海域地貌类型及地质特征、气候特征和水文条件；第二章辽河口水域环境，阐述了辽河口水化学和重金属元素特征，以及辽河口及周边水域污染概况；第三章辽河口生物资源，阐述了辽河口浮游植物、浮游动物、底栖动物和游泳动物种类组成、优势种、数量和生物量分布及季节变化；第四章辽河口生态系统健康评价，阐述了辽河口和辽东湾生态系统健康评价体系的构建和健康诊断；第五章辽河口主要经济水生生物种类，介绍了51种鱼类、14种甲壳类、25种贝类和2种腔肠类的形态特征、生态习性、分布及经济价值等；第六章辽河口渔业资源现状与可持续利用管理，阐述了辽河口及其邻近海域鱼类研究简史、渔业生产简史和渔港概况，分析了辽河口生态环境及渔业资源面临的问题，并提出了渔业资源可持续利用管理策略。本书可供相关领域科研工作者、大专院校师生参考，也可为管理部门决策提供科学依据。

丛书编委会

科学顾问　唐启升　中国水产科学研究院黄海水产研究所　中国工程院院士
　　　　　曹文宣　中国科学院水生生物研究所　中国科学院院士
　　　　　陈吉余　华东师范大学　中国工程院院士
　　　　　管华诗　中国海洋大学　中国工程院院士
　　　　　潘德炉　自然资源部第二海洋研究所　中国工程院院士
　　　　　麦康森　中国海洋大学　中国工程院院士
　　　　　桂建芳　中国科学院水生生物研究所　中国科学院院士
　　　　　张　偲　中国科学院南海海洋研究所　中国工程院院士

主　　编　庄　平
副 主 编　李纯厚　赵立山　陈立侨　王　俊　乔秀亭
　　　　　郭玉清　李桂峰
编　　委（按姓氏笔画排序）
　　　　　王云龙　方　辉　冯广朋　任一平　刘鉴毅
　　　　　李　军　李　磊　沈盎绿　张　涛　张士华
　　　　　张继红　陈丕茂　周　进　赵　峰　赵　斌
　　　　　姜作发　晁　敏　黄良敏　康　斌　章龙珍
　　　　　章守宇　董　婧　赖子尼　霍堂斌

本书编写人员

主　　编　　霍堂斌　宋　伦　姜作发

副主编　　王召会　郑文军　姚艳玲　宋广军　纪　锋

参　　编　　黄晓丽　李培伦　王继隆　宋　聃　袁美云

　　　　　　孙　明　宋永刚　邵泽伟　吴金浩　杨　爽

　　　　　　赵海勃　李　耕　伊长涛

丛书序

　　中国大陆海岸线长度居世界前列，约 18 000 km，其间分布着众多具全球代表性的河口和海湾。河口和海湾蕴藏丰富的资源，地理位置优越，自然环境独特，是联系陆地和海洋的纽带，是地球生态系统的重要组成部分，在维系全球生态平衡和调节气候变化中有不可替代的作用。河口海湾也是人们认识海洋、利用海洋、保护海洋和管理海洋的前沿，是当今关注和研究的热点。

　　以河口海湾为核心构成的海岸带是我国重要的生态屏障，广袤的滩涂湿地生态系统既承担了"地球之肾"的角色，分解和转化了由陆地转移来的巨量污染物质，也起到了"缓冲器"的作用，抵御和消减了台风等自然灾害对内陆的影响。河口海湾还是我们建设海洋强国的前哨和起点，古代海上丝绸之路的重要节点均位于河口海湾，这里同样也是当今建设"21 世纪海上丝绸之路"的战略要地。加强对河口海湾区域的研究是落实党中央提出的生态文明建设、海洋强国战略和实现中华民族伟大复兴的重要行动。

　　最近 20 多年是我国社会经济空前高速发展的时期，河口海湾的生物资源和生态环境发生了巨大的变化，亟待深入研究河口海湾生物资源与生态环境的现状，摸清家底，制定可持续发展对策。庄平研究员任主编的"中国河口海湾水生生物资源与环境出版工程"经过多年酝酿和专家论证，被遴选列入国家新闻出版广电总局"十三五"国家重点图书出版规划，并且获得国家出版基金资助，是我国河口海湾生物资源和生态环境研究进展的最新展示。

该出版工程组织了全国 20 余家大专院校和科研机构的一批长期从事河口海湾生物资源和生态环境研究的专家学者，编撰专著 28 部，系统总结了我国最近 20 多年来在河口海湾生物资源和生态环境领域的最新研究成果。北起辽河口，南至珠江口，选取了代表性强、生态价值高、对社会经济发展意义重大的 10 余个典型河口和海湾，论述了这些水域水生生物资源和生态环境的现状和面临的问题，总结了资源养护和环境修复的技术进展，提出了今后的发展方向。这些著作填补了河口海湾研究基础数据资料的一些空白，丰富了科学知识，促进了文化传承，将为科技工作者提供参考资料，为政府部门提供决策依据，为广大读者提供科普知识，具有学术和实用双重价值。

中国工程院院士

2018 年 12 月

前　言

　　河口连接着流入海洋的河流，承载着海洋涌入的海水，是连接海洋与河流的纽带。受海洋、内陆的气候、水文、水质的影响，其物理、化学、水文、环境比较复杂，构成了复杂的生态系统。河口特殊的生态环境和水文特点，形成了水生生物重要的产卵场、索饵场、越冬场、洄游通道和栖息地，孕育了种类繁多的生物类群，多样性极其丰富，既生存着淡水种类，又有海水种类，同时生存着适宜咸淡水环境的种类。我国入海河流众多，类型复杂，据不完全统计，在包括台湾岛、海南岛及其他一些大岛在内的漫长海岸线上，分布着大小不同、类型各异的河口 1 800 多个，其中河流长度 100 km 以上的河口有 60 多个。我国著名的大型河口有长江口、珠江口、黄河口等。

　　辽河口位于渤海辽东湾顶部，地处北温带，属暖温带半湿润大陆性季风气候。辽河口是辽河的入海口，分为大辽河口和双台子河口两个入海口，是辽东湾海域主要的入海河口。辽河口海岸线与潮流方向垂直，河口处大潮潮差可达 4 m 以上，是强潮河口。河口呈明显的喇叭形，潮汐类型属于非正规半日混合潮，涨潮历时较短，落潮历时较长。辽河入海口属于湿地生态系统，水生生物种类极为丰富，是斑海豹在我国海域最主要的栖息地，中华绒螯蟹的资源也极为丰富。同时，辽河口还是各种鱼、虾和海蜇等水生动物的重要产卵场、索饵场、越冬场、洄游通道和栖息地；辽河口有水禽 100 余种，数量达到 100 余万只，有国家一级重点保护动物丹顶鹤、白鹤、白鹳、黑鹳等，国家二级重点保护动物大天鹅、灰鹤、白额雁等，是鸟类的重要分布区。

研究和保护辽河口生态环境和水生生物，是保护环境、建设生态文明，充分发掘和可持续利用辽河口自然资源的重要任务。我国对辽河口的研究起步较晚。中华人民共和国成立后，先后有中国环境科学研究院、中国海洋大学、辽宁省海洋科学研究院、大连海洋大学、东北师范大学、中国水产科学研究院黄海水产研究所、中国水产科学研究院营口增殖放流站、中国水产科学研究院黑龙江水产研究所等科研院所，对辽河口的形成、地理、地貌、底质、水化学、潮汐、水生生物、生态环境变更、河口污染等从多学科、多角度进行了广泛深入的研究，取得了丰硕的成果。

　　为了推进我国河口水生生物和生态研究，为河口生态可持续发展、自然资源的恢复和养护提供科学依据和技术支撑，中国农业出版社、中国水产科学研究院东海水产研究所牵头组织了"中国河口海湾水生生物资源与环境出版工程"丛书的编写工作，《辽河口及邻近海域生态环境与渔业资源》即在此丛书的编写框架下组织编写。本书集中了中国水产科学研究院黑龙江水产研究所、辽宁省海洋科学研究院、中国水产科学研究院营口增殖实验站等单位近年来对辽河口生态环境、水生生物的研究成果；收集了辽河口及邻近海域地理及生态环境特征；分析了辽河口生物资源现状；开展了辽河口生态系统健康评价，同时总结了辽河口主要经济水生生物种类的生物学特性和渔业资源现状与可持续利用管理策略。本书集资料性、理论性和实践性为一体，可为从事相关领域的研究提供参考。

　　由于编者学识所限，书中难免存在问题和不足，敬请同仁批评指正。

编　者

2018 年 10 月

目　录

第一章
地理特征及
生态环境

第一节　辽河口及邻近海域

　　河口是一个包含有地貌、水文、地质、生物、物理等特征的自然地理系统，是河流与海洋、湖泊、水库等受纳水体交汇及相互作用的区域。其按受纳水体不同可分为入海河口、入湖河口、入库河口和支流河口（沈焕庭，1991）。一般意义上的河口指入海河口（estuary）。入海河口（以下简称"河口"）位于地面径流与海洋的交汇和过渡地带，是流域与海洋物质交换的主要通道，兼有河流与海洋生态系统特征，是具有重大资源潜力和环境效益的生态系统。欧美学者广泛采用 Pritchard（1967）提出的物理和地理意义上的河口定义，即"一个与开阔海洋自由相通的半封闭的海岸水体，其中的海水在一定程度上为陆地排出的淡水冲淡"。Davies（1980）提出的生物和化学意义上的河口定义则认为"河口是部分封闭的，永久性或间歇性与开阔的海洋相通，由于海水和来源于陆地的淡水混合，从而盐度有一定程度变化的海岸水体"。

　　《中国海湾志》中将河口划分为：①河流近口段，指潮区界和潮流界之间的河段，这部分河段的水位在潮汐的作用下有规律性地涨落，水流特性为河流性特性；②河口段，是河流与海洋的交汇区域，其水流受径流和潮汐强弱交替、相互消长的作用，越往下游潮流作用越强，径流作用越弱，反之亦然；③口外海滨，为河口段海边到滨海浅滩的外界，在大陆架狭窄的地方，其外界与大陆架相连，水流特性为海洋性特性（《中国海湾志》编纂委员会，1998）。

　　由于海淡水巨大的理化性质差异、潮汐与径流的不同动力学特征及独特的气候条件，使河口水域成为物质与能量交换最频繁和影响最显著的地方（刘汝海　等，2008）。河口水域具有盐度和温度变化大、水体透明度低、底质以细沙软泥为主并富含有机碎屑等特点（方子云，2004），因而形成了其独特的水生生物组成和丰度变化。咸淡水的区域性动态变化导致生物群落在淡水生态系统与海洋生态系统间的过渡，使河口水域成为海洋中许多广盐性生物完成部分生活史或全部生活史的重要区域，也为许多重要鱼类物种创造了良好的产卵、索饵等栖息条件。地表径流输送的泥沙和营养物质在河口区域大量富集，丰富的营养物质使河口生态系统成为世界上生产力最高的生态系统（庄平　等，2006）。河口地区是人类活动频繁的地区，其生态环境敏感脆弱，环境变化影响深远。世界上许多河口及邻近地区人口稠密，且社会经济发达，使得河口地区的水生生物资源与水环境问题日益突出并受到广泛关注（杨宇峰　等，2006）。

一、辽河口概况

　　辽河口位于辽宁省的西南部、辽东湾顶部的平原淤泥质海岸，包括大辽河口（40°40′N—

41°01′N、122°05′E—122°26′E）和双台子河口（40°50′N—41°20′N、121°30′E—122°00′E），是由大辽河、双台子河与渤海辽东湾东北部交汇形成的三角洲河口。其中，大辽河口由浑河与太子河汇合后自营口市入海，双台子河口由东、西辽河汇入辽河干流，经双台子河自盘锦市入海，都汇入辽东湾北部。

辽河口段地处北温带，属暖温带半湿润大陆性季风气候，年平均气温 8.0 ℃，年均降水量 620～730 mm，年日照时数为 2 768.5 h。按照 Pritchard 对河口的地貌分类方法，辽河口属于溺谷河口（Pritchard and Kinsman，1960）。按动力特征分类，辽河口为缓混合型陆海双相河口，其入海口位于辽东湾北部，大辽河口偏东南方向，双台子河口则居中。河流出口轴线都与岸线呈斜交，河口为明显的喇叭状，口内河道迂回，并伴有沙滩和岛屿。河口处大潮潮差可达 4 m 多，是强潮河口，潮汐类型属于（非）正规半日混合潮，涨潮历时较短（平均约 5.8 h），落潮历时较长（平均约 6.6 h）。双台子河潮流界位于盘山闸以上 15 km 处的常家窝铺，1968 年修建盘山拦河闸后，阻截了外海潮流上溯，现状潮区（流）界在闸址处，距河口 65.8 km（大流子沟口）。盘山闸闭闸期间，闸下即为潮流段，盘山水文站（闸下 2.52 km）多年平均潮差为 0.74 m，涨潮历时 3.2 h，落潮历时 9 h。大辽河全段为感潮河段，枯水期潮水可以上溯到三岔河以上，距河口约 96 km（郭芬，2009）。

辽河口口门自汉代海城附近到今天双台子河口，西迁了约 70 km，口门附近海岸线也向西南延伸了约 45 km，平均每世纪延伸约 2 km，形成了如今宽广的辽河三角洲平原。双台子河口区原为人迹罕至的沼泽地带，是"没有兔子，没有狼"的南大荒，直到 20 世纪 80 年代发现石油，修筑石油公路之后，人们才能从陆地到达河口，领略白鹤芦苇的自然风光。50 年代，双台子河河床下切、平面弯道演变剧烈，水流冲刷、挟沙能力极强，河道水深，2～30 t 木帆船可以从新民直航出海。60 年代末，盘山闸的修建隔断了潮流的通道，潮波反射变形，加上天然径流量偏枯，沿河工、农业用水猛增，迫使长期关闸蓄水，泄量减少，使海、陆双向失去平衡，导致盘山闸上下严重淤积，船闸前淤厚约 7 m，闸上库容也很快淤损（潘桂娥，2005）。河口区形成了典型的淤泥质滩涂及滩间水道，在大辽河口形成东滩、西滩，涨潮时淹没，落潮时露出（石明珠，2012），在双台子河口则形成更大的盖州滩，以及大片的湿地沼泽。

双台子河口区拥有中国高纬度地区面积最大的滨海芦苇湿地，湿地内建有"国家级湿地自然保护区"和"海蜇中华绒螯蟹国家级水产种质资源保护区"，是多种生物栖息、繁殖和越冬的重要场所。此外，双台子河口区内拥有全国第三大油田——辽河油田，同时也是国家重要的造纸原料基地和商品粮基地。该区域资源以油田、稻田、芦苇、虾蟹开发为核心，属于农业、油气、港口全方位综合开发区（张蕊，2010）。随着河流沿岸工、农业的发展，污染物和营养物质大量入海导致水体富营养化和水质恶化，工农业用水增加导致的淡水资源短缺，以及人工养殖、围海造田和石油开采等人类活动的开展所造成的河口生态环境系统被破坏等问题，成为辽河口生态环境保护和经济可持续发展的新挑战。

二、辽东湾海域概况

辽东湾位于渤海北部，是渤海三大海湾中面积最大（约为 30 000 km²）的一个，也是我国纬度最高的海湾（陈珊珊 等，2016）。广义的辽东湾指河北省大清河口到辽东半岛南端老铁山角以北的海域，狭义的辽东湾则指秦皇岛与长兴岛连线以北渤海海域。辽东湾入海河流总计近 40 条，主要有六股河、狗河、兴城河、大凌河、小凌河、辽河、大辽河、大清河和熊岳河等，河口大多由水下三角洲形成。河流入海带入大量的沉积物、有机质和污染物，是影响辽东湾沉积变化和生态稳定健康的重要原因。

辽东湾海域属三面环陆、一面临海的封闭式海湾，系大陆边缘被海水淹没的水下自然延伸部分，东侧为千山山地，西侧为燕山山地，海域面积约 270 000 km²，最大水深 32 m，平均水深 22 m。辽东湾为地堑型凹陷，湾底地形自顶端及东西两侧向中央倾斜，全湾被第三纪以来的厚层沉积物覆盖。海湾中央为辽中洼地，地势平坦，沉积黑色微臭淤泥；东西两岸与千山、燕山、松岭相邻，水下地形较陡，形成基岩——砂砾质海岸，西侧发育六股河和滦河水下三角洲，而东南部为辽东浅滩，由多条呈指状的大型潮流沙脊构成；湾顶与辽河下游平原相连，水下地形平缓，构成小凌河口到西崴子 350 km 的淤泥质平原海岸，发育有辽河水下三角洲和周边大片的芦苇湿地，是辽河平原的水下延伸，大约至 20m 水深区域，由北部入海河流泥沙堆积而成。

辽东湾北部海域是指鲅鱼圈港（40°18′N、122°05′E）和菊花岛（40°29′N、120°50′E）连线以北海域。海域的大气环流为西风流，属于暖温带亚湿润季风气候，太阳辐射季节性强，年内温度变化较大，年平均温差为 28 ℃，每年冬季都有固体冰出现，冰厚约 30 cm，是中国近海冰情最重的海域。受西北风影响，辽东湾东岸又较西岸为重。潮汐来源于由渤海海峡传入的北黄海潮波系统，在海岸地形、地转偏向力和摩擦力的作用下，形成旋转潮波系统，为不规则半日潮区，平均潮差 2.7 m（营口站），湾顶最大潮差 5 m。辽东湾北部海域有辽阔的滩涂和浅水区，沿岸有 4 条主要河流流入该海域，自西向东分别是小凌河、大凌河、辽河和大辽河。受到径流的影响，辽东湾北部海域沿岸水体混浊、有机质丰富、浮游生物繁茂，是多种鱼、虾、贝、蟹的产卵和索饵场所。该海域海岸类型为平原淤泥岸，湿地大面积集中连片、沟渠纵横、坑塘泡沼密布，是咸、淡水动植物混生地带，国家级湿地自然保护区——双台子河口湿地自然保护区也坐落于此（冯慕华 等，2003）。

辽东湾北部海域地处东北经济的中心地区南端，海域农业、渔业、旅游、石油开发等活动频繁。区域油气资源丰富，被誉为中国第三大油田。同时，有 4 个主要港口，分别是葫芦岛港、锦州港、盘锦港和鲅鱼圈港（孔祥鹏，2014）。辽东湾是一个半封闭的海湾，自净能力相对较弱。由于入海河流流域内人口稠密，工农业活动频繁，氮、磷和石油类等污染物随河入海，致使辽东湾北部海域污染严重，赤潮频发，渔业资源日渐衰退。为控制人类活动带来的废物排放对海域的污染，保护海域生态环境，国家采取了一系列措施，实行"碧海蓝天"计划，加强污水处理，使海湾的污染状况得到一定范围的控制，但是仍然任重而道远。

三、辽河流域概况

辽河在汉代以前称句骊河，汉代称大辽河，五代以后称辽河。《汉书·地理志》："大辽水出塞外，南至安市入海，行千二百五十里。"《水经注》："大辽水出塞外卫白平山，东南入塞。"辽河的名称始见于《辽史·地理志》："辽河出东北山口为范河，西南流为大口，入于海……"（《中国水利百科全书》编辑委员会，2006）。

辽河位于中国东北地区的西南部，与长江、黄河、珠江、淮河、海河和松花江，并称为我国七大江河。辽河流域的地理位置为 $40°30'N—45°17'N$、$116°54'E—125°32'E$。流域东部辽东、吉东山地与西流松花江、鸭绿江流域为界，西部和西南部以七老图山、努鲁尔虎山、医巫闾山与滦河、大凌河、小凌河毗邻，北部为松辽分水岭与松花江流域接壤，南濒渤海，中部为辽河平原。整个流域呈东西宽、南北狭，东西宽约 770 km，南北长约 539 km（水利部松辽水利委员会，2004）。

辽河发源于河北省承德地区七老图山脉的光头山，河源海拔 1 490 m，流经河北、内蒙古、吉林和辽宁 4 省（自治区），在辽宁盘锦市注入渤海，河流全长 1 345 km，流域面积 219 600 km²。辽河流域可分为辽河上游西辽河地区，东辽河，辽河中下游地区，以及浑太和大辽河等共 4 个水系。

辽河上游西辽河地区水系。面积 136 200 km²，占辽河总面积的 62%，全部在内蒙古自治区赤峰市和通辽市境内。上游地区有老哈河、西拉木伦河、西辽河干流、教来河、新开河和乌力吉木伦河 6 条较大河流。辽河源头至西拉木伦河汇入口段，称老哈河。该段河流秦汉至魏晋称为"乌候秦水"，隋唐称"托乾臣水""土护真河"，辽代称"土河""徒河"，清朝以后称老哈河。老哈河长 426 km，流域面积 27 400 km²，河道总落差 1 215 m，多年平均年径流量 12.7 亿 m³，主要支流包括黑里河、坤兑河、英金河、蚌河等。

东辽河水系。是辽河干流上游左侧的大支流，全长 360 km，流域面积 11 400 km²，占辽河流域总面积的 5.2%。东、西辽河在福德店汇合后称辽河干流，以下为辽河中下游地区。

辽河中下游地区水系。全部在辽宁省境内，全长 515 km，流域面积 44 700 km²，占辽河流域总面积的 20.35%。干流左岸有较大支流招苏台河、清河、柴河、范河；右岸有支流秀水河、养息牧河和柳河，河口以上有绕阳河等先后汇入，上游均为黄土丘陵和沙丘区，是辽河流域主要水土流失地区。柳河是辽河下游右岸的一条较大支流，由于河流泥沙含量大，河道变迁剧烈，因此是辽河下游右岸洪水危害较为严重的河流之一（水利部松辽水利委员会，2004）。

浑太和大辽河地区水系。辽河干流下游河道历史上是通过外辽河到达三岔河，纳入浑河和太子河后，经大辽河由营口入海。清咸丰十一年（1861），辽河大水，在外辽河上口附近右岸的冷家口门溃堤决口，洪水顺双台子潮沟冲刷成新槽，分流入海，从此逐渐形成双台子河。1958年，为了使辽河干流和浑河、太子河洪水能分别畅排入海，也为了满足三岔河地区的排涝要求，建设了永久性堤防工程，致使辽河在六间房水文站附近分成两股。一股西行，经台安县、盘锦市双台子区，在盘山县纳绕阳河后入渤海，此段被称为双台子河；另一股南行，称外辽河，在三岔河水文站与浑河、太子河汇合后称大辽河，穿过大洼县、大石桥市，于营口市的老边区入渤海辽东湾（水利部松辽水利委员会，2004；潘桂娥，2005）。

太子河古名大梁水，亦名东梁河，又名衍水。太子河名始见于《辽史·地理志》："东梁河自东山西流，与浑河合为小口，会辽河入海，又名太子河，亦曰大梁水。"流域（40°48′N—41°64′N、122°29′E—124°92′E）分南北两支，北支发源于辽宁省新宾县境内的长白山脉，南支发源于恒仁县，两支于本溪市汇为太子河干流。太子河自东往西流经抚顺、本溪、丹东、辽阳、沈阳、鞍山6市13个县（市），全长413 km，流域面积约13 883 km²。太子河源头属山地溪流类型，上游地区（观音阁水库以上）为山地森林多水区，中游地区（观音阁水库至葠窝水库段）为低山丘陵区，下游地区（葠窝水库以下）为少水区，主要是平原耕种和城镇化区域。流域支流众多，主要支流有细河、兰河、汤河、北沙河、海城河等。太子河流域地处温带半湿润气候区，四季分明，6—8月降水量丰沛，10月至翌年4月冻结，标准冻深1.2 m，年平均气温5～10 ℃。其地层主要为第四系全新统河流相冲洪积成因的粉质黏土、粉土、沙土、卵砾石及下覆寒武系中统张夏组石灰岩（冯夏清 等，2010；殷旭旺 等，2012；岳伟，2012）。

浑河古名辽水，亦名小辽水，其名见《辽史·地理志》东京辽阳府："浑河在东梁、范河之间。"浑河流域（40°48′N—41°64′N、122°29′E—124°92′E）发源于抚顺市清源县长白山支脉的滚马岭，自东向西纵贯辽宁省东部和中部，流经清源、新宾、抚顺、沈阳、辽中、海城、台安等市（县），于三岔河与太子河汇合，全长415 km，流域面积约11 481 km²。全流域地势东南高、西北低，河道曲折，支流众多。流域内山丘区占总流域面积的67%，平原区占33%。浑河的支流多集中在中上游河段，主要支流有社河、苏子河、蒲河、细河等。浑河中上游属温带季风型气候带，降水是该流域水资源的重要补给，多年平均年降水量为791.6 mm，主要分布于6—9月，10月到翌年4月河面冻结，标准冻深1.2 m（水利部松辽水利委员会，2004；刘伟 等，2016）。

从太子河和浑河汇合后的三岔河起，到营口为止，这段河道称大辽河。大辽河自此往西南流经辽宁省海城、盘山、大石桥、大洼、营口等市（县），穿行于辽河中下游区域的近海地带，其全长 94 km，流域面积 1 926 km²。两岸为辽河下游冲积平原，地势平坦，海拔在 3～10 m，地层主要由粉质黏土、沙层和黏性土组成，岩土排渗能力弱，地下水位较浅。在营口市境内流域面积为 1 962 km²，河段长 97.2 km，河宽 300～700 m，水深变化为 3～15 m（石明珠，2012）。大辽河多年平均径流量 7.715×10⁹ m³，占辽东湾入海径流量的 55.32%，主要集中在 7—9 月，径流量年内分配极不均匀，夏季 8—9 月径流量最多。大辽河是辽东湾海域主要的入海河流之一，也是具有航运、养殖、灌溉等多功能的河流（杨丽娜，2011）。

辽河流域水系发育，支流众多。据统计，流域面积大于 1 000 km² 的一级支流有 19 条，流域面积大于 10 000 km² 的大支流有英金河、西拉木伦河及其支流查干木伦河、教来河、乌力吉木伦河、东辽河、浑河、太子河和绕阳河共 9 条。然而，辽河流域水资源比较贫乏，按照 1992 年 9 月资料，采用 1951—1982 年 32 年的系列，辽河流域多年平均地表径流量为 150.272 亿 m³，地下水资源量为 128.544 亿 m³，地下水可开采量 68.20 亿 m³，扣除重复水量后，水资源总量为 235.113 亿 m³，1990 年人均水资源量为 692 m³，每 667 m² 水资源量为 345 m³，分别相当于全国人均水平的 20% 和 13%。与中国其他六大江河人均水资源量对比，辽河流域水资源线低于黄河，而与淮河、海河相近，均是我国人均水资源紧缺地区（《中国河湖大典》编纂委员会，2014）。

四、辽东湾北部海域其他主要河流

辽东湾北部海域主要有 4 条入海河流，自西向东分别是大凌河、小凌河、辽河和大辽河（孔祥鹏，2014）。大、小凌河地处中高纬度及欧亚大陆东端，属暖温带大陆性季风气候区，水资源主要来源于大气降水，受夏季东南季风影响。

1. 大凌河

大凌河位于辽宁省西部，是该地区流域面积最大、流程最长的入渤海河流。北魏时称白狼河，辽代称灵河，金代称凌河，元代称凌河岁，明代始称大凌河。大凌河发源于辽宁省建昌县要路沟乡水泉沟，由西北流向东南流经建昌县、喀喇沁左翼蒙古族自治县、朝阳市、北票市、义县、凌海市等市（县），东邻绕阳河、柳河，南部有小凌河、六股河，西与青龙河接壤，北与教来河相邻，于盘山县与凌海市交界处注入渤海。大凌河干流全长 453 km，流域面积 23 549 km²，其地理坐标为 40°28′N— 42°38′N，118°53′E—121°52′E。大凌河流域西北以努鲁尔虎山为界与辽河上游段老哈河、教来河相邻，东南以松岭为界与小凌河、六股河相邻，东北以医巫闾山为界毗邻绕阳河，西林海河流域滦河支流青龙河。整个流域有多种地貌母质类型，中游地区有片麻岩花岗岩山地、石灰岩山地、安山岩丘陵、沙砾岩丘陵、红土坡和黄土阶地 6 种。流域内多山地丘陵，山丘区面积约占全流域的 89%，平原区面积占 11%，流域内植被较差，水土流失严重，洪峰涨跌迅速（胡童坤，1963；《中国河湖大典》编纂委员会，2014）。

大凌河支流众多，河系不对称分布，较大支流均位于干流左侧，流域面积在 100 km² 以上的一、二级支流达 56 条，其中细河、牤牛河的流域面积在 2 000 km² 以上，大凌河西支、第二牤牛河、老虎山河的流域面积均大于 1 000 km²。流域面积在 1 000 km² 以下的较大支流有凉水河、渗津河、依玛图河、清河等。大凌河多年平均年水资源总量 19.65 亿 m³，其中地表水 18.55 亿 m³、地下水 9.1 亿 m³，人均水资源量仅 301.3 m³，是辽宁省的干旱缺水地区（《中国河湖大典》编纂委员会，2014）。

大凌河流域属于温带亚干旱气候，四季分明，冬季严寒少雨，夏季炎热多雨，多年平均气温 7～9.5 ℃，年均降水量 498.2 mm（1956—2000）。流域内多属荒山秃岭，植被稀少，水土流失严重，气候干旱，暴雨集中，洪水汇流时间短，峰高量小，河水含沙量大，旱涝灾害频繁。汛期主要集中在 6～9 月，占全年径流量的 70%，其余时期为枯水期。据大凌河水文站资料统计，多年平均含沙量为 18.68 kg/m³，多年平均输沙量为 2 466.82 万 t。白石水库以下年输沙量都在 2 000 万 t 以上，含沙量 13～18 kg/m³，每年有大量泥沙入海。

2. 小凌河

小凌河是辽宁省西部地区独留入海的河流之一，是辽西地区第二大河流，属沿海山溪性河流。其辽代名小灵河，元代易名小凌河。小凌河发源于辽宁省朝阳县瓦房子镇牛粪洞子村明安喀喇山脉，河源海拔 454.2 m，由西向东流经朝阳县、葫芦岛市南票区、锦州市区，于凌海市注入渤海。小凌河流域北与大凌河毗邻，地理位置为 $41°07'N—41°11'N$、$120°45'E—120°46'E$。流域面积 5 475 km²，河长 206.2 km，多年平均径流量为 $3.98×10^8$ km²/a，年最小径流量为 $5.5×10^7$ t。小凌河有良图沟河、女儿河等支流，流域形同宽叶片状，流域平均宽度 22 km，流域面积大于 100 km² 的支流 14 条，流域面积大于 1 000 km² 的支流只有女儿河一条。小凌河流域内山地占 60%，丘陵占 23.7%，平原占 16.3%。流域内为低山丘陵、坡积扇（群）组成，海拔 700～768 m，地势为西北高，东南低，比降大，水势急（特别是上游地区）。沿岸地形多变，多为荒山秃岭，水土流失严重，河流含沙量大，气候干旱，是严重的资源型缺水地区（《中国河湖大典》编纂委员会，2014）。

小凌河流域地处辽宁省西部，属温带大陆性季风气候，四季分明，冬季严寒干燥，夏季炎热多雨，汛期与枯水期界限分明。流域内多年平均气温 8.4 ℃，多年平均年降水量 500～600 mm，年内降水分配极不均匀，多集中在每年的 6～9 月，约占全年降水量的 69.7%。小凌河的含沙量较大，集中在降水季节，历年平均含沙量 2.21 kg/m³（1975—2006），最大含沙量 67.9 kg/m³（1961）（王焕松 等，2010；熊金锋、杨光，2011）。

第二节　地貌类型及地质特征

一、辽东湾的地貌类型及地质特征

辽东湾位于新华夏系第二巨型沉降带辽河断陷-渤海坳陷内，郯庐断裂带呈 NE 向延伸，并贯穿本区域（耿秀山，1981）。渤海是新生代的隆起和坳陷运动产生的沉降盆地，从中生代末期，渤海开始断陷下沉。自新生代以来，受 NE 向郯庐断裂控制的影响，于古近纪断陷下沉，至新近纪开始大规模的下沉，渤海地貌雏形形成，晚第四纪海面上升，渤海与黄海沟通，就形成当今的渤海地貌（徐家声，1990）。NE 和 NNE 为主体的断裂构造控制了海底地貌的基本格局，形成一系列狭长的湖泊和低洼湿地，老铁山水道及大凌河—辽河古河道都是沿着断裂发育的。辽河平原的河流充填作用是在古近纪以来伴随着基底的持续沉降形成的，因此，辽河平原堆积了巨厚的新生代沉积物（张子鹏，2013）。第四纪以来，在下辽河平原东西两侧的山前侵蚀平原，地表河流携带大量泥沙冲出山口进入平原，形成冲积扇，后经过 3 次海侵，形成了现在的水下三角洲，下部多发育潮流沙脊（刘晓瑜 等，2013）。老铁山水道是更新世冰期结束以后开始，随着海侵过程逐渐发育，距今 6000～7000 年间基本形成现在的水道地貌形态（刘建华 等，2008）。

辽东湾海岸线主要分为两类：淤泥岸和沙砾岸。从小凌河口至菊花岛段均为基岩沙质海岸，从盖州市至小凌河口为辽河平原。辽东湾的顶部属平原淤泥岸，每年承受辽河、大凌河等大小河流入海泥沙的大量补给，并在湾顶落淤，形成宽的大潮滩（Hagström et al，1988）。沙砾岸部分受地貌条件和海岸现代过程的控制，又可划分为岸堤沙砾岸（山海关-兴城、盖平角-太平湾）和岬湾沙砾岸（太平湾-东岗、小凌河-兴城）两个亚类。整个海岸线近于平直，总延伸方向为 NE－SE 向，与区域构造方向近乎一致（何磊，2004）。熊岳-盖县岸线为基岩前冲洪积沙质平直岸，其特点为：在基岩型海岸的外侧，由于当地冲洪积物质较为发育，在岸边往往出现狭窄堆积地貌，形成了冲洪积-基岩混合型海岸地貌。岩性为前震旦纪石英砂岩和花岗岩，该类岩石易于风化，在外引力作用下，山坡后退，高度显著降低，山体缩小而变为山丘。盖州-锦西岸线为淤积性海岸，为辽河、大凌河等河冲积平原及三角洲淤长而形成的海岸。辽河、大辽河、大凌河、小凌河等都汇入下辽河平原，形成规模不等、厚度相异的河口三角洲，并形成下辽河冲积海积平原。

二、辽河流域的地貌类型及地质特征

辽河流域东、西两侧为低山或中山，东有千山山脉、龙岗山脉，西有大兴安岭山脉和辽西山地，地势较高，一般海拔 500 m 以上；北为松辽流域分水岭，地面高程 200～300 m；中部是广阔的大平原。全区山脉走向大都为 NE、NNE 向，次为 NW 或 EW 向，海拔高度一般在 500～800 m。三面群山呈马蹄形环抱着辽河大平原。辽河流域地貌的基本轮廓和地壳表层的构造形态有关，其中尤以山地的脉络最为明显，有的与地质构造走向几乎完全一致。一般来说，东西两侧山地以构造剥蚀地貌为主，广阔平原地带的地貌以堆积地形为主。另外，在松辽平原的西部和西南部，风沙地貌较发育，沙丘、沙垄成群分布，形成广大的沙丘覆盖的冲积平原（水利部松辽水利委员会，2004；《中国河湖大典》编纂委员会，2014）。

辽河流域东部，辽东、吉东山地相对高程 150～700 m，山势较缓，河流发育，林木茂盛，属侵蚀剥蚀中低山丘陵区，仅有少数峰岭属中山地形。流域西部、南端属燕山山脉或东延部分，相对高程 150～1 000 m，属侵蚀剥蚀和侵蚀褶皱断块中低山丘陵地貌。河流切割较强烈，山势较陡峻，地形较零散，并发育有 3～4 级夷平面，山坡下部风化作用较强，有较厚的沉积和残积物堆积，有黄土台地分布；北段为大兴安岭山脉南端，山岭起伏连绵，雄伟、壮观，其最高峰黄岗山高程 2 034 m，是东北地区第二高峰。流域北部，松辽流域分水岭由于燕山运动造成分水岭北移，形成现分水岭，原分水岭遗留为丘陵地貌。辽河平原以堆积地貌为主，高程由西、北、东向中间倾斜降低，南侧以高程 50～53 m 与渤海相接（水利部松辽水利委员会，2004；《中国河湖大典》编纂委员会，2014）。

辽河流域地层分布较全，岩性种类多，主要包括沉积岩、岩浆岩。流域内沉积岩地层从前震旦系至第四系均有出露。太古界鞍山群主要为变质岩系，是流域内最古老的褶皱基底，主要分布于浑河、太子河上游地段。下元古界辽河群为一套陆相碎屑岩和碳酸盐岩形成的变质岩系，主要出露于浑河、太子河流域。上元古界长城系多出露于铁岭以东的泛河、柴河流域；蓟县系出露于抚顺地区和泛河流域；青白口系和震旦系均主要分布于太子河流域。古生界寒武系和奥陶系主要出露于太子河流域；志留系出露于西辽河上游北岸；泥盆系出露于西辽河支流教来河上游地段；石灰系分布于太子河流域及教来河上游地带老哈河与西拉木伦河上源；二叠系多见于西辽河上游呼虎尔河、西拉木伦河、老哈河等支流地段。中生界侏罗系在流域内为大陆湖相河流相砾岩、砂页岩、煤系等沉积，多出露于流域西部山区铁岭法库一带；白垩系主要由内陆湖相的砾岩和砂页岩构成，出露于辽西和内蒙古。新生界第三系主要包括古新统、始新统、渐新统、中新统和上新统，多出露于抚顺、沈阳以北、盘锦及喀喇沁旗一带；第四系遍布流域山间河谷平原和辽河平原。岩浆岩可分为侵入岩和喷出岩两类。流域内侵入岩分布面积广泛，主要为酸性岩类，中基性、超基性岩类也很发育。太古代基性、超基性岩类主要岩石类型为角闪岩、橄榄岩、变质辉长岩、变质辉绿岩等，常见于开原、法库、海城一带。元古代花岗岩类和基性超基性岩类由斑状花岗岩、黑云母闪长岩和斜长花岗岩及辉长岩、橄榄岩等组成，零星分布于海城及草河口一带。加里东晚期岩浆岩由辉长岩、斜长角闪片岩、角闪岩及花岗岩等组成，出露于四平东部。华力西期岩浆岩的岩石类型主要为闪长岩、黑云母花岗岩、斜长花岗岩等，流域内以晚期最发育。印支期侵入岩为花岗岩、二长花岗岩等，多见于辽东半岛南部沿海。燕山期侵入岩主要由闪长岩、石英闪长岩、似斑状黑云母花岗岩等组成，以燕山早期最发育，分布出露于内蒙古西辽河流域及浑河、太子河流域。流域内喷出岩以安山岩、粗面岩、泥纹岩、玄武岩等为主（水利部松辽水利委员会，2004）。

辽河流域位于天山-阴山巨型纬向构造带的东段与新华夏系第二、第三隆起带，第二沉降带交接复合部位。辽河干流自三江口经法库、辽中、盘山、营口入渤海，其河道多呈 NNE 向展布；而西辽河、东辽河、寇河、柴河、泛河，河道主要表现为 EW 向；浑河、太子河河道主要表现为 EW－NE 向。辽河平原略呈 NNE 向贯穿流域中部，将流域辟为东、西两部分，东部为辽东低山丘陵地带；西部为大兴安岭南段燕山东段及努鲁尔虎山等组成的中、低山丘陵地带。这些山脉均呈 NNE 向、NE 向展布，基本上反映了本流域地质构造轮廓。辽河流域构造体系分为纬向构造、经向构造、新华夏系构造、华夏系构造、华夏式构造、旋扭构造、北西向构造与弧形构造（水利部松辽水利委员会，2004）。

三、辽河口的地貌类型及地质特征

双台子河口区域所处地质构造单元为中朝准地台华北断坳下辽河断陷带内。东为胶辽台隆，北为赤峰-开元朝岩石圈断裂，西至燕山台褶带，南至渤海。下辽河断陷郯庐断裂系在辽宁境内形成的中、新生代大陆裂谷型断陷盆地。西自小凌河口，东至大辽河口的下辽河平原，位处新华夏系第一级构造的第二巨型沉降带，其东、西两侧分别处于第二和第三巨型隆起带上，以 NNE 向深大隐伏断裂为主，与之伴生的 NW 向和近 EW 向断裂，控制着海岸的基本轮廓和新生代地层的沉积与分布。地貌类型为辽河下游冲积平原，地势低洼平坦，海拔高度为 1.3～4.0 m，坡降为 1/25 000～1/20 000，河道明显，多芦苇塘泡沼和潮间带滩涂（刘爱江 等，2009）。河口水深多小于 10 m，其水下地形是辽河等河口三角洲的水下延伸部分，地势自岸向海缓倾，水深逐渐加深。在河口附近海域，水道交错，浅滩广布，地形复杂多变（朱龙海，2004）。

第三节 气候特征和水文条件

一、辽东湾的气候条件

辽东湾北部海域位于渤海的最北端、地处中纬，太阳辐射季节变化大，大气环流为西风气流。主要受西风带和副热带系统影响，属暖温带亚湿润季风气候区。冬季受蒙古高压所控制，夏季主要受大陆热低压系统影响，年均气压 1 013.4～1 015.8 Pa。全年以偏南风最多，只有冬季多偏北风，以 2～5 级风为多，7 级以上大风较少见，年均风速 4.4～5.8 m/s。该海域气温变化幅度较大，最高气温可达 41 ℃，最低气温低至－30 ℃，年平均气温 8.4～9.7 ℃。1 月气温最低，月平均气温－7.4～－10.2 ℃，2 月次之。受季风影响，降水量夏季多、冬季少，秋季多于春季。其年平均降水量为 552.3～634.5 mm，降水量中部海域略多于东西两侧海区，年最大降水量为 741.7～844.3 mm，年最小降水量为 364.2～411.8 mm，降水时长为 65.4～76.8 d，夏季时间长于其他季节。辽东湾北部海域有平流雾、辐射雾和锋面雾出现，以平流雾和辐射雾最为常见，年雾日数海域西部和中部略多（11.2～14.5 d），东部较少（约 6.5 d）。影响辽东湾海域的灾害性天气主要有热带气旋、台风、寒潮、温带气旋以及暴雨等（朱龙海，2004）。

二、辽东湾的水文条件

辽东湾属半封闭浅海湾，受到入注河流大辽河、辽河和大小凌河的影响，其水文状况独特。辽河年均径流量为 36.52 亿 m³（1987—1992），大辽河年均径流量为 65.32 亿 m³（1981—1987），大凌河年均径流量为 13.68 亿 m³（1965—1984），小凌河年均径流量为 2.84 亿 m³（1965—1984）。辽河口海域的波浪均以风浪为主，涌浪为辅。近河口海域（盖州滩东南侧海区）的波浪方向以 SSW 和 SW 频率最高，以小于 0.5 m 波高的波浪为主，最大波高 1.9 m；远河口海域（鲅鱼圈附近）的常浪向为 SW，而强浪向为 N，波高小于 0.5 m 的波浪占 69.3%，最大波高 2.7 m（朱龙海，2004）。辽东湾北部海域的潮汐类型为不规则半日潮型，涨潮流速大于落潮流速，其中双台子河和辽河水道附近的落潮流速由于受径流影响而明显大于涨潮流速。海域潮流的最大可能流速为 73.3～174.1 cm/s，余流主要是由冲淡水流、密度流、风海流及潮余流等，余流流速介于 1.4～22.3 cm/s，各层流向与观测期间的海面风向大体一致。辽东湾北部环流呈逆时针方向进行，与渤海湾南部的顺时针环流大致以六股河（绥中与兴城的界河，在菊花岛南侧）与长兴岛的连线为边界。此外，受冬季蒙古冷高压、半封闭的海湾地形、湾内水浅等诸多因素的综合影响，辽东湾北部海域 11 月中下旬到翌年 2 月末或者 3 月中旬会出现为期 105～130 d 的冰期，是我国海冰最严重的海区。

三、辽河流域的气候特点

辽河流域地处北温带中高纬地区，属暖温带大陆性季风气候，由于地形、地势、距海洋远近的不同，各地气候差异较明显，且气温、日照、降水和地表径流等都表现出显著的季节性。该流域气候主要特点是雨热同季，日照多，冬季寒冷期长，春秋季短，东湿西干，平原风大。辽河流域多年平均气温自下游平原向上游山区逐渐递减。整个流域多年平均气温为 7.2 ℃（1961—2009），气温倾向率为 0.32 ℃/10 年（孙凤华 等，2012），其中河口附近约为 9 ℃，西拉木伦河上游山区低于 0 ℃，其他大部分地区均在 4 ℃ 以上。年内温差较大，最高气温在 7 月，除西辽河上游山区外，多在 22～24 ℃，最高温度 42.5 ℃（1955 年赤峰站），1 月温度最低，为 -17～-9 ℃，最低温度 -41.1 ℃（1965 年西丰站）。流域年平均相对湿度在 49%～70%，自东向西减少。春季相对湿度最小，最小月份为 4 月，夏季最大，最大月份为 7—8 月，可高达 70%～80%。流域年平均蒸发量在 1 100～2 500 mm（20 cm 口径蒸发皿的数值），其分布与相对湿度相反，由东向西递增。平均蒸发量最大月份为 5 月，蒸发量为 240～450 mm；最小月份为 1 月，蒸发量为 15～50 mm。区域年日照时间为 2 600～2 900 h，流域的日照时数以西部地区较长，全年达 2 700～3 000 h 以上。东部山区云量多，日照时数较少，一般在 2 400～2 600 h，中部在 2 500～2 700 h。年内春、秋两季日照时数较长（5 月最长），夏季次之，冬季最短（12 月最短）。辽河流域受季风气候的影响，冬季大部分地区多西北风或北风，夏季多偏南风。冬季全流域均有降雪，初雪日期在 10 月中下旬或 11 月上旬，终雪一般在 3 月下旬至 4 月中旬。流域各地一般 10 月中旬开始结冰，11 月下旬至 12 月上旬河流开始封冻，但上游山区最早可在 11 月初封冻。河流开河日期一般在 3 月中下旬，上游山区有时推迟至 4 月初，河流封冻 85～130d（郭芬，2009；水利部松辽水利委员会，2004）。

四、辽河流域的水文条件

受地理位置、海陆分布及地形等影响，辽河流域降水量自东南向西北递减，地区分布很不均匀。流域多年平均降水量为 300～950 mm，浑河、太子河、柴河及范河山区达 800～950 mm；中下游平原为 650～750 mm；东辽河二龙山以上及招苏台河、清河山区 650～800 mm；辽河右岸支流秀水河、养息牧河、柳河及辽河干流地区为 650 mm；老哈河与西拉木伦河汇合口以下地区降水量最少，仅为 300～350 mm。流域内的降水量年际变化显著，年降水量最大值与最小值之比达 3 倍以上。年际变化不仅有时丰时枯的情况，而且还存在连续数年多雨或连续数年少雨持续干旱交替出现的现象。流域内降水的年内分配也不平均，冬季降水较少，春季 4 月份降水随之增多，夏季降水充沛，6 月份流域大量降水，进入雨季。7、8 月份降水集中并经常出现暴雨，平均降水量约占全年的 50%（郭芬，2009；石明珠，2012；水利部松辽水利委员会，2004）。

辽河流域多年平均径流总量 150.272 亿 m³。其中上游西辽河地区 27.93 亿 m³；西辽河干流 0.98 亿 m³；东辽河 7.89 亿 m³；辽河干流 38.26 亿 m³；浑河、太子河 69.79 亿 m³；绕阳河 4.73 亿 m³。辽河流域年平均径流量的分布与年平均降水量的分布基本一致，是由东南向西北逐渐减小。辽河流域年径流量的年际变化，具有丰枯交替的特点，主要由降水丰枯交替的多年变化导致。受地形、土壤、植被等下垫面各种因素的影响，所以径流的多年变化比降水的多年变化还要加剧些。辽河流域径流的年内分配也很不均匀，具有夏季丰水，冬季枯水和春秋过渡的规律。流域内洪水主要受暴雨和下垫面以及河形等因素的制约，多集中在夏季 7、8 月份。辽河属于多沙河流，流域内的水沙分布因各地自然地理情况不同，存在明显差异。西辽河上游老哈河流域产沙比较均匀，水土流失严重；西拉木伦河的沙量主要来自胡日哈至龙口、万和永、大板区间，水土流失不如老哈河地区严重；乌力吉木伦河植被良好，含沙量较小，水土流失不严重；辽河干流东侧支流，招苏台河、清河、柴河、范河、浑河、太子河等地处辽东山区，植被覆盖较好，水土流失并不严重，属于本流域内多水少沙地区；辽干西侧支流水土流失比较严重；柳河是辽河流域中含沙量最大的河流，养息牧河、扣河子站实测最大含沙量 1 580kg/m³，水土流失严重，1982 年被列为全国水土保持 8 个重点治理区之一；绕阳河植被差、雨量集中，水土流失严重，侵蚀模数 859 t/km²；此外，辽河的部分支流产生的大量泥沙，挟带至平原河段，会导致河道淤积，如柳河中下游、辽河干流柳河口以下河段（水利部松辽水利委员会，2004）。

五、辽河口地区的气候

辽河口地区属暖温带半湿润大陆性季风气候，属亚湿润区，沿岸气候既有大陆性特点又有海洋性特点，多年平均气温 8.4 ℃。春季干燥少雨，气温回暖快，多大风；夏季高温，雨量充沛，但时间较短，最高气温出现在 7、8 月，可达 34.4～35 ℃，平均最高气温出现在 7 月，为 24.6 ℃；冬季寒冷干燥、风大雪少，最低温出现在 1、2 月，为 −23.6～−29.3℃。该地区年平均日照时间为 2 917.2 h，平均日照百分率为 66%。降水量季节变化明显，年内降水量主要集中在夏季，为 403.2 mm，占全年的 60%。冬季多有寒潮侵袭，强冷空气造成气温骤降和大风雪天气，导致降水量最少，为 45.8 mm，仅占全年的 7%；春、秋两季降水量分别为 92.7 mm 和 125.8 mm，约占全年的 14% 和 19%（刘爱江 等，2009）。该地区多年平均降水量为 667.4 mm，最多年降水量为 889.9 mm，最少年降水量为 387.2 mm。多年平均蒸发量为 1 568.6 mm（20 cm 口径蒸发皿的数值），年最大蒸发量为 1 689.5 mm，年蒸发量随季节变化明显，其中夏季＞春季＞秋季＞冬季（杨俊鹏，2007）。

辽河河口地区以盘山气象站作为代表站（表 1-1）。经统计分析，多年平均气温 8.7 ℃，极端最高气温 35.5 ℃，极端最低气温 -28.2 ℃。平均相对湿度为 54%～82%。多年平均降水量为 621.4 mm。多年平均蒸发量为 1 640.7 mm（20 cm 口径蒸发皿的数值）。多年平均风速为 4.3 m/s，最大风速为 25.7 m/s，相应风向为 SW。最大积雪深度为 22 cm，最大冻土深度为 117 cm。

表 1-1　盘山站气象特征

［引自《辽河口综合整治规划》(2013)］

项目	月份											
	1	2	3	4	5	6	7	8	9	10	11	12
多年平均降水量（mm）	4.0	4.1	9.3	34.1	52.6	73.2	173.9	145.3	71.7	34.9	13.6	4.9
多年平均蒸发量（mm）	38.3	55.7	115.8	198	253.3	221.4	185.6	178.5	161.6	123.6	67.7	41.1
多年平均气温（℃）	-9.7	-6.3	1.0	9.5	16.5	21.4	24.4	23.8	18.3	10.6	1.3	-6.3
多年平均相对湿度（%）	59	55	54	59	61	72	82	81	73	68	64	60
多年平均风速（m/s）	3.8	4.2	4.9	5.8	5.3	4.5	3.8	3.3	3.5	4.1	4.2	3.8
最大风速（m/s）	20.7	21.7	20.3	25.7	24.0	21.0	19.7	20.3	17.0	18.7	18.7	17.3
日照时数（h）	206.6	209.9	247.3	251.3	275.0	251.0	209.0	229.7	247.6	227.1	191.7	193.2
最大积雪深度（cm）	22	20	15	19	0	0	0	0	0	8	17	20
最大冻土深度（cm）	100	115	117	114	0	0	0	0	0	11	30	67

大辽河河口地区以营口气象站作为代表站（表 1-2）。经统计分析多年平均气温 9.4 ℃，极端最高气温 34.7 ℃，极端最低气温 -28.4 ℃。平均相对湿度为 58%～79%。多年平均降水量为 655.7 mm。多年平均蒸发量为 1 658.8 mm（20 cm 口径蒸发皿的数值）。多年平均风速为 4.1 m/s，最大风速为 21.7 m/s，相应风向为 SSW。最大积雪深度为 21 cm，最大冻土深度为 101 cm。

大凌河河口地区以凌海市气象站作为代表站（表 1-3）。经统计分析多年平均气温 8.6 ℃，极端最高气温 39.7 ℃，极端最低气温 -25.6 ℃。平均相对湿度为 50%～82%。多年平均降水量为 614 mm。多年平均蒸发量为 1 715.4 mm（20 cm 口径蒸发皿的数值）。多年平均风速为 4.0 m/s，最大风速为 19.3 m/s，相应风向为 SSW。最大积雪深度为

17 cm，最大冻土深度为 131 cm。

表 1-2　营口站气象特征

项目	月份											
	1	2	3	4	5	6	7	8	9	10	11	12
多年平均降水量（mm）	6.9	6.8	11.8	35.2	53.3	69.8	181.4	155.2	68.3	39.2	19.8	8.2
多年平均蒸发量（mm）	31.5	47.7	104.6	189.2	255.0	232.8	206.9	190.4	169.1	127.1	67.5	37.0
多年平均气温（℃）	−8.8	−5.5	1.7	10.2	17.0	21.7	24.9	24.3	18.8	11.2	2.1	−5.4
多年平均相对湿度（%）	61	58	58	59	61	70	79	79	71	67	65	63
多年平均风速（m/s）	3.5	3.8	4.5	5.2	5.0	4.2	3.7	3.4	3.5	4.0	4.0	3.6
最大风速（m/s）	20.0	21.7	19.0	21.0	20.0	20.0	20.0	18.0	19.3	20.0	17.0	18.0
日照时数（h）	204.2	206.5	248.6	258.2	287.0	269.9	238.9	242.4	256.4	234.5	187.5	187.6
最大积雪深度（cm）	21	17	21	15	0	0	0	0	0	10	12	20
最大冻土深度（cm）	87	101	101	92	0	0	0	0	0	10	32	59

表 1-3　凌海站气象特征

项目	月份											
	1	2	3	4	5	6	7	8	9	10	11	12
多年平均降水量（mm）	2.5	4.1	7.3	33.5	42.4	87.4	182.6	139.8	72.3	29.6	9.2	3.3
多年平均蒸发量（mm）	35.2	51.2	121.9	216.0	290.1	240.8	177.0	166.3	166.1	133.9	75.0	41.8
多年平均气温（℃）	−9.3	−6.3	0.9	9.2	16.6	21.1	24.0	23.4	18.1	10.6	1.3	−6.3
多年平均相对湿度（%）	54	52	50	55	57	70	82	79	68	62	57	54
多年平均风速（m/s）	3.4	3.9	4.7	5.6	5.3	4.7	3.6	2.9	3.2	3.8	3.8	3.3
最大风速（m/s）	15.0	14.0	16.0	19.3	17.0	17.0	15.0	14.7	13.0	15.0	14.0	14.3
日照时数（h）	208.3	207.5	249.5	251.6	273.6	252.6	218.5	240.6	255.9	232.1	197.8	195.5
最大积雪深度（cm）	15	17	13	0	0	0	0	0	0	5	8	12
最大冻土深度（cm）	110	131	130	115	0	0	0	0	0	8	40	67

六、辽河口水域的水文条件

辽河六间房站多年平均径流量为 35.1 亿 m³，大辽河三岔河站（邢家窝棚、唐马寨和海城三站之和）多年平均径流量为 47.4 亿 m³，大凌河凌海市站多年平均径流量

12.6 亿 m³，绕阳河王回窝堡站多年平均径流量 2.32 亿 m³。辽河口各条河流的径流量有年内分配不均匀和年际间变化比较大的特点。径流 75% 左右集中在汛期 6—9 月，其中7—8 月集中 50% 以上。

辽河六间房站多年平均输沙量为 941 万 t，浑河邢家窝棚和太子河唐马寨站多年平均输沙量分别为 80.4 万 t、102 万 t，大凌河凌海市站多年平均输沙量为 1 341.0 万 t。和径流相比，沙量的年内分配更集中，年际变化更大。直接入海的大辽河、辽河、大凌河中，大凌河为多泥沙的河流，洪水时水流含沙量较高。虽然该河除几场大洪水外，平时绝大多数时间流量小，水流含沙量不高，使多年平均含沙量只有 7.84 kg/m³，但大洪水时挟带泥沙是较多的，实测最大含沙量为 139 kg/m³。大凌河汛期集中了全年沙量的90% 以上，而且大部分集中在 7、8 月的几次大洪水中，这两个月的沙量接近全年沙量的 81%。

辽河干流上主要的水文站有通江口、铁岭、巨流河和六间房站，各站多年平均输沙量呈沿程递增的趋势，六间房站最大（表 1－4）。六间房站多年平均输沙量 951 万 t，该站以上有支流柳河汇入。柳河是辽河水系中含沙量最大的河流。柳河上游两大支流，北支养畜牧河，其北侧为沙丘坨甸；南支扣河子河，河流以南为低山丘陵；两支流之间为黄土丘陵及漫岗。这里植被很差，暴雨洪水的产沙量很大，水土流失非常严重。柳河多年平均含沙量高达 21.86 kg/m³，据辽河干流泥沙分析，1965 年前柳河新民站沙量和六间房沙量之比为 0.42∶1，1965 年后为 0.71∶1，可见 1965 年以后辽河下游来沙受柳河影响较大。

表 1－4　辽河口各水文站泥沙特征值表

河名	站名	年份	输沙量（万 t）							含沙量（kg/m³）		
			多年平均值	年内分配（%）		年际变化				多年平均值	最大值	发生时间（年-月-日）
				6—9 月	7、8 月	最大值	发生时间（年）	最小值	发生时间（年）	倍比			
辽河	六间房	1954—2013	941	94	72	5 933	1959	8.05	2002	737	2.16	31.15	1954 - 07 - 28
大凌河	凌海	1960—2013	1341	98	83	9 750	1962	3.39	2009	2 876	7.84	139	1962 - 07 - 08
绕阳河	王回窝堡	1957—2013	8.3	96	81	31.0	1977	0.01	1982	5 167	0.15	16	1957 - 08 - 09
浑河	邢家窝棚	1956—2013	80.4	80	63	535	1960	2.22	2000	241	0.29	9.85	1964 - 08 - 15
太子河	唐马寨	1963—2013	102	72	61	441	1964	9.91	1992	45	0.39	19	1967 - 04 - 30

辽河干流最下游控制站六间房水文站以下为河口平原区，产沙甚少，所以以六间房为控制分析流域产沙特性。辽河的六间房站汛期（6—9月）沙量占全年的94%，有72%集中在7、8月。年际间的变化幅度也比径流大，六间房最大年输沙量发生在1959年，年沙量5 933万t，最小为8.05万t（2002），相差737倍。

绕阳河王回窝堡站沙量的年际间最大最小值倍比5 167倍，最大的1977年，年沙量31.0万t，最小的接近断流的1982年，年输沙量只有0.01万t。

大辽河口潮汐作用强烈，河口潮汐类型为非正规半日潮型，即在一个太阴日（24 h 50 min）内，涨潮两次和落潮两次，但两个相邻的高潮或低潮的潮高均不相等。涨潮历时较短，为4～5 h，落潮历时较长且沿河向上逐渐增加。河口区多年平均潮差为2.47 m；营口潮位站历史最高潮位3.2 m，最低潮位−0.268 m，平均潮位1.45 m，平均低潮位−1.24 m，最大潮差4.17 m，推算三道沟站最高高潮位3.75 m，平均高潮位1.90 m（石明珠，2012；杨丽娜，2011）。整个大辽河系感潮河段，枯水期潮水可上溯至浑河的三界泡及太子河的唐马寨，多年来潮流界位于三岔河河段。大辽河口区域的海流，潮流占绝对的优势，冲淡水流和风海流相对较弱。涨潮时流向大致为NE或者NNE向，落潮呈SW或SSW向，流向多以逆时针旋转，平均流速为0.4～0.6 m/s；潮流在河道里的涨落流向大多与岸线平行，呈往复流性质。由于受径流影响，落潮时的流速明显大于涨潮流速，落急时刻流速一般最大。大辽河口的余流结构主要受潮、径流、风和地形等因素控制，因而也呈现很大的季节变化。夏、秋季节余流的流向均介于E和SE，方向较为一致，余流的流速仅为实测流速的15%左右（石明珠，2012）。

辽河潮流界位于盘山闸以上15 km处的常家窝铺，盘山拦河闸修建后，阻截了外海潮流上溯，目前潮区（流）界在闸址处，距河口65.8 km（大流子沟口），盘山闸闭闸期间，闸下即为潮流段。双台子河口波浪类型以风浪为主，也有涌浪出现，波浪的月变化不同，4月、5月、6月、9月、10月，这5个月波高较大，最大波高在2.0 m以上，7—8月波高最小，最大波高在1.5 m以下，11月下旬至翌年3月上旬基本为冰期（刘爱江等，2009）。

第二章
辽河口水域环境

第一节 水化学特征

一、河口盐度分布

河口位于海水和淡水的交汇处，是陆海相互作用最强烈的地区，盐度分布变化是这一区域最显著的特征。河口区域的盐度受径流、潮汐、降水、蒸发、水深、汊道、风浪等多种因素的影响，时空分布复杂多变，其中径流和潮汐是影响河口地区盐度变化最主要的因素，盐度分布特征一般表现为从口门内向口门外逐渐增加。在相同径流条件下，潮差增大，河口潮流增强，河口盐度升高，盐水入侵程度加剧，冲淡水主体边界锋向口内上移；在相同潮汐条件下，径流增大，河口盐度降低，冲淡水向口外扩展范围增大。

径流对河口盐度分布的影响，主要体现在河口盐度分布的季节性变化。辽河流域的枯水季节为 11 月至翌年 3 月，这一阶段径流量小，河口区域海水入侵作用明显，河口盐度较高；而 6—9 月为辽河流域的丰水期，其间径流量大，口内径流带来的淡水量增大，盐水入侵影响较小，河口盐度相对较低。

潮汐对河口的盐度分布亦有重要作用，潮汐性质、涨落潮历时长短和潮差大小都会影响河口的盐度分布，主要体现在河口盐度分布存在较为明显的日不等和月不等现象。潮汐是河口盐水与淡水混合的"动力源"，涨潮阶段，外海高盐海水涌入河口，河口盐度升高；落潮阶段，河道内冲淡水下泄，高盐海水向口外退出，河口盐度降低。大潮期间，河口口外潮差较大，盐水随潮流的对流运输较强，河口盐度较高；小潮期间，河口口外潮差较小，盐水随潮流的对流运输较弱，河口盐度较低。辽河口的潮汐性质为不规则半日潮，日不等现象较为明显，主要体现在高潮潮高不等和涨落潮历时不等。

辽河口每天出现两次涨潮和两次落潮，两次低潮的潮高基本相近，但两次高潮的潮高存在明显不等，河口平均高潮位 1.81 m，平均低潮位 -1.12 m，平均潮差为 2.93 m；河口涨潮历时小于落潮历时，涨潮历时约为 5 h 6 min，落潮历时约为 7 h 19 min。辽河口的潮汐亦存在明显的月不等现象，1 个月内出现两次大潮和两次小潮，大潮平均潮差约为 3.41 m，小潮平均潮差约为 1.91 m，两者相差 1.50 m。辽河口的盐度与潮位之间存在很好的相关性，盐度的变化趋势与潮位变化趋势基本一致，潮波对盐度分布存在显著影响，且在口门附近影响最甚，越接近上游影响越弱。潮差对河口盐度分布的影响体现在潮差增大时，河口潮流增强，外海入侵盐水与河口冲淡水混合加剧，盐水入侵程度也加剧，河口盐度升高，冲淡水主体边界锋向口内上移。

辽河口的冲淡水主体边界锋（羽状锋）位于三道沟附近，三道沟下游 5 km 外等盐线相对稀疏，盐度变化较为平缓。三道沟附近高潮时刻盐度值约为 22，低潮时刻盐度值约为 12。盐度梯度以三道沟上游 2 km 至下游 2 km 范围内最大，高潮时刻三道沟上游 2 km处盐度值为 16，下游 2 km 处增大至 26；低潮时刻三道沟上游 2 km 处盐度值为 10，下游 2 km 处增大至 16。高潮期间三道沟下游 10 km 左右处盐度值在 31 左右，已接近口外海水盐度。从垂向来看，高潮期间河口底层盐度值略大于表层，等盐线呈现倾斜分布，但倾斜度较小；低潮期间等盐线基本垂直，盐度垂向变化不明显。

辽东湾顶部盐度等值线与其北部岸线基本平行，辽河口口外盐度明显低于辽东湾平均值。夏季，辽河进入丰水期，大量淡水入海使得河口区盐度降至 29.0 以下，等盐线在径流作用下呈舌状向南和西南扩展，口外盐度值在 30.0 左右；冬季，辽河进入冰期，径流量萎缩，河口盐度较夏季增大，口外盐度在 31.0 以上。由于辽东湾顶部海区水深较浅，在潮流、风、浪的作用下，口外盐度的垂向分布较为均匀，即使是大量淡水入海的夏季，口外盐度垂向变化亦不明显（孙刚，2011）。

二、化学需氧量的分布特征及其影响因素

化学需氧量（COD）是表示水中还原性物质含量的指标，也可作为衡量水中有机物质含量的指标，化学需氧量越大，说明水体受有机物污染越严重。河口是河流与海洋交汇的区域，水体受到径流和潮流的双重影响。地表径流携带的流域内工农业废水和生活排污等有机污染物，是造成河口 COD 增大的主要原因。同时，潮流的涌入又可以很大程度地稀释河口地区的有机物污染，并通过潮汐将部分有机物带出河口，从而降低河口的COD。河口区域水体 COD 受径流的影响主要体现在河口区域水体 COD 的季节性变化，而潮流的影响则体现在口内区域向口外邻近海域的梯度递减变化（图 2-1）。

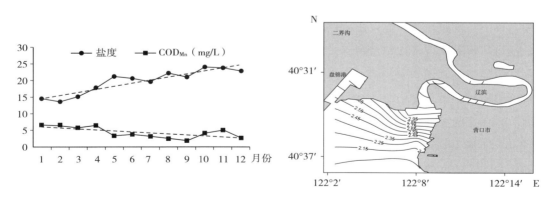

图 2-1　夏季 COD 含量盐度站位变化关系

大辽河沿岸工农业发达，大量的工农业和生活污水汇入大辽河口，使大辽河口的

COD 超标比较严重。在大辽河口水域设置不同站位，利用单因子污染指数评价法评价不同季节的 COD 污染情况，其结果显示：秋季单因子污染指数均值最高（1.41），其最高值超二类海水水质标准 1.2 倍；而夏季单因子污染指数均值最低（0.72），其最高值超二类海水水质标准 15%；春季单因子污染指数均值为 1.15，其最高值超二类海水水质标准 1.0 倍；冬季单因子污染指数均值 0.89，其最高值超二类海水水质标准 12%。这一结果中，夏季河口区域的 COD 污染明显小于春秋两季，与大辽河流域径流量的季节性变化相一致。径流量很小的冬季其污染指数小于春秋季，可能与辽河流域很多支流冬季河道冻结、干枯，工农业面源污染减少等因素有关。

潮流对于河口区域 COD 的影响主要是对径流带入的有机污染物进行稀释，表现为口内区域向口外邻近海域的梯度递减变化。同时，河口区域的 COD_{Mn} 值与盐度值表现出负相关关系，也很好地印证了这一点。因此，越邻近海域，咸淡水交换条件越好，其 COD 值就越低。

三、溶解氧分布特征及其影响因素

溶解氧（DO）是水生生态环境的重要参数，用来表征水体自净能力，是衡量水体环境质量的重要指标之一，它可以直接反映生物的生长状况和水体的污染程度，国内外的海洋环境科学家把海水中 DO 低于 2～3 mg/L 的现象定义为缺氧现象，具有导致整个海洋生态系统崩溃的潜在威胁。

水体中的溶解氧一部分来源于浮游植物和其他水生植物的光合作用，另一部分来源于空气中的氧气溶解于水。水体中耗氧主要来自水生生物的呼吸，有机物或者无机物被细菌或其他生物氧化分解也会消耗一定量的氧气。河口区域的水体 DO 受到温度、盐度、径流、潮汐、波浪、生物量、污染情况等多方面的影响，情况复杂多变。

大辽河口 DO 的季节分布特征为秋季＞冬季＞春季＞夏季。影响大辽河口 DO 季节分布特征的主要因素主要有两点：一是水温。海水中 DO 含量与水温负相关，随着温度升高，氧气在水体中的溶解度降低。同时大辽河口的淤泥底质中含有大量的有机物，温度升高，氧化还原反应速率加快（化学耗氧量增加），细菌等微生物大量增殖，浮游生物死亡腐烂降解耗氧增大（生物耗氧增加）。二是海况。空气中的氧气向水体中溶入的速率和大气分压、水温、盐度、水流、潮汐、波浪、风力等因素息息相关，大辽河口是陆海交汇的区域，其海况变化会导致气压、温度、盐度、水流、波浪等多种因子产生复杂的变化，从而影响水体中的溶解氧含量。因此，大辽河口的 DO 季节分布表现为在风急浪大、气温较低、气压增高的秋季最高，而情况相反的夏季最低，冬季则受到部分水域的冰封影响，稍低于秋季。

此外，大辽河口的 DO 分布还受到地面径流的影响。其空间分布特征整体上呈河口内低，出口门后向邻近海域逐渐递增的变化趋势，这也是河口区 DO 空间分布的显著特点。

由于河流沿途接收大量工农业废水和生活污水，造成河道内有机污染物急剧增加，这些有机污染物和营养物质的分解等生物化学作用消耗大量的氧，同时相对平静的河道水体和空气接触面积较海水偏小，致使河道内溶解氧含量明显低于邻近海域。出口后，水体中 DO 含量主要受到咸淡水交换的影响。由平面分布图可以发现，春秋季节大辽河口邻近海域 DO 含量变化不大，无明显变化趋势，而秋季呈由北向南梯度递增的变化趋势，冬季则呈顺着河流中线由东向西梯度递增的变化趋势（图 2-2）。

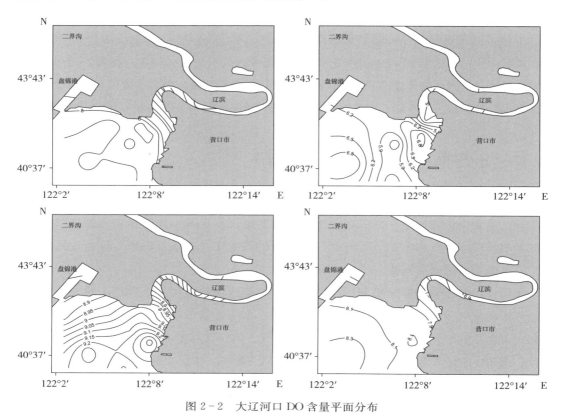

图 2-2　大辽河口 DO 含量平面分布

根据海水水质标准，采用单因子污染指数评价法评价大辽河口 DO 含量，结果显示，春季站位超标率为 16.7%，单因子污染指数均值为 0.56，最高值超二类海水水质标准 15%，超标站位位于河道感潮段；夏季站位超标率均为 25%，单因子污染指数均值为 0.69，最高值超二类海水水质标准 10%，超标站位位于河道感潮段；秋季站位超标率均为 25%，单因子污染指数均值为 0.81，最高值超二类海水水质标准 6%，超标站位位于河道感潮段；冬季各站位均符合二类海水水质标准。

大辽河口的 DO 时空分布和污染情况表明大辽河口水域的 DO 含量与有机污染物含量密切相关，分析不同季节大辽河口 DO 和 COD 的相关性，结果显示，两者呈显著负相关，证实有机污染物是影响大辽河口 DO 含量的重要因素，也证实了有机污染物分解耗氧是引起大辽河口夏季低氧的重要原因。

河口区域盐度变化剧烈，理论认为氧的溶解速率与水体盐度负相关。分析 2014 年 11 月，2015 年 5 月、7 月和 10 月大辽河口 DO 和盐度的相关性，其相关系数分别为 0.971、0.836、0.825 和 0.955，表明大辽河口 DO 含量随盐度的增大而增大，呈显著正相关。分析其原因认为，海水的盐度虽然较高，但是海洋由于水域宽广辽阔，风浪作用显著，透明度高，水下光照充足，初级生产者的光合作用较强，水体中溶氧维持在一个较高的水平。而河口区域由于较高的耗氧率以及相对平静狭小的水体，其水体 DO 含量则低于海水。因此，在咸淡水作用强烈的河口水域，DO 受到高溶氧海水补充作用明显。河口区域盐度越大，距离口门越近，水体受海水潮汐的影响越大，海水对河水的稀释作用越强，溶氧就越高，故随着盐度的增大，DO 含量增加。这表明河口区域 DO 含量受盐度对氧溶解速率的影响很小（表 2-1）。

表 2-1 大辽河口及邻近海域 DO 与其他环境因子的皮尔森相关系数

季节	盐度	水温	COD	石油烃	pH
春季	0.971**	−0.837**	−0.892**	0.356	0.930**
夏季	0.836**	−0.112	−0.721**	0.227	0.860**
秋季	0.825**	−0.161	−0.752**	0.600*	0.374
冬季	0.955**	−0.829**	−0.701*	0.271	0.814**

注：** 表示在 0.01 水平（双侧）上显著相关；* 表示在 0.05 水平（双侧）上显著相关。

此外，DO 含量还和浊度、淡水径流量、水体滞留时间、营养物质的量、水体中的氧化还原反应（如硫化物、亚铁盐的氧化反应和硝化反应）以及生物作用等因素有关。

四、石油类

石油类是成分十分复杂的物质，含有多种难以被微生物降解的致癌化合物，其低分子量芳香族化合物，通常是研究摄入毒性效应的重要化学物质。海洋是石油类污染物的最终汇聚地，随着开采、加工、使用石油类化合物总量的增加，通过各种途径进入海洋的石油类总量日益增加，石油类污染物已成为近岸海域的主要污染物之一。

2014 年 11 月，2015 年 5 月、7 月和 10 月，大辽河口石油类含量变化范围分别为 0.009~0.181mg/L、0~0.061 mg/L、0.006~0.075 mg/L 和 0.011~0.083 mg/L，平均值分别为 0.043 mg/L、0.031 mg/L、0.030 mg/L 和 0.034 mg/L。春季和夏季航次石油类含量平面分布特征相似，其高值区出现在邻近海域北岸，低值区出现在邻近海域南岸，整体呈由南向北递增的变化趋势；秋季则正好相反，低值区出现在北部口门处，高值区则出现在邻近海域南部沿岸，整体呈由口门向外海，由北向南梯度递增的变化趋势；冬季高值区出现在邻近海域北部沿岸，低值区出现在邻近海域外部，整体呈由外海向北部沿岸递增的变化趋势。石油溢入海洋后因其密度比海水小，故而漂浮在水面上，但它会以分子形式溶解于海水，在海流和波浪的作用下，不仅在水面上水平扩散，而且也向下垂直扩散，最终通过蒸发、溶解、光氧化、吸附、沉淀、生物降解等活动逐渐达到平衡。2014 年，大辽河石油类污染物入海量虽不及辽河，但其近几年一直处于较高水平，为主要石油类污染物陆地输入源。因此，辽东湾东北部河口区历年来均为石油类含量高值区，陆源输入和人类活动的无规律输入为辽东湾海域石油类主要来源（图 2-3）。

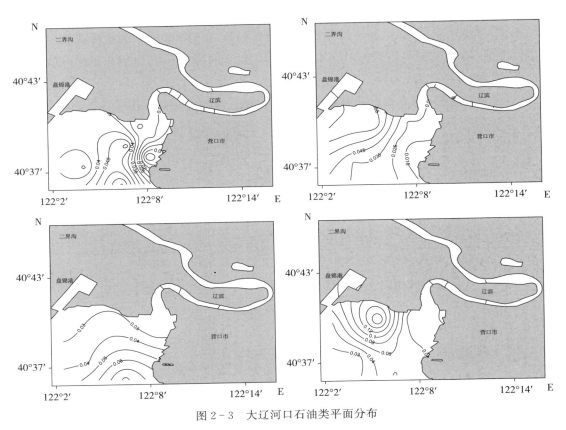

图 2-3　大辽河口石油类平面分布

大辽河口石油类季节变化趋势为冬季＞秋季＞春季＞夏季。秋、冬季航次进入平水期和枯水期，陆源入海径流对调查区域的石油类污染物贡献减小，海上排污是调查海区的石油类的主要来源。这种排污方式最直接的表现形式就是污染物浓度呈比较分散的点源分布，无明显的平面变化趋势。冬季航次由于天气和渔业资源减少等原因，海上作业船只相对减少，但此时海水温度较低，低水温不仅造成降解烃的微生物数量减少，而且微生物对石油类的降解率也降低。微生物最大降解活性在 10～20 ℃，在 4～30 ℃对柴油的降解率随温度的增高而增大。冬季调查期间水温为 4～5 ℃，此时微生物降解活性最低。因此，冬季航次调查海域石油类含量仍处于较高水平。

另外，春冬季节海上光照不强，石油类的蒸发较弱；而夏季时，光照强度明显增大，海面石油类蒸发、分解和溶解速率增大，同时平衡吸附量减小，蒸发和分解使海水石油类质量浓度降低，溶解和吸附量减小使石油类质量浓度增大。而蒸发对于石油类污染物的去除起着至关重要的作用。在正常海表条件下，石油溶解的速率仅是蒸发的 0.1%，所以前者对石油类质量浓度的影响要远大于后者；加上夏季海水出现最高温，微生物的活动能力随之提高，对石油类的降解能力增强，致使夏季海水石油类质量浓度降低。

根据海水水质标准，采用单因子污染指数评价法评价结果显示，春季站位超标率为 16.7%，单因子污染指数均值为 0.60，最高值超二类海水水质标准 22%，超标站位位于口门外邻近海域；夏季站位超标率均为 16.7%，单因子污染指数均值为 0.63，最高值超二类海水水质标准 50%，超标站位也位于口门外邻近海域；秋季站位超标率均为 8.4%，单因子污染指数均值为 0.68，最高值超二类海水水质标准 66%，超标站位位于邻近海域；冬季站位超标率均为 25.0%，单因子污染指数均值为 0.86，最高值超二类海水水质标准 2.6 倍。超标站位均处在邻近海域。

辽东湾为我国著名的天然渔场。辽宁省环辽东湾有渔港 100 余个，机动渔船 $31\,200$ 余艘，每年要向辽东湾海域排放 $1\,300$ 余吨石油类污染物，为辽东湾石油类污染物主要来源。辽宁省沿辽东湾海域直接入海有名可查的河流有 60 余条，流域面积在 $500\ \mathrm{km^2}$ 以上的有 10 条。这些河流携带上游地区污染物通过河口排入研究海域，形成入海污染源。2013 年辽宁省辽东湾海域主要河流石油类入海量最高为 $706\ \mathrm{t}$，其次为 2012 年的 $640\ \mathrm{t}$，2014 年降水量剧减加上节能减排效果明显，其石油类入海量为 $239\ \mathrm{t}$，因此，陆源径流携带石油类污染物入海为辽东湾石油类重要来源。另外，辽东湾北部海域的辽河油田采油带为我国重要海上采油区，近年来，该海域石油勘探和开发过程虽无重大溢油事故发生，但由于石油勘探和开发活动固有的溢油风险和其他海域已发生的溢油灾害，重大溢油风险依然存在。

表 $2-2$ 列出了国内部分海域各季节水体的石油类含量，分析方法均为紫外分光光度法。对比结果表明，大辽河口海域水体石油类的含量略低于北黄海海域，明显低于长江口和深圳湾海域，但是略高于辽东湾其他海域，整体处于较低含量水平。

表 $2-2$　不同海域水体石油类含量

海域	季节	含量范围（mg/L）	平均含量（mg/L）	资料来源
北黄海	春季	$0.01\sim0.047$	0.022	侯俊妮 等，2011
	夏季	$0.043\sim0.154$	0.099	
	秋季	$0.018\sim0.042$	0.027	
	冬季	$0.012\sim0.178$	0.051	

（续）

海域	季节	含量范围（mg/L）	平均含量（mg/L）	资料来源
辽东湾	春季	0.008~0.076	0.028	王召会 等，2016
	夏季	0.004~0.046	0.018	
	秋季	0.006~0.098	0.030	
	冬季	0.003~0.239	0.027	
长江口	春季	0.070~0.130	0.095	李磊 等，2014
	夏季	0.050~0.180	0.103	
深圳湾	春季	0.042~0.279	0.101	胡利芳 等，2010
	夏季	0.065~0.406	0.214	
	秋季	0.033~0.139	0.063	
	冬季	0.022~1.13	0.277	
流沙湾	春季	0.041~1.93	0.219	李雪英 等，2011
	夏季	0.010~0.090	0.032	
	秋季	0~0.044	0.014	
	冬季	0.006~0.110	0.055	

五、营养盐

（1）无机氮含量及分布特征 大辽河口水域 6 月，氨氮占无机氮的比例范围为 7.4%~13.8%，平均值为 10.4%，氨氮在无机氮中所占比例最小，硝酸盐氮占无机氮的比例范围为 69.0%~75.4%，平均值为 72.2%。因此，硝酸盐氮为大辽河口区无机氮的主要存在形态，亚硝酸盐氮占无机氮的比例为 15.9%~18.9%，平均值为 17.5%。

大辽河口水域 9 月，氨氮占无机氮的比例范围为 2.1%~5.2%，平均值为 3.9%，该航次氨氮在无机氮中所占比例仍为最小，硝酸盐氮占无机氮的比例范围为 64.8%~89.9%，平均值为 72.8%。因此，硝酸盐氮为大辽河口区无机氮的主要存在形态，亚硝酸盐氮占无机氮的比例为 8.1%~31.6%，平均值为 23.3%（表 2-3）。

表 2 - 3　无机氮中各形态氮含量（mg/L）

类型	6 月		9 月	
	变化范围	平均值	变化范围	平均值
$NO_3^- - N$	0.232～0.788	0.510	0.402～0.849	0.657
$NO_2^- - N$	0.059～0.194	0.121	0.036～0.390	0.236
$NH_4^+ - N$	0.023～0.104	0.073	0.009～0.047	0.036
DIN	0.314～1.081	0.704	0.447～1.275	0.929

DIN：可溶性无机氮。

（2）活性磷酸盐的含量与分布特征　$PO_4^{3-} - P$ 含量的分布规律与 DIN 基本相同，由河道、河口向海域方向其含量逐渐降低。河道和河口口门附近 $PO_4^{3-} - P$ 浓度高，含量大于 0.05 mg/L，夏季大辽河口海域活性磷酸盐含量变化范围为 0.010～0.086 mg/L，均值为 0.049 mg/L；秋季变化范围为 0.005～0.060 mg/L，均值为 0.040 mg/L。

水体中 N、P 营养盐含量的分布受多种物理、化学和生物过程的影响，而且 N 和 P 化合物本身也处在不断的转换和循环之中。盐度、COD、pH、DO 和总有机碳 TOC 等几个环境因子和陆地径流、海洋水动力、有机物降解等因素是影响 N、P 营养盐含量分布、转化和迁移的主要因素。

（3）大辽河口水域富营养化状况　辽河沿岸工农业发达，沿途接收大量工农业和生活来源的污染物，使大辽河及其河口海域受到污染，使辽东湾海域营养盐含量大范围超标，导致该海域赤潮频频发生，海洋资源与环境受到损害。大辽河营口段水质经常处于Ⅳ～劣Ⅳ类，尽管近年来当地政府开展了辽河治理、城市环境综合整治等诸多工作，水质虽有一定改观，但未见实质性转变，大辽河口水域的环境状况依然十分严峻。河口水体富营养化评价通过详细调查水体富营养化代表性指标，判断河口水体富营养化发展过程中某一阶段的营养状态，为该河口水质管理及富营养化防治提供科学依据。

我国近海主要河口水体中 N∶P（原子比）几乎都偏离 Rdeifeld 值，低者可至 1～2，高者可达数百，这种偏离程度还随季节不同而发生变化。用近海海水进行的生物培养实验发现，当 N∶P＜8 时，浮游植物生长受氮限制；N∶P＞30 时则受磷限制。这表明我国近岸海域普遍具有营养盐比例不平衡，致使浮游植物生长受制于某一相对不足营养盐的特性。根据郭卫东（1998）提出的潜在性富营养化的概念，结合海水水质标准和 N∶P（原子比）对大辽河口潜在富营养化进行评价，该评价模式营养等级基本划分原则同时兼顾氮、磷含量及 N∶P 值。根据氮、磷含量高低，划分出贫营养、中度营养和富营养三级。通常无机磷含量低于 0.015 mg/L（0.484 $\mu mol/dm^3$）时，浮游植物就不能正常生长繁殖，所以将二类水质标准 0.030 m/L（0.97 $\mu mol/dm^3$）作为贫营养的上限磷阈值，相应的氮阈值为 0.2 mg/L（14.28 $\mu mol/dm^3$）。另外，将三类水质标准作为下限阈值，中度营养级则介于上述两种营养级之间。根据 N∶P 值大小，将 N∶P＞30 划为磷限制海区，N∶P＜8 划为氮限制海区。对每一种营养盐限制海区，再依据氮或磷含量及 N∶P 值细分，如对于磷限制海区，DIN 含量介于 14.28～21.41 $\mu mol/dm^3$ 时，称为磷限制中度营养水平；DIN 含量大于 21.41 $\mu mol/dm^3$ 时，又以 N∶P＝60 为界划分为磷中等限制潜在性富营养和磷限制潜在性富营养水平。对氮限制海区可作类似处理。

评价结果表明，夏季靠近大辽河口的 8 号站位和感潮段的 1 号站位为富营养化状态，而位于河口邻近海域的 6 号站位水体为 P 限制潜在性富营养状态，其他各站位均为 P 中等限制潜在性富营养状态，该营养级站位占比为 62.5%。秋季位于河口邻近海域的 5 号和 6 号站位为 P 限制潜在性富营养状态，其他站位均为 P 中等限制潜在性富营养状态，该营养级站位占比为 75.0%。可见，虽然大辽河口具有良好的物理净化条件，但在河口感潮段和河口邻近海域仍呈 P 限制的潜在富营养化和 P 中等限制潜在性富营养状态。

根据上述划分原则，提出分类分级的富营养化评价模式（表 2-4、表 2-5）。

河流径流注入影响大的海域，特别是有大江大河直接注入的河口区，其无机氮含量都相当高，导致这些海域呈现磷限制特征，构成了中国近海尤其是河口水化学的一个重要特征。产生这种现象的主要原因在于，我国大多数流域地表岩石圈及土壤圈中磷丰度偏低，加之近几十年来化肥用量剧增但比例不当，氮肥过量而磷钾肥不足，地表水把未被利用的过量氮肥汇入河水，入海径流中 N∶P 值很高，高 N∶P 河水的注入必然会使河口及其附近海域水体中 N∶P 升高。此外，河口区硝酸盐的再生增补及磷酸盐的"缓冲机制"可能也是重要原因。

表 2-4 营养级的划分原则

级别	营养级	DIN（$\mu mol/dm^3$）	$PO_4^{3-}-P$（$\mu mol/dm^3$）	N∶P
I	贫营养	＜14.28	＜0.97	8～30
II	中度营养	14.28～21.41	0.97～1.45	8～30
III	富营养	＞21.41	＞1.45	8～30
IV$_P$	P 限制中度营养	14.28～21.41	—	＞30
V$_P$	P 中等限制潜在性富营养	＞21.41	—	30～60
VI$_P$	P 限制潜在性富营养	＞21.41	—	＞60
IV$_N$	N 限制中度营养	—	0.97～1.45	＜8
V$_N$	N 中等限制潜在性富营养	—	＞1.45	4～8
VI$_N$	N 限制潜在性富营养	—	＞1.45	＜4

表 2－5　富营养化评价结果

春季					秋季				
站位	DIN (μmol/dm³)	PO$_4^{3-}$－P (μmol/dm³)	N：P	营养级别	站位	DIN (μmol/dm³)	PO$_4$－P (μmol/dm³)	N：P	营养级别
1	59.1	2.09	28.3	Ⅲ	1	91.0	1.92	47.4	V$_P$
2	64.8	2.02	32.1	V$_P$	2	88.2	1.94	45.5	V$_P$
3	55.1	1.75	31.5	V$_P$	3	63.5	1.32	48.1	V$_P$
4	44.6	1.42	31.4	V$_P$	4	66.4	1.31	50.7	V$_P$
5	24.6	0.53	46.4	V$_P$	5	48.4	0.77	62.9	VI$_P$
6	22.4	0.32	70.0	VI$_P$	6	31.9	0.16	199.4	VI$_P$
7	54.1	1.80	30.1	V$_P$	7	52.4	1.17	44.8	V$_P$
8	77.2	2.76	28.0	Ⅲ	8	88.7	1.85	47.9	V$_P$

六、重金属

（1）水体中重金属含量分布　2015 年 6 月，大辽河口 Cu 含量范围是 2.30～4.51 μg/L，平均值为 3.40 μg/L；Pb 含量范围是 0.955～1.33 μg/L，平均值为 1.107 μg/L；Cd 含量范围是 0.567～0.925 μg/L，平均值为 0.771 μg/L；Zn 含量范围是 10.6～23.1 μg/L，平均值为 14.9 μg/L；Hg 含量范围是 0.049～0.066 μg/L，平均值为 0.057 μg/L；As 含量范围是 4.28～5.13 μg/L，平均值为 4.65 μg/L。水体中重金属含量高低顺序为 Hg＜Cd＜Pb＜Cu＜As＜Zn。

2015 年 9 月，大辽河口 Cu 含量范围是 2.09～4.18 μg/L，平均值为 2.89 μg/L；Pb 含量范围是 1.05～1.77 μg/L，平均值为 1.33 μg/L；Cd 含量范围是 0.530～0.878 μg/L，平均值为 0.724 μg/L；Zn 含量范围是 12.0～18.3 μg/L，平均值为 16.4 μg/L；Hg 含量范围是 0.046～0.055 μg/L，平均值为 0.050 μg/L；As 含量范围是 3.78～4.37 μg/L，平均值为 4.06 μg/L。水体中重金属含量高低顺序为 Hg＜Cd＜Pb＜Cu＜As＜Zn。

与国内几大典型的河口表层水体重金属含量相比（表 2－6），可以看出，调查区域表层海水中 Cu、Pb 和 Zn 的含量均高于长江口和珠江口，而低于黄河口；调查区域 Cd 和 As 的含量则高于其他诸河口，其中大辽河口 As 含量为珠江口的 16.7 倍，因此调查区域水体中重金属含量整体处于较高水平。

表 2 - 6   不同河口表层水体重金属含量对比（μg/L）

地点	Cu	Pb	Zn	Cd	As
长江口	1.01	0.81	9.32	0.07	—
珠江口	1.08	0.78	8.28	0.15	0.26
黄河口	32.7	26.3	51.0	0.42	2.68
大辽河口	3.14	1.22	15.7	0.75	4.35

（2）表层沉积物中重金属含量分布   2015 年 6 月，大辽河口沉积物 Cu 含量范围是 2.95～94.3 mg/kg，平均值为 36.4 mg/kg；Pb 含量范围是 5.21～10.2 mg/kg，平均值为 7.87 mg/kg；Cd 含量范围是 0.048～0.096 mg/kg，平均值为 0.076 mg/kg；Zn 含量范围是 14.4～61.6 mg/kg，平均值为 42.2 mg/kg；Hg 含量范围是 0.048～0.056 mg/kg，平均值为 0.052 mg/kg；As 含量范围是 16.3～19.2 mg/kg，平均值为 17.8 mg/kg。沉积物中重金属含量高低顺序为 Hg<Cd<Pb<As<Cu<Zn。

各相重金属含量均为河口区高于感潮段，这与盐度的分布较相似，细颗粒泥沙往往在吸附金属离子后或吸附过程中受盐度变化的影响较大，由于河口区是盐淡水交汇混合剧烈之处，细颗粒泥沙作为重金属的主要载体，通过吸附和解吸，能调节水体中重金属的固液相分配比。当进入近海河口区，水面逐渐变宽，虽然细颗粒泥沙较易发生絮凝，但在高能量的波浪作用下又会发生再悬浮，在波浪的长期筛选作用下，只有相对较粗的颗粒沉积在河床表层，因此，悬沙中的细颗粒泥沙所占比重进一步增加，悬沙中金属含量出现高值，而表层沉积物由于有大量的金属含量较高的泥沙在此絮凝沉积，使得此处金属含量也相应地出现高值。

（3）重金属污染评价

①水体。重金属元素综合污染指数评价法是将同一站位的所有要研究的重金属元素作为一个统一的整体，研究这些重金属元素在相互作用的情况下对环境产生的影响，采用综合污染指数进行评价，其计算公式为：

$$A_i = C_i / C_{si}$$

$$WQI = \frac{1}{n} \sum_{n}^{1} A_i$$

式中 A_i——重金属元素 i 的污染指数；

C_i——重金属元素 i 的实测含量；

C_{si}——重金属元素 i 的评价标准（取海水水质一类标准作为调查区域各重金属元素评价标准）；

WQI——水质重金属综合污染指数。

当 $WQI \leqslant 1$ 时，表明该水域无重金属污染；当 $1 < WQI \leqslant 2$ 时，表明该水域重金属为轻度污染；当 $2 < WQI \leqslant 3$ 时，表明该水域重金属为中度污染；当 $WQI > 3$ 时，表明该水域重金属为重度污染。

评价结果显示，6 月，调查区域所有站位的 WQI 值介于 $0.70 \sim 0.90$，且均小于 1，表明大辽河口夏季水体没有重金属污染；如果重金属评价分指数高于 1，则它对重金属综合评价产生直接的负面影响，所以将污染分指数高于 1 的重金属因子确定为影响水体重金属综合污染指数的主要负面因子，大辽河口各重金属评价因子中，A_{Hg} 的范围为 $0.98 \sim 1.26$，87.5% 的站位污染分指数 >1，Pb 的污染指数范围为 $0.96 \sim 1.33$，75.0% 的站位污染分指数 >1，其他重金属因子污染指数均小于 1，因此判断 Hg 和 Pb 是影响大辽河口夏季水体重金属污染指数的主要负面因子。9 月，调查区域所有站位的 WQI 值介于 $0.75 \sim 0.84$，均小于 1，表明大辽河口秋季水体没有重金属污染；大辽河口各重金属评价因子中，A_{Hg} 的范围为 $0.92 \sim 1.06$，62.5% 的站位污染分指数 >1，Pb 的污染指数范围为 $1.05 \sim 1.77$，100% 的站位污染分指数 >1，其他重金属因子污染指数均小于 1，因此判断 Pb 和 Hg 是影响大辽河口秋季水体重金属污染指数的主要负面因子。

②沉积物。采用沉积物重金属潜在风险指数评价法对大辽河口沉积物重金属污染状况进行评价，采用瑞典科学家 Hakanson 的潜在生态危害指数法进行重金属生态危害评价。其计算公式为：

$$E_r^i = T_r^i \times C_f^i$$

$$RI = \sum_i^n E_r^i = \sum_i^n (T_r^i \times C_f^i) = \sum_i^n \frac{T_r^i \times C_s^i}{C_n^i}$$

式中　RI——所有重金属的潜在生态风险指数；

　　　E_r^i——金属 i 的潜在生态风险系数；

　　　T_r^i——重金属毒性响应系数，反映重金属的毒性水平及生物对重金属污染的敏感程度，分别为 Cu=5、Zn=1、Pb=5、Cd=30、Hg=40、As=10；

　　　C_f^i——重金属富集系数（$C_s^i = /C_n^i$）；

　　　C_s^i——表层沉积物中重金属浓度实测值；

　　　C_n^i——所需背景值，本书采用现代工业化前沉积物中重金属的正常最高背景值（表 2-7）。

表 2-7　重金属含量背景值（mg/kg）

地区	Cu	Zn	Pb	Cd	Hg	As	文献
全球工业化前	30	25	80	0.5	0.2	15	Hakanson，1980

具体重金属潜在生态风险评价等级见表 2-8。

评价结果显示，大辽河口夏季沉积物重金属潜在风险指数变化范围 RI 为 $27.4 \sim$

44.6，均值为 35.2，根据分级关系（表 2-8），其对应阈值区间均为 $RI \leqslant 110$，评价结果为"低值"。单一重金属中 As 的风险因子最高，其 E_r^i 值为 11.9，根据分级关系（表 2-8），其对应阈值区间均为 $E_r^i \leqslant 30$，评价结果为"低值"。因此，该海域存在较低的重金属潜在生态风险。

表 2-8　重金属潜在生态风险评价指标与分级关系

单一重金属对应的阈值区间		风险因子程度分级
潜在生态风险因子 E_r^i	$E_r^i \leqslant 30$	低值
	$30 \leqslant E_r^i < 60$	中等
	$60 \leqslant E_r^i < 120$	可观
	$120 \leqslant E_r^i < 240$	高值
	$E_r^i \geqslant 240$	极高
6 种重金属对应的阈值区间		风险指数程度分级
潜在生态风险指数 RI	$RI \leqslant 110$	低值
	$110 \leqslant RI < 220$	中等
	$220 \leqslant RI < 440$	高值
	$RI \geqslant 440$	极高

第二节　辽河口及周边水域污染概况

　　排入近岸海域的污染物绝大部分来自陆地。陆上城市化、工业化所产生的生活污水和工业废水通过江河，经河口入海；农业生产中施肥和农药随地表径流入海；水产养殖过程中的投饵用药等都是造成河口海域污染的重要原因。

　　随着工农业的发展，排入渤海海域的污染物持续增多，渤海近岸海域的污染形势日趋严重，污染范围不断扩大。1998 年的监测结果显示，近岸海域一类水质所占比例为 21.1%，二类水质所占比例为 13.7%，三类水质所占比例为 32.5%，四类水质所占比例为 8.19%，超四类水质所占比例为 24.6%。主要污染物质是无机氮、磷酸盐等营养盐，有机化学污染物和铅、汞等重金属以及石油类化合物。

一、辽河口及周边水域污染现状

　　辽河口地处渤海北部，是环渤海经济圈的重要组成部分，自 20 世纪 70 年代以来，对我国北方社会经济的发展起到了重要的主导作用，工农业的快速发展，为我国的改革开放做出了重要的贡献。但随之而来的环境污染问题也日益加剧，有机化学污染物、营养盐、石油烃和重金属大量排泄入海，造成辽河口地区环境的急剧恶化。

辽河口地区河流汇入所携带的营养盐，促进并维持着该地区饵料生物的生长繁殖，是辽河口地区多种经济鱼虾蟹贝的产卵场和索饵场。但随着污染的加剧，河口地区的富营养化加重，危害不同的赤潮时有发生。1952—2006 年，营口鲅鱼圈附近海域发生赤潮 12 次，累计面积 3 230 km²；葫芦岛、锦州湾附近海域发现赤潮 7 次，累计面积 500 km²；辽河口附近海域发现赤潮 6 次，累计面积 160 km²。据《2004 年中国海洋环境状况公报》显示，2004 年排入渤海的污染物总量约为 200×10^4 t，其中，COD 占 145×10^4 t，约占总量的 72%。辽东湾北部由于辽河水系的汇入，是该类型污染的重要汇入点和严重污染区。

2011 年，赵仕兰等分析了 2009 年调查资料，指出辽东湾北部海域海水中 Pb 季节分布特征为：春季＞秋季＞冬季＞夏季，而 Cd 含量随季节变化不大；Pb 和 Cd 的空间分布总体为近岸高、离岸低，辽东湾北部海域水体中 Pb 污染程度高于 Cd。春季调查海域有 71.9% 的站位 Pb 含量超出二类海水水质标准值，四个季节 Cd 的含量均在二类水质标准值范围内。Cd 的季节变化特征亦不明显。沉积物中 Cd 的污染程度高于 Pb，四个季节调查海域沉积物中 Pb 的含量都在一类海洋沉积物质量标准值范围内，属轻微生态危害。而 Cd 均有部分站位超出一类海洋沉积物质量标准值，属中等生态危害。

从《中国海洋环境状况公报》可以看出，辽东湾北部海域严重污染面积一直没有好转，辽东湾北部的自封闭环流以及四条较大河流（小凌河、大凌河、辽河、大辽河）的注入使海域污染已经十分严重。辽东湾北部已经成为潮海赤潮的多发海域，赤潮优势种类的成倍增加、赤潮灾害次数增多、面积和空间分布不断扩大，表明辽东湾近岸海域的富营养化问题相当突出。

辽河口及其周边海域由于与海洋相连，水体交换快，水域面积宽广，理论上具有一定的纳污能力，合理利用这一能力是构成经济和生产的要素。但快速扩张的近岸污染表明，该区域的纳污能力已经受到严重破坏，功能衰退。同时频发的赤潮事件表明，该区域对于营养盐和有机污染物已无更多的容纳能力。另外，辽河口及周边海域污染状况的季节性和年度变化，又表明其尚有一定的自净化潜力。

辽河口及其周边海域的污染状况已经严重影响到沿海产业，赤潮灾害频发表明生态环境存在进一步恶化的可能。辽东湾北部海域的污染物大部分来自沿岸的河流，而辽河流域污染物主要来源为城镇生活和农村农业，而农村产业结构的改变和城镇生活与消费方式的变革受制于经济、技术、人口、资源等许多因素。因此，实际操作中污染源头控制难度很大。

二、污染物来源及分布

河口及其周边水域的污染物来源分陆源、海源和气源三种途径。其中陆源污染是海洋污染的主要来源，分点源污染和面源污染，点源污染包括入海河流流域内污水和各种有毒有害物质随江河排入近岸海域的途径和直接排污入海。海源污染主要是由近海水产养殖和石油开采造成的，指养殖中过度投饵用药和石油开采过程中的泄漏溢散。气源污染是近海城镇工农业生产、海洋交通、石油开采等活动，通过矿物和农作物燃烧排放到大气中的颗粒物、烷烃化合物、硫酸盐、含氮化合物等直接或者随降水沉降入海的污染途径。

辽东湾入海河流有六股河、狗河、兴城河、小凌河、大凌河、辽河、大辽河、大清河、熊岳河、复州河。河流携带的大量流域内的生活污水和工农业废水是辽东湾北部污染物的主要来源，其中又以辽河流域最甚。同时，河口周边地区经济发达，工农业生产和石油开采活动频繁，也造成一定量的气源和海源污染。

另一重要陆源污染为入海排污口污染，陆源入海排污口是指由陆地直接向海域排放污水的排放口。根据排污主体分为三种类型，分别为工业排污口、市政排污口和排污河。其中工业排污口产污主体为《国民经济行业分类》（GB/T 4754）中采矿业、制造业、电力、燃气或水的生产和供应业等的陆源入海排污口；市政排污口以排放生活和城市综合污水为主的陆源入海排污口（包括城镇污水处理厂和垃圾处理厂污水排放口）；排污河为人工修建或自然形成，现阶段以排放污水为主（枯水期污水量占径流量50％以上）的入海河（沟、渠、溪）。

排污口监测内容包括污水流量、污水中污染物浓度和污水综合生物毒性。污水水质监测项目包括盐度、化学需氧量、悬浮物、氨氮、总氮、总磷、石油类、重金属（汞、镉、铅、砷、六价铬）；综合生物毒性监测主要为粪大肠菌群和生化需氧量（BOD_5）。污水流量测量一般采用污水流量计法，污水水质分析方法执行淡水方法；当污水样品盐度＞2时，采用海水方法进行测试（GB 17378.4）。污水综合生物毒性监测方法按《海洋环境水样与沉积物样品的急性毒性检验发光细菌法》执行。

排污状况评价选用 GB 8978 或相应行业排放标准，不能确定排污企业准确建设时间的排污口，评价标准一律执行 GB 8978 的规定。凡有设计排放标准的入海污水，采用设计排放标准进行评价。排入要求水质三类或劣于三类海洋功能区的污水，执行二级标准；排入要求水质优于三类海洋功能区的污水，执行一级标准；排入要求水质为维持现状海洋功能区的污水，执行一级标准。根据单因子评价结果，将污染指数大于1的污染因子确定为该排污口的超标污染物。超标率为出现超标污染物的排污口数量和排污口总数的比值，2013 年和 2014 年超标率计算方法为超标污染物总数和监测污染物总数的比值。

辽河口周边陆源入海排污口众多，陆源入海排污口是指由陆地直接向海域排放污水的排放口。根据《辽宁省海洋环境状况公报》显示，2006—2007 年营口市保持 6 个监测排污口，其中 2 个重点排污口，分别为营口市污水处理厂排污口和营口市造纸厂排污口；2008—2013 年减为 5 个监测排污口，仅 1 个重点排污口为营口市污水处理厂排污口；2014 年仅有 3 个监测排污口，其中 1 个重点排污口。历年监测数据显示，各年份排污口超标率变化范围较大，且没有明显变化规律。2008 年超标率达到 83.3%，2006 年最低仅为 16.7%，营口市污水处理厂排污口历年超标，主要超标污染物为悬浮物、氨氮和粪大肠菌群。2006—2008 年盘锦市有 5 个监测排污口，2009 年至今减为 4 个，其中包括 1 个重点排污口（华锦集团排污口）。2007 年和 2008 年营口市监测排污口均为超标排污口，2012 年有 3 个排污口超标，其他均为 2 个排污口超标。各排污口中，二界沟排污口历年来均为超标排污口，其主要超标污染物为悬浮物。

2011—2015 年辽东湾沿岸入海排污口监测结果显示，辽东湾沿岸排污口超标率分别为 69.2%、65.3%、61.4%、66.0% 和 58.7%，尽管近几年超标率有所回落，但超标仍然比较严重（表 2-9）。

表 2-9　辽东湾陆源入海排污口超标率

年份	大连（渤海）（%）	营口（%）	盘锦（%）	锦州（%）	葫芦岛（%）	平均（%）
2011	66.7	20	50	100	100	69.2
2012	66.7	40	75	57.1	100	65.3
2013	73.9	22.2	50	75	75	61.4
2014	28.0	39.0	67	92	100	66.0
2015	71.2	65.0	50	69.5	52.6	58.7

2015 年，辽宁省辽东湾排污口监测数量为 39 个，为 2009 年以来最多，全年共监测 6 次（表 2-10）。全年入海排污口的达标排放次数占总监测次数的比例为 41.3%，达标率较 2014 年明显回升。3 月、5 月、7 月、8 月、10 月、11 月的入海排污口达标排放率分别为 36.8%、40.5%、50.0%、32.4%、37.5% 和 50.0%。主要污染物（或指标）为化学需氧量、总磷、氨氮和悬浮物。

环辽东湾地市中，盘锦达标排放率最高，为 50.0%，其次是葫芦岛，为 47.4%，营口和锦州达标排放率分别为 35.0% 和 30.5%，大连渤海海域最低，为 28.8%。

工业排污口、市政排污口和排污河的达标次数比率分别为 13.6%、30.2% 和 52.5%；设置在农渔业区、工业与城镇用海区、港口航运区、海洋保护区和旅游休闲娱乐区的排污口，达标次数比率分别为 44.8%、53.5%、32.0%、30.9% 和 26.5%。

表 2 - 10   2010—2015 年辽东湾排污口监测数量（排污口总数/重点排污口数）

年份	总数	大连	营口	锦州	盘锦	葫芦岛
2010	26/7	6/0	5/2	7/2	4/1	4/2
2011	26/6	6/0	5/1	7/2	4/1	4/2
2012	26/6	6/0	5/1	7/2	4/1	4/2
2013	26/6	6/0	5/1	7/2	4/1	4/2
2014	24/6	6/0	3/1	7/2	4/1	4/2
2015	39/5	7/0	6/1	7/2	7/0	12/2

三、辽河口入海污染物总量

2014 年，枯水期（4 月）大辽河径流量为 1.06 亿 m^3，主要入海污染物总量为 2 800 t，其中石油类 1.84 t、COD 1 547.6 t、总氮 899.4 t、总磷 350 t、重金属铜 0.43 t、锌 0.74 t、铅 0.08 t、镉 0.01 t、砷 0.22 t、汞 0.01 t、六价铬 0.06 t。总磷中磷酸盐 8.36 t、总氮含量中氨氮 212 t、硝酸盐氮 218.4 t、亚硝酸盐氮 109.2 t。丰水期（8 月）大辽河径流量为 1.19 亿 m^3，主要入海污染物总量为 1 253.2 t，其中污染物石油类 1.79 t、COD 261.8 t、总氮 941.3 t、总磷 46.7 t、重金属铜 0.23 t、锌 0.86 t、铅 0.018 t、镉 0.04 t、砷 0.35 t、汞 0.004 t、六价铬 0.06 t。总磷含量中磷酸盐 9.53 t，总氮含量中氨氮 23.68 t、硝酸盐氮 311.8 t、亚硝酸盐氮 22.49 t。平水期大辽河径流量为 1.07 亿 m^3，主要入海污染物总量为 2 143 t，其中污染物石油类 1.39 t、COD 1 070 t、总氮 887.9 t、总磷 21.7 t、重金属铜 0.37 t、锌 0.25 t、铅 0.046 t、镉 0.02 t、砷 0.29 t、汞 0.003 t、六价铬 0.07 t。总磷含量中磷酸盐 8.89 t，总氮含量中氨氮 160.8 t、硝酸盐氮 365.4 t、亚硝酸盐氮 36.2 t。

2014 年，大辽河全年径流量为 13.28 亿 m^3，比 2013 年的 60.64 亿 m^3 减少 78.1%。污染物浓度按丰水期、平水期、枯水期三个水期平均值计算，得出 2014 年大辽河全年主要入海污染物总量 2.32 万 t。其中：石油类 19.92 t、COD 1.18 万 t、总氮 1.09 万 t、总磷 471.4 t、重金属铜 4.22 t、锌 7.34 t、铅 0.58 t、镉 0.27 t、砷 3.43 t、汞 0.73 t、六价铬 0.80 t。总磷含量中磷酸盐 107.2 t、总氮含量中氨氮 1638.8 t、硝酸盐氮 3 583 万 t、亚硝酸盐氮 689.2 t。

2015 年，大辽河全年径流量为 19.47 亿 m^3，比 2014 年增加 46.61%。污染物浓度按 3 个水期平均值计算，得出 2015 年大辽河全年主要入海污染物总量 3.43 万 t。其中：石油类 26.48 t，COD 为 1.71 万 t，占总污染物入海总量的 49.8%；总氮 1.65 万 t，占总污染物入海总量的 48.1%，总磷 741.8 t，重金属铜 3.5 t、锌 7.98 t、铅 0.39 t、镉 0.62 t、砷 6.06 t、汞 0.092 t、六价铬 0.50 t。总磷含量中磷酸盐 174.5 t，总氮含量中氨氮 1 691.0 t、硝酸盐氮 6 151 万 t、亚硝酸盐氮 158.3 t。对比 2014 年，各入海污染物中仅重金属铜、汞、六价铬和亚硝酸盐略有减少，其他污染物均有不同程度增加，其中增加幅度最大的为总氮，比 2014 年 0.56 万 t 增长 51%；其次为 COD，增加 0.53 万 t，增长率为 44%；总磷增加 270.4 t，增长率为 57%。

四、入海污染物变化趋势分析

大辽河入海污染物总体在 2010—2012 年呈小幅上升的年度变化趋势，2012—2014 年呈逐年下降的年度变化趋势，其中 2013—2014 年减少幅度比较明显，2014—2015 年随着径流量增加，各污染物入海总量又呈回升的年度变化趋势，采取 Mann-Kendall 统计方法对大辽河 6 年主要污染物入海总量的变化趋势进行总体分析发现，各入海污染物中，砷的 P 值为 0.024，近 6 年存在显著降低的趋势，总氮的 P 值为 0.06（$0.1 \geqslant P$ 值 > 0.05），存在降低的趋势，其他污染物虽然各年度间有增加或者减少的变化，但整体上无明显变化（图 2 - 4，表 2 - 11）。

表 2 - 11 2010—2015 年大辽河口入海污染物通量

年份	石油类 (万 t)	化学耗氧量 (万 t)	总氮 (万 t)	总磷 (万 t)	氨-氮 (万 t)	硝酸盐 (万 t)	亚硝酸盐 (万 t)	磷酸盐 (万 t)
2015	0.002 65	1.705 6	1.645 2	0.074 2	0.169 1	0.615 1	0.015 8	0.017 4
2014	0.002 0	1.181 9	1.091 6	0.047 1	0.163 9	0.358 3	0.068 9	0.010 7
2013	0.014 4	9.581 1	4.853 7	0.198 9	0.910 2	1.838 0	0.262 6	0.050 3
2012	0.023 6	11.368	4.875	0.097	0.285	1.42	0.181	0.028 1
2011	0.024 1	7.221	5.770	0.130	0.290	2.64	0.427	0.045 3
2010	0.021 9	7.076	5.35	0.10	0.37	0.99	0.161	0.034 5
平均	0.014 8	6.356	3.931	0.108	0.365	1.310	0.186	0.031

年份	铜 (t)	铅 (t)	锌 (t)	镉 (t)	汞 (t)	砷 (t)	六价铬 (t)	总计 (万 t)
2015	3.5	0.39	7.98	0.62	0.092	6.06	0.58	3.43
2014	4.22	0.58	7.34	0.27	0.73	3.43	0.80	2.32
2013	41.8	21.8	155.2	2.43	0.16	15.2	20.6	14.77
2012	18.2	10.4	9.1	1.1	0.13	16.6	—	16.17
2011	48.6	12.2	62.7	0.96	0.24	22.1	—	13.16
2010	22.8	11.4	39.0	2.2	0.27	103.5	—	12.57
平均	23.2	9.462	46.9	1.263	0.270	27.82	7.33	10.54

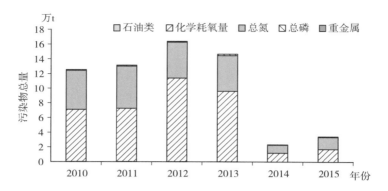

图 2-4 2010—2015 年大辽河口入海污染物总量变化柱状分布

2010—2015 年，大辽河进入辽东湾的氮、磷及 COD_{Mn} 年平均通量分别为 3.93 万 t、0.108 万 t 和 6.36 万 t，三者综合占入海污染物总量的比例分别为 99.6%、99.7%、99.8%、99.1%、99.9%、99.8%，为入海污染物主要的贡献者。对于大辽河口入海氮通量，2011 年最高为 5.77 万 t，其次是 2012 年和 2013 年，分别为 4.87 万 t 和 4.85 万 t，2014 年最少，为 1.09 万 t；化学耗氧量 2012 年最高，为 11.37 万 t，其次是 2013 年，为 9.58 万 t，2014 年最低为 1.18 万 t；总磷 2013 年最高为 0.199 万 t，其次是 2011 年为 0.130 万 t，2014 年最低为 0.047 万 t。近年来，随着我国在污染防治上投入的加大，各类工程、政策措施的实施，大辽河入海污染物总量明显下降，说明近年来对流域耗氧类污染物的治理已经取得了明显的效果（图 2-5）。

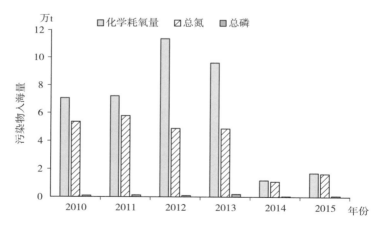

图 2-5 2010—2015 年大辽河口主要污染物入海量变化分布

辽河于盘锦入海，入海邻近海域功能区为双台子河海洋保护区及双台子河保留区，要求海水水质不劣于第一类海水水质标准，2008—2014 年的辽河主要污染物为 COD_{Cr}，其次为营养盐，COD_{Cr} 排放量占总排放量的 80% 以上。2008—2010 年辽河主要污染物排放总量较低，2011 年陡增，2011—2014 年主要污染物排放总量保持平稳的状态。

大辽河沿岸有盘锦港和众多的排污口，大辽河入海邻近海域功能区为保留区，海水水质要求为维持现状。2008—2013 年大辽河的主要污染物为 COD_{Cr}，其次为营养盐，COD_{Cr} 排海量占总排放污染物量的 $65\%\sim95\%$；2008—2013 年大辽河主要污染物排放总量呈现逐年上升的趋势。

五、辽东湾北部主要化学污染物通量

据 2006 年刘娟等统计分析，辽河流域无机氮和溶解性总磷的入海通量自 20 世纪 70 年代到 21 世纪初表现为"升-降-升-降"的 M 形变化趋势。

无机氮在 20 世纪 70 年代末约为 6×10^4 t/年，80 年代中期则增加至 9×10^4 t/a（平均年增加率约为 5%），到 90 年代中期又降至 3×10^4 t/a（平均年减小率约为 6%），21 世纪初又达到 7×10^4 t/a，然后又有所降低，2004 年为 5.5×10^4 t/a。其中，随河流径流输入的无机氮入海通量的年平均比例为 62.5%；随大气沉降输入的无机氮通量的年平均比例为 14.4%；从排污口进入的通量占 9.7%；养殖排放所占比例约为 6.3%。

溶解性磷酸盐年入海通量 20 世纪 70 年代末约为 0.4×10^4 t/a，到 80 年代中期增加到 0.7×10^4 t/年，到 90 年代中期回落到 0.2×10^4 t/a，21 世纪初则回升达到 0.67×10^4 t/a，2004 年为 0.5×10^4 t/a。最大年平均输入来源依然是河流，占 64.5%；其次是排污口（12.5%）、水产养殖（9.4%）、大气沉降（6.4%）等。

辽河流域 COD 入海通量则表现为先升后降的倒 V 形年际变化。从 20 世纪 70 年代末的 80×10^4 t/a 逐步增加到 90 年代末的 120×10^4 t/a，然后再降低，到 2004 年约为 92×10^4 t/a。其中，输入量比例按从大到小的顺序排列依次为河流输入（47.4%）、大气排放（23.4%）、排污口排放（19.5%）、养殖入海（9.6%）。

第三章
辽河口生物资源

第一节 生物资源调查方法、范围

一、调查方法

生物资源的调查方法按《海洋监测规范》（GB 17378—2007）和《海洋调查规范》（GB/T 12763—2007）进行。

浮游植物调查方法：使用浅水Ⅲ型浮游生物网自水底至水面拖网采集浮游植物。采集到的浮游植物样品用5％甲醛固定保存。浮游植物样品经过静置、沉淀、浓缩后换入贮存瓶并编号，处理后的样品使用光学显微镜采用个体计数法进行种类鉴定和数量统计。个体数量以 $N \times 10^4$ 个/m³ 表示。

浮游动物调查方法：采用浅水Ⅰ型（大网）和浅水Ⅱ型（中网）标准浮游生物网自底至表垂直拖取。所获样品用5％的甲醛固定保存。浮游动物样品分析采用个体计数法（个/m³）。个体计数：大网按全网计数，中网按4％分样计数，而后换算成全网数量。

大型底栖生物调查方法：调查分为定性调查和定量调查两种类型。根据《海洋监测规范》（GB 17378—2007）和《海洋调查规范》（GB/T 12763—2007）要求，大型底栖生物定性调查采用拖耙的方式，拖耙带齿，耙宽1.7 m，网目为1 cm×1 cm，拖速5 km/h，时间为15 min。定量调查采用面积为0.05 m² 的抓斗式采泥器，每站采集4个样品，将采集的样品用0.5 mm分样筛淘洗，挑选出所有动物，装入标本瓶内，并放入标签，然后用5％甲醛固定液固定，在实验室内用解剖镜进行观察、分类、计数。

游泳动物调查方法：根据《海洋生物生态调查技术规程》的要求，游泳动物调查网具为单船有翼单囊拖网，网宽10 m，囊网网目15 mm，调查拖速为2.5kn，调查渔获装箱低温保存，返航后带回实验室进行生物学测定等实验室分析。

早期鱼类资源调查方法：2014年6—9月，2015年5—8月，2016年5—8月在大辽河口沿岸碎波带进行早期鱼类资源调查。调查断面设置在大辽河口营口市石头坝处，主要采用弶网［弶网参照易伯鲁等的方法制作，网口为1.5 m×1 m长方形（高1 m，长1.5 m，网目1 mm），网体呈四棱锥形，后部长6 m，窄缩成锥形后连接1个圆柱形采集桶（直径10 cm，长15 cm）］调查采集仔鱼和稚鱼。其中2014年6—9月逐日开展样品采集，2015年5—8月、2016年5—8月隔日开展样品采集，每次采集落潮1次，每次采集4 h。在现场一半样品用5％的甲醛溶液固定，一半样品用95％乙醇溶液固定。对采集的鱼苗，依据外形特征（头形、肌节数、尾静脉等），在解剖镜下进行观察，记录发育期和主要性状。

二、浮游生物群落指数和物种优势度指数计算方法

浮游生物群落指数计算方法如下：

多样性指数（H'）的计算采用 Shannon-Wiener 公式：

$$H' = - \sum_{i=1}^{s} P_i \log_2 P_i$$

均匀度指数（J'）采用 Pielou 公式：

$$J' = H' / \log_2 S$$

丰度指数（D）采用 Margalef 指数公式：

$$D = (S-1) / \log_2 N$$

式中　H'——多样性指数；

　　　N——浮游生物总个体数；

　　　$P_i = n_i / N$，n_i 为浮游生物总种数中第 i 种的个体数；

　　　S——种类数。

物种优势度 Y 的计算：根据各物种出现的频率及丰度来计算，计算公式为：

$$Y = \frac{n_i}{N} f_i$$

式中　N——采集样品中所有物种的总体个数；

　　　n_i——第 i 种的总体个数；

　　　f_i——第 i 种在各样品中出现的频率。

以优势度 $Y > 0.02$ 的标准来确定优势种（徐兆礼 等，1989）。

三、调查范围

依据《海洋监测规范》（GB 17378—2007）和《海洋调查规范》（GB/T 12763—2007）要求，浮游生物、底栖生物、游泳生物等生物资源调查范围为辽河及大辽河口邻近海域，其中浮游植物、浮游动物、底栖生物设置 14 个站位，游泳生物设置 6 个站位（图 3-1）。

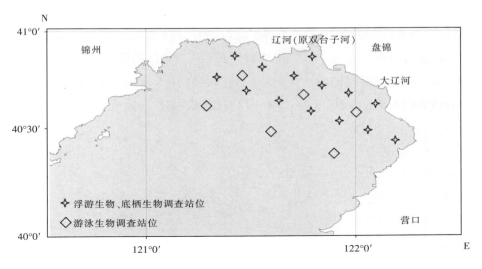

图 3-1　调查范围及站位

第二节　浮游植物

一、种类组成及季节变化

2012—2015 年，该海域共检出浮游植物 6 门 26 科 41 属 97 种，大多数属于广温近岸种类。在各类浮游植物中，硅藻门的种类最多，有 30 属 76 种，占总种数的 79%；其次是甲藻门，有 5 属 10 种，占总种数的 10%；再次是绿藻门，有 5 属 8 种，占总种数的 8%；此外，金藻门、裸藻门和蓝藻门各有 1 属 1 种。在辽河口浮游植物种群结构中，硅藻所占比例的季节变化不大，夏季最低为 69%，冬季最高为 88%；绿藻和甲藻种类以冬季最少，夏季最多（图 3-2、图 3-3）。

春季，浮游植物有 4 门 20 科 30 属 56 种。其中，硅藻门的种类最多，有 23 属 46 种，占总种数的 82%；其次是甲藻门，有 3 属 5 种；绿藻门，有 3 属 4 种；金藻门最少，为 1 属 1 种。硅藻门中以圆筛藻的种类最多，达 7 种，其次为海链藻、角毛藻和盒形藻，均有 4 种。

夏季，浮游植物有 6 门 23 科 31 属 62 种。其中，硅藻门的种类最多，有 19 属 43 种，占总种数的 69%；其次是绿藻门，有 5 属 8 种；甲藻门，有 4 属 8 种；此外，金藻门、蓝藻门和裸藻门各有 1 属 1 种。硅藻门中以角毛藻的种类最多，达 7 种，其次为圆筛藻属有 6 种，根管藻有 5 种。甲藻门中以角藻属的种类数量最多，有 5 种。绿藻门中以栅藻最多，有 3 种。

秋季，浮游植物有 5 门 22 科 34 属 62 种。其中，硅藻门的种类最多，有 25 属 49 种，占总种数的79%；其次是甲藻门，有3属6种；绿藻门，有4属5种；金藻门和蓝藻门最少，各为1属1种。硅藻门中以根管藻的种类最多，达7种，其次为圆筛藻和角毛藻，均有6种。

冬季，浮游植物有2门10科13属26种。其中，硅藻门的种类最多，有11属23种，占总种数的88%；其次是甲藻门，有2属3种。硅藻门中以圆筛藻的种类最多，达8种，其他各属的种类均不超过3种。辽河口冬季浮游植物种类较其他季节少。

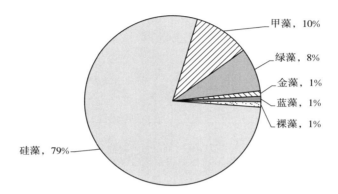

图3-2　辽河口浮游植物种类组成比例

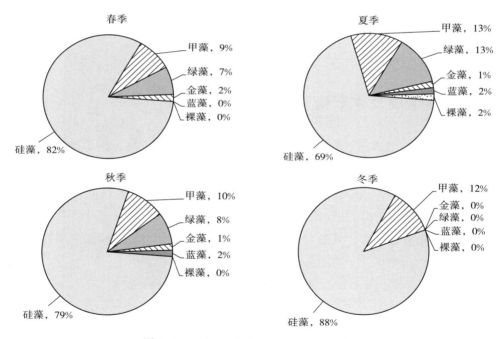

图3-3　辽河口浮游植物各季节种类组成

二、优势种组成

辽河口浮游植物因季节交替而出现不同的优势种群，其中分布较普遍、数量上占有明显优势的种类为具槽直链藻、优美旭氏藻矮小变种、柔弱角毛藻和中肋骨条藻。

春季辽河口附近浮游植物的优势种是具槽直链藻和优美旭氏藻矮小变种。它们在春季浮游植物总量中占的比例为5%～57%，累计占85%。在各调查站位的出现频率达到100%。

夏季从每种浮游植物密度占总量的比例分析，优势种是浮动弯角藻、菱形海线藻、洛氏角毛藻、尖刺伪菱形藻、中肋骨条藻、伏氏海毛藻，它们在浮游植物总量中占的比例为3%～53%。从每种浮游植物在调查站次的出现频率分析，夏季广分布的种类依次为浮动弯角藻、伏氏海毛藻、中肋骨条藻、尖刺伪菱形藻、菱形藻、刚毛根管藻、圆筛藻，它们的出现频率为53%～95%。

秋季浮游植物的优势种为具槽直链藻、中华盒形藻、中心圆筛藻、格式圆筛藻、奇异菱形藻等。在秋季调查的站位中有52%站位的优势种为具槽直链藻，10%站位的优势种为奇异菱形藻，其他站位的优势种分别为中华盒形藻、中心圆筛藻、格式圆筛藻。

冬季浮游植物数量占总量的比例分析，优势种是具槽直链藻、中心圆筛藻、短柄曲壳藻，它们在浮游植物总量中占的比例为19%～39%。从每种浮游植物在调查站次的出现频率分析，冬季广分布的种类依次为中心圆筛藻、中华盒形藻、星脐圆筛藻、具槽直链藻，它们的出现频率为43%～85%。

几种主要优势种的生态特征如下：

具槽直链藻为世界广布性种，中国沿海皆有分布，在河口、地形复杂海域尤多，属底栖硅藻类，是毛虾、磷虾等小鱼虾的饵料生物。辽河口的调查结果表明，具槽直链藻除夏季较少外，其余季节均为优势种。其中，在春季各调查站位的出现频率为100%，平均细胞密度为42.55×10^4 个/m³，最高值可达313.64×10^4 个/m³。在秋季各调查站位的出现频率为85%，最高值可达60.58×10^4 个/m³。冬季平均细胞密度为1.13×10^4 个/m³，最高值可达8.89×10^4 个/m³。

伏氏海毛藻属外洋广温性种类，分布很广，在我国南海、东海、黄海和渤海均有分布，属于赤潮藻类。伏氏海毛藻春季和夏季在辽河口附近海域分布较多，在春季和夏季调查站位的出现频率分别为68%和100%，平均密度分别为3.54×10^4 个/m³ 和15.34×10^4 个/m³。

中华盒形藻属近岸种类，我国南海、东海、黄海、渤海均有分布。中华盒形藻在辽河口的分布除春季数量较少外，其余季节均占有一定的优势。中华盒形藻在冬季各调查站位的出现频率为50%，占有一定的优势，平均密度为0.11×10^4 个/m³。秋季调查结果表明，中华盒形藻在双台子河口附近海域有分布，在辽河口西北部的海域数量较多，优势度较明显，最高值可达184.02×10^4 个/m³。

中心圆筛藻为广温性大洋及沿岸种类，世界广布。中心圆筛藻在春季和秋季的辽河口各调查站位的出现频率均为100%，夏季为95%，冬季为85%。可见其在辽河口的分布范围之广。在数量分布上，中心圆筛藻也占有一定的优势，春季平均密度为 1.30×10^4 个/m³，夏季平均密度为 2.02×10^4 个/m³，秋季主要在辽河口海域具有一定的优势，优势度为 $31.10\%\sim31.89\%$，冬季平均密度为 1.02×10^4 个/m³。

三、数量分布及季节变化

辽河口附近海域浮游植物细胞密度平均为 57.28×10^4 个/m³，细胞密度的季节变化特征为秋季＞夏季＞春季＞冬季。水平分布特征为：

春季浮游植物细胞密度平均为 34.26×10^4 个/m³，分布的高密度区在辽河口以南至营口鲅鱼圈一带近岸，最高达 799.81×10^4 个/m³，河口靠近淡水区细胞密度较低，最低值仅为 1.74×10^4 个/m³。

夏季浮游植物细胞密度平均为 36.50×10^4 个/m³，分布的高密度区在河口区西南部，最高达 $1\,280.28\times10^4$ 个/m³，河口中部水域多数在 $1.00\times10^4\sim40.00\times10^4$ 个/m³，最低值出现在河口入海口区域，约为 0.17×10^4 个/m³。

秋季浮游植物细胞密度平均为 142.07×10^4 个/m³，分布的高密度区在河口北部和东南部两个区域，最高值出现在河口南部，最高达 $8\,406.50\times10^4$ 个/m³，低值区仍然位于入海口附近，最低值仅为 3.61×10^4 个/m³。

冬季浮游植物细胞密度平均为 16.28×10^4 个/m³，分布的高密度区在河口的中部和西部，最高值位于辽河口西部，最高达 90.74×10^4 个/m³，入海口附近细胞密度最低，仅为 0.15×10^4 个/m³。

四、群落生物多样性

辽河口春季浮游植物生物多样性指数（H'）范围在 $0.38\sim3.00$，平均值为 1.63。高值区位于辽河口中部，低值区位于入海口附近海域。群落物种丰度指数（D）范围在 $0.40\sim1.17$，平均值为 0.64。物种均匀度指数（J'）范围在 $0.11\sim0.87$，平均值为 0.46。

夏季生物多样性指数（H'）范围在 $0.18\sim3.82$，平均值为 0.71。高值区位于辽河口东南部，最低值位于辽河口北部及入海口，平均值为 2.56。群落物种丰度指数（D）范围在 $0.09\sim1.49$，平均值为 0.71。物种均匀度指数（J'）范围在 $0.11\sim0.92$，平均值为 0.71。

秋季调查生物多样性指数（H'）范围在 $0.64\sim3.77$，平均值为 2.06。高值区在辽河口东南部和北部，低值区仍为河口入海口附近。群落物种丰度指数（D）范围在 $0.53\sim1.57$，平均值为 0.95。物种均匀度指数（J'）范围在 $0.14\sim0.92$，平均值为 0.50。

冬季调查中发现，入海口附近海域的浮游植物种类仅有 $1\sim3$ 种，种类非常贫乏，整个河口区域浮游植物多样性指数（H'）范围在 $0.13\sim2.82$，平均值为 1.73。高值区位于辽河口西部，低值区位于河口入海口，群落物种丰度指数（D）范围在 $0.02\sim0.84$，平均值为 0.42。物种均匀度指数（J'）范围在 $0.24\sim0.99$，平均值为 0.65（表 $3-1$）。

表 3-1　辽河口浮游植物生物多样性指数、群落物种丰度指数、物种均匀度指数

季节	生物多样性指数（H'）			群落物种丰度指数（D）			物种均匀度指数（J'）		
	平均值	最大值	最小值	平均值	最大值	最小值	平均值	最大值	最小值
春季	1.63	3.00	0.38	0.64	1.17	0.40	0.46	0.87	0.11
夏季	2.56	3.82	0.18	0.71	1.49	0.09	0.71	0.92	0.11
秋季	2.06	3.77	0.64	0.95	1.57	0.53	0.50	0.92	0.14
冬季	1.73	2.82	0.13	0.42	0.84	0.02	0.65	0.99	0.24
平均值	2.00			0.68			0.58		

五、变化趋势

辽河口浮游植物的历史调查记录较少，数据统计不完整。从辽河口已有历史调查数据来看（表 $3-2$，图 $3-4$），1988 年辽河口附近海域浮游植物 28 种，其中硅藻门 13 属 21 种、甲藻门 3 属 7 种，浮游植物细胞密度变化范围为 $2.0\times10^4\sim18.7\times10^4$ 个/m³，平均为 8.7×10^4 个/m³，近岸水域数量较高，一般随深度的增加呈递减的趋势，优势种主要是圆筛藻。

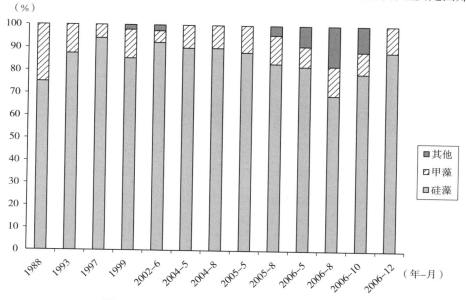

图 3-4　辽河口浮游植物群落结构组成历年变化

表 3-2　辽河口历年浮游植物群落调查统计

年份 （年-月）	种类数	硅藻比例 （%）	甲藻比例 （%）	细胞密度（×10⁴ 个/m³）			优势种
				平均值	最大值	最小值	
1988	28	75.0	25.0	8.7	18.7	2.0	圆筛藻
1993	48	87.5	12.5	—	—	—	圆筛藻属、具槽直链藻
1997	17	94.1	5.9	34.9	80.4	41.2	虹彩圆筛藻、琼氏圆筛藻
1999	48	85.4	12.5	34.3	691.1	13.8	—
2002-6	39	92.3	5.1	140.0	1 091.3	6.6	中肋骨条藻、根管藻属、圆筛藻属等
2004-5	20	90.0	10.0	4.4	14.0	2.1	夜光藻、长菱形藻、根管藻属等
2004-8	30	90.0	10.0	94.0	2 600.0	0.01	中肋骨条藻、根管藻属、圆筛藻属等
2005-5	17	88.2	11.8	19.0	75.0	0.7	夜光藻、根管藻属、圆筛藻属
2005-8	24	83.3	12.5	21.0	290.0	0.3	中肋骨条藻、圆筛藻属、角毛藻属
2006-5	56	82.1	8.9	34.3	799.8	1.7	具槽直链藻、优美旭氏藻矮小变种
2006-8	62	69.4	12.9	36.5	1 280.3	0.2	浮动弯角藻、菱形海线藻、洛氏角毛藻等
2006-10	62	79.0	9.7	142.1	8 406.5	3.6	具槽直链藻、中华盒形藻、中心圆筛藻等
2006-12	26	88.5	11.5	16.3	90.7	0.2	具槽直链藻、中心圆筛藻、短柄曲壳藻

1993 年共采集到浮游植物 48 种，其中硅藻门 23 属 42 种、甲藻门 3 属 6 种，浮游植物细胞数量占优势的依次是圆筛藻属、具槽直链藻。

1997 年共获得浮游植物 7 科 17 种，其中硅藻门 6 科 7 属 16 种、甲藻门 1 科 1 属 1 种，优势种类为虹彩圆筛藻、琼氏圆筛藻，细胞密度在 $41.2 \times 10^4 \sim 80.4 \times 10^4$ 个/m³，平均为 34.9×10^4 个/m³。

1999 年共采集到浮游植物 48 种，隶属于 3 门 25 属，其中硅藻门 21 属 41 种、甲藻门 3 属 6 种、金藻门 1 属 1 种，浮游植物细胞密度在 $13.8 \times 10^4 \sim 691.1 \times 10^4$ 个/m³。

2002 年 6 月，辽河口近岸海域共观察到浮游植物 39 种。以硅藻为主，甲藻、金藻其次。其中硅藻 36 种、甲藻 2 种、金藻 1 种。浮游植物细胞密度平均值为 140.0×10^4 个/m³，浮游植物细胞密度最高为 $1\ 091.3 \times 10^4$ 个/m³，最低为 6.6×10^4 个/m³。

2004 年 5 月，调查发现浮游植物 20 种，硅藻 18 种、甲藻 2 种。其中优势种有夜光藻、长菱形藻、根管藻属、圆筛藻属、冠盖藻属、布氏双尾藻、角毛藻属、梭角藻、具槽直链藻、菱形海线藻、舟形藻等，浮游植物细胞密度最高为 14×10^4 个/m³，最低为 2.1×10^4 个/m³，平均为 4.4×10^4 个/m³。

2004 年 8 月，调查发现浮游植物 30 种，其中优势种有中肋骨条藻、根管藻属、圆筛藻属、冠盖藻、角毛藻、菱形海线藻、丹麦细柱藻等，主要隶属于硅藻门和甲藻门，浮游植物细胞密度最高为 $2\ 600.0 \times 10^4$ 个/m³，最低为 0.01×10^4 个/m³，平均为 $94.0 \times$

10^4 个/m³。其中硅藻有 27 种、甲藻 3 种，硅藻种类和数量占有绝对优势，占细胞总数的 90%以上。

2005 年 5 月，调查发现浮游植物 17 种，硅藻 15 种、甲藻 2 种。其中占优势的种类有夜光藻、根管藻属、圆筛藻属、布氏双尾藻属、角毛藻属、具槽直链藻等，浮游植物细胞密度最高为 75.0×10^4 个/m³，最低为 0.7×10^4 个/m³，平均为 19.0×10^4 个/m³。

2005 年 8 月，调查发现浮游植物 24 种，硅藻 20 种、甲藻 3 种。其中优势的种有中肋骨条藻、圆筛藻属、角毛藻属、丹麦细柱藻等。浮游植物细胞密度最高为 290.0×10^4 个/m³，最低为 0.3×10^4 个/m³，平均为 21.0×10^4 个/m³。

2006 年 5 月，调查发现浮游植物 56 种，硅藻 46 种、甲藻 5 种、其他 5 种。其中优势种有具槽直链藻、优美旭氏藻矮小变种等。浮游植物细胞密度最高为 799.8×10^4 个/m³，最低为 1.7×10^4 个/m³，平均为 34.3×10^4 个/m³。

2006 年 8 月，调查发现浮游植物 62 种，硅藻 43 种、甲藻 8 种、其他 11 种。其中优势种有浮动弯角藻、菱形海线藻、洛氏角毛藻等。浮游植物细胞密度最高为 $1\,280.3 \times 10^4$ 个/m³，最低为 0.2×10^4 个/m³，平均为 36.5×10^4 个/m³。

2006 年 10 月，调查发现浮游植物 62 种，硅藻 49 种、甲藻 6 种、其他 7 种。其中优势种有具槽直链藻、中华盒形藻、中心圆筛藻等。浮游植物细胞密度最高为 $8\,406.5 \times 10^4$ 个/m³，最低为 3.6×10^4 个/m³，平均为 142.1×10^4 个/m³。

2006 年 12 月，调查发现浮游植物 26 种，硅藻 23 种、甲藻 3 种。其中优势种有具槽直链藻、中心圆筛藻、短柄曲壳藻等。浮游植物密度最高为 90.7×10^4 个/m³，最低为 0.2×10^4 个/m³，平均为 16.3×10^4 个/m³。

从历史数据统计来看（图 3-5），辽河口浮游植物种类组成均呈现以硅藻为主、甲藻

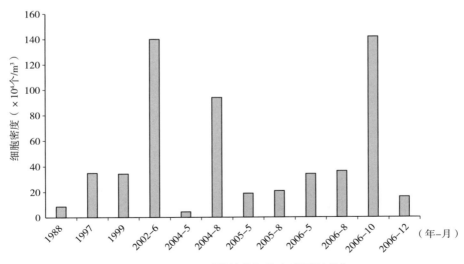

图 3-5　辽河口浮游植物细胞密度历年变化

为辅的特征，硅藻和甲藻在浮游植物种类组成中的比例比较稳定。优势种类在 20 世纪 90 年代初期变化不大，圆筛藻属是这一时期的主要优势种，自 90 年代末开始，该区域浮游植物优势种开始出现较大变化，夜光藻、中肋骨条藻、具槽直链藻等成为这一时期的常见优势种，这些藻类的特点是耐污能力强，繁殖力强，容易引发赤潮。从细胞数量分布上也可以看出，90 年代初辽河口浮游植物细胞数量还处于较低水平，自 1999 年以后，浮游植物细胞数量开始出现较大波动，也表明了该区域生态环境处于较大的波动状态，生态系统开始变得不稳定。

第三节　浮游动物

一、种类组成及季节变化

2012—2015 年，辽河口附近海域记录到大中型浮游动物 9 大类 57 种，包括浮游幼虫 14 种。其中春季 33 种、夏季 44 种、秋季 45 种、冬季 28 种（图 3-6）。共记录到桡足类 16 种，占总数的 28.1%；枝角类 4 种，占总数的 7.0%；长尾类 2 种，占总数的 3.5%；端足类 2 种，占总数的 3.5%；涟虫类 2 种，占总数的 3.5%；毛颚类 1 种，占总数的 1.8%；被囊类 1 种，占总数的 1.8%；水母类 14 种，占总数的 24.5%；栉水母类 1 种，占总数的 1.8%；浮游幼虫 14 种，占总数的 24.5%（图 3-7）。桡足类、浮游幼虫、毛颚类在四个季节均有发现。从种类组成上看，桡足类、水母类和浮游幼虫为种类数最多的三大类。

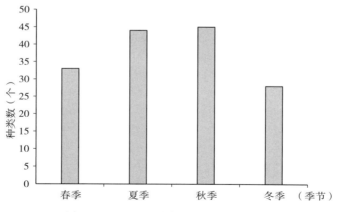

图 3-6　辽河口浮游动物各季节种类数

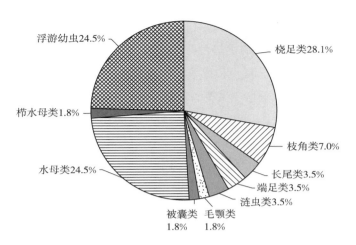

图 3-7　辽河口浮游动物种类组成

春季共鉴定浮游动物 33 种，其中桡足类 14 种，占种类组成的 42.4%；浮游幼虫 9 种，占种类组成的 27.3%；枝角类 2 种，占种类组成的 6.1%；水母类 4 种，占种类组成的 12.1%；长尾类、端足类、被囊类和毛颚类各 1 种，各占种类组成的 3.0%。

夏季共鉴定浮游动物 44 种，其中桡足类 15 种，占种类组成的 34.1%；浮游幼虫 11 种，占种类组成的 25%；水母类 10 种，占种类组成的 22.7%；枝角类 3 种，占种类组成的 6.8%；端足类和长尾类各 2 种，各占种类组成的 4.5%；涟虫类和毛颚类各 1 种，各占种类组成的 2.2%。

秋季共鉴定浮游动物 45 种，其中桡足类 12 种，占种类组成的 26.7%；浮游幼虫 13 种，占种类组成的 28.9%；水母类 14 种，占种类组成的 31.1%；长尾类和端足类各 2 种，各占种类组成的 4.4%；被囊类和毛颚类各 1 种，各占种类组成的 2.2%。

冬季共鉴定浮游动物 28 种，其中桡足类 9 种，占种类组成的 32.1%；浮游幼虫 9 种，占种类组成的 32.1%；水母类 4 种，占种类组成的 14.3%；长尾类 2 种，占种类组成的 7.1%；端足类、被囊类、涟虫类和毛颚类各 1 种，各占种类组成的 3.6%。

二、优势种组成

春季大中型浮游动物优势种为桡足类幼体、无节幼虫、双刺纺锤水蚤；夏季浮游动物优势种为火腿许水蚤、小拟哲水蚤、双刺纺锤水蚤、强额拟哲水蚤；秋季浮游动物优势种为火腿许水蚤、小拟哲水蚤、双刺纺锤水蚤；冬季浮游动物优势种为双刺纺锤水蚤、小拟哲水蚤。四季大型浮游动物的主要种类有：强壮箭虫、墨氏胸刺水蚤、异体住囊虫、中华哲水蚤、真刺唇角水蚤。

几种主要优势种的生态特征如下：

火腿许水蚤：我国沿岸半咸水水域中的一种小型桡足类，终年都有分布，夏季常形成高峰。该种是辽河口浮游动物的优势种，它在辽河口的平均丰度为1 178个/m³，占海区浮游动物总丰度的21.81%。夏季和秋季的丰度较高，春季和冬季的丰度较低。夏季丰度范围在60～13 832个/m³，平均丰度为2 922个/m³；秋季丰度范围在60～10 833个/m³，平均丰度为1 488个/m³；春季丰度范围在0～1 000个/m³，平均丰度为151个/m³；冬季丰度范围在0～386个/m³，平均丰度为153个/m³。夏季辽河口半咸水区域形成高峰，丰度可达13 832个/m³；秋季则在辽河口西北部沿岸形成高峰，丰度可达10 833.3个/m³。该种在辽河口半咸水区域的丰度高于咸水区。

双刺纺锤水蚤：我国沿岸常见种类，属于广温、广盐型，分布较广，终年生活在我国的大部分海域，是桡足类的一种常见种。该种也是辽河口浮游动物的优势种，平均丰度为958个/m³，占浮游动物总丰度的17.73%。春季的丰度变化范围在60～6 111个/m³，平均丰度为866个/m³；夏季的丰度变化范围在33～4 982个/m³，平均丰度为1 428个/m³，秋季的丰度变化范围在0～16 667个/m³，平均丰度为1 320个/m³，冬季的丰度变化范围在0～667个/m³，平均丰度为218个/m³。春季在辽河口东北部近岸形成高丰度区，夏季在辽河口中部形成高丰度区，秋季则在辽河口东北部近岸形成高峰，丰度可达16 667个/m³。

强额拟哲水蚤：暖水沿岸种，从渤海至南海近岸水域皆有分布，在河口、内湾数量丰富。该种占到浮游动物总丰度的7.76%，四季的平均丰度为419个/m³。夏季、秋季丰度较高，春季、冬季丰度较低，春季的丰度范围在0～1 111个/m³，平均丰度为101个/m³；夏季的丰度范围在46～3 597个/m³，平均丰度为752个/m³；秋季的丰度范围在0～8 333个/m³，平均丰度为710个/m³；冬季的丰度范围在0～421个/m³，平均丰度为113个/m³。该种往往在辽河口半咸水区和近岸形成高峰区，秋季在辽河口西北部近岸形成高峰区，丰度可达8 333个/m³。

墨氏胸刺水蚤：属于近岸河口种类，一般栖息于港湾的表层，分布于渤海、黄海、东海和台湾海峡，以及日本港湾和远东诸海。该种是辽河口春季浮游动物的优势种，丰度的变化范围为0～3 651个/m³，平均丰度为299个/m³，春季在辽河口东南沿岸及西北部沿岸形成密集区；夏季、秋季丰度较低，平均丰度分别为11个/m³和21个/m³，仅个别站位发现，冬季消失。

中华哲水蚤：暖温带外海种，大量分布于近岸水和外海水的交汇处。该种广泛分布于渤海、黄海和东海近岸区，数量极为丰富，常成为这些水域的优势种。该种是辽河口主要大型桡足类，四季丰度的平均值为9个/m³。春季丰度的变化范围为0～37个/m³，平均丰度为12个/m³；秋季丰度的变化范围在0～40个/m³，平均丰度为10个/m³；夏季、秋季的平均丰度分别为8个/m³和7个/m³。该种在辽河口分布较为平均。

真刺唇角水蚤：辽河口主要大型桡足类，四季的平均丰度为 9 个/m³。夏季、秋季丰度略高，分别平均为 18 个/m³ 和 15 个/m³。春季、冬季丰度较低，分别仅为 4 个/m³、1 个/m³。

桡足类幼体：四个季节均有发现，以春季和秋季居多，夏季、冬季偏少。春季平均丰度为 1 983 个/m³，占到辽河口海区中大中型浮游动物总丰度的 21.08%。夏季平均丰度 482 个/m³，秋季平均丰度 1 806 个/m³，冬季平均丰度 282 个/m³。春季辽河口北部近岸盘山河口和南部近岸为发现桡足类幼体的高峰区，丰度分别高达 10 000 个/m³ 和 7 169 个/m³，以纺锤水蚤幼体居多；夏季则各个站位均有分布，数量较为平均；秋季在辽河口东北部近双台子河口形成高峰区，丰度高达 21 429 个/m³，以纺锤水蚤幼体居多；冬季数量较为平均，丰度范围在 1～1 235 个/m³，最高值发现在辽河口以西的深水区。

无节幼虫：以桡足类无节幼虫为主，另外还有十足类无节幼虫，在文中统称无节幼虫。该群体在海区中的四个季节均有发现，平均丰度为 385 个/m³，占大中型浮游动物总丰度的 7.13%。春季数量众多，夏季、秋季、冬季数量较少。春季平均丰度为 1 370 个/m³，占春季大中型浮游动物总丰度的 23.4%，春季在辽河口东南沿岸形成高峰，丰度高达 11 191 个/m³；夏季、秋季、冬季则在辽河口以西部分站位发现，平均丰度分别为 52 个/m³、62 个/m³ 和 57 个/m³。

双壳类幼虫：该种在辽河口区域中丰度也较高，四季平均丰度为 192 个/m³，秋季丰度最多为 349 个/m³，夏季、冬季、春季丰度分别为 170 个/m³、196 个/m³ 和 52 个/m³。该种春季、夏季在辽河口部分站位发现，秋季和冬季则在辽河口西部海区的发现频率较高，秋季在辽河口东南沿岸形成高峰区，丰度可达 2 769 个/m³。

强壮箭虫：沿岸低盐种，在我国渤海、黄海很占优势。该种为浮游动物的优势种，在海区中的平均丰度为 50 个/m³，占浮游动物总丰度的 0.93%。春季平均丰度为 11 个/m³，夏季为 78 个/m³，秋季为 99 个/m³，冬季为 13 个/m³。该种春季丰度较低；夏季则在辽河口北部沿岸丰度较高，最高在盘山河口形成高值区，丰度可达 353 个/m³；秋季该种的丰度达到最高，在辽河口西北部沿岸及东南部沿岸形成密集区，特别是东南部沿岸丰度高达 939 个/m³；冬季丰度较低，辽河口区域内丰度较为平均。该种虽然丰度远低于小型桡足类和浮游幼虫，但由于其质量远远高于桡足类，在大中型浮游动物生物量中起到重要作用。

异体住囊虫：我国海域广泛分布的一种被囊动物，是辽河口的主要被囊动物。该种四季的平均丰度为 29 个/m³。秋季和夏季的丰度较高，冬季丰度较低，春季没有发现；夏季部分站位发现，丰度变化范围在 0～648 个/m³，平均为 56 个/m³，最高值发现在辽河口东南部沿岸；秋季也为部分站位发现，丰度的变化范围在 0～833 个/m³，平均丰度为 58 个/m³，最高值发现在辽河口西北部沿岸；冬季的丰度较低，只在个别站位发现，平均丰度为 1 个/m³。

三、丰度分布及季节变化

浮游动物四季平均丰度为 5 403 个/m³，从季节分布上看，夏季＞秋季＞春季＞冬季（图 3-8）。

春季丰度的变化范围在 477～25 061 个/m³，平均丰度为 5 854 个/m³。在辽河口北部沿岸的双台子河口及辽河口东南部沿岸形成大中型浮游动物丰度分布的高丰度区。

夏季丰度的变化范围在 1 266～26 133 个/m³，平均丰度为 7 789 个/m³。在入海口附近海域形成大中型浮游动物丰度分布的高丰度区。

秋季丰度的变化范围在 274～38 262 个/m³，平均丰度为 6 692 个/m³，浮游动物丰度分布的高丰度区在辽河口北部沿岸的盘山河口及东南部，最高值发现在盘山河口，丰度最低值发现在辽河口西部。

冬季丰度的变化范围在 140～4 082 个/m³，平均丰度为 1 277 个/m³，浮游动物丰度分布的高丰度区在辽河口北部沿岸的双台子河口附近及辽河口西部海区，最高值发现在辽河口西北部，最低值发现在辽河口入海口海区。

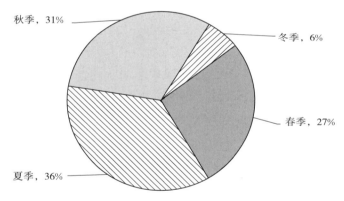

图 3-8　辽河口浮游动物各季节丰度组成

四、生物量分布及季节变化

四季生物量平均值为 306.2 mg/m³，从季节分布上看，秋季＞夏季＞春季＞冬季（图 3-9）。

春季生物量的变化范围在 30.1～588.9 mg/m³，生物量平均为 204.4 mg/m³。春季高生物量区在辽河口北部的盘山河口及东南部沿岸一带。

夏季生物量的变化范围在 36.5～4 167.5 mg/m³，生物量平均为 377.9 mg/m³。夏季高生物量区位于辽河口的入海口半咸水海域。

秋季生物量的变化范围在 $38.8\sim2\,783.3\ \text{mg/m}^3$，生物量平均为 $520.2\ \text{mg/m}^3$。秋季高生物量区位于辽河口北部的双台子河附近。

冬季生物量的变化范围在 $22.8\sim370.0\ \text{mg/m}^3$，生物量平均为 $122.0\ \text{mg/m}^3$。冬季各区域生物量变化不大，生物量以盘山河口附近及辽河口西部较高。

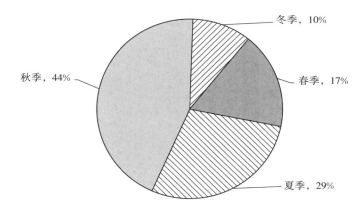

图 3-9　辽河口浮游动物各季节生物量组成

五、群落生物多样性

物种多样性指数、丰度指数、均匀度指数可以反映出水体稳定性和群落成熟度。辽河口大中型浮游动物的群落生物多样性指数、丰度指数、均匀度指数均较高，反映出该海区大中型浮游动物群落结构较为成熟稳定（表 3-3，图 3-10）。

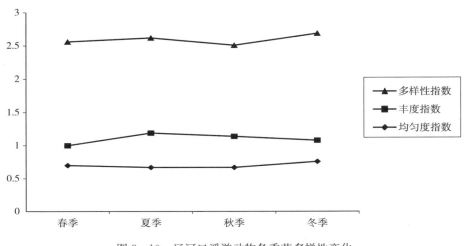

图 3-10　辽河口浮游动物各季节多样性变化

表 3 - 3   辽河口大中型浮游动物群落生物多样性指数、丰度指数、均匀度指数

季节	多样性指数（H′）			丰度指数（D）			均匀度指数（J′）		
	平均值	最大值	最小值	平均值	最大值	最小值	平均值	最大值	最小值
春季	2.56	3.28	1.88	1.00	1.52	0.47	0.70	0.99	0.51
夏季	2.62	3.11	1.16	1.19	1.64	0.68	0.67	0.90	0.30
秋季	2.51	3.33	1.58	1.14	1.72	0.48	0.67	0.84	0.39
冬季	2.69	3.49	1.59	1.08	1.44	0.77	0.76	0.94	0.44
平均值	2.60			1.10			0.70		

六、变化趋势

辽河口浮游动物种类较为丰富，属于我国北方典型的浮游动物群落，主要种类均为近岸低盐种类，且浮游幼虫的丰度较高，发现少数高温外海种。四季生态类型差异较小，优势度明显，群落结构较为成熟稳定。优势类群为小型桡足类和浮游幼虫，优势种优势度较高，它们在浮游动物的丰度组成中占绝对优势，大型浮游动物的丰度低于中小型浮游动物 2 个数量级。春季以浮游幼虫为第一优势类群，夏季、秋季、冬季以桡足类为第一优势类群，各个季节优势种不同。总体而言，火腿许水蚤、双刺纺锤水蚤、桡足类幼体、强额拟哲水蚤是四季的优势种，而强壮箭虫、墨氏胸刺水蚤、异体住囊虫为四季大型浮游动物的优势种。

从浮游动物种类数上来看，夏季＞秋季＞春季＞冬季。从浮游动物丰度变化上看，夏季＞秋季＞春季＞冬季。从空间分布上看，辽河口西北部及东南部近岸河口区是四季浮游动物的高丰度区。生物量分布则为秋季＞夏季＞春季＞冬季。从空间分布上看，四季的生物量高值区也位于辽河口西北部及东南部近岸河口区。由于秋季大型浮游动物的丰度高于夏季，贡献了较高的生物量，因此，秋季的生物量高于夏季。辽河口四季物种多样性指数平均值为2.60，物种丰度指数为1.10，物种均匀度指数为0.70。群落生物多样性指数较好，反映出辽河口浮游动物群落结构较为成熟稳定。

从辽河口已有历史调查数据来看（图 3 - 11），1988 年，浮游动物的优势种主要为真刺唇角水蚤和强壮箭虫，浮游动物总生物量范围为 131.5～873.9 mg/m³，平均为358.8 mg/m³。密度范围为21～238 个/m³，平均为124 个/m³。

1993 年，浮游动物种类组成简单，共鉴定浮游动物 11 种，其中桡足类 7 种，虾类 3种，毛虾类 1 种，生物量平均为 129.4 mg/m³，变化范围在 14.5～500 mg/m³，辽河口北部较高，南端较低。个体数量平均为 10 个/m³，范围在 22～325 个/m³，河口区密度较高，在 250 个/m³ 以上，主要优势种为真刺唇角水蚤、火腿许水蚤和中华哲水蚤。

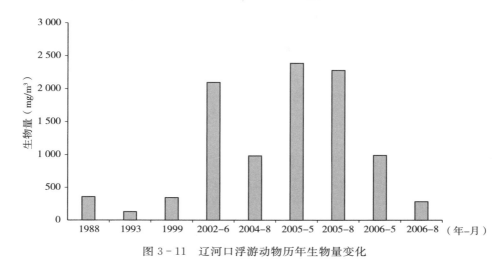

图 3-11　辽河口浮游动物历年生物量变化

1997 年，浮游动物生物量范围在 167～450 mg/m³，共鉴定出 17 种，其中桡足类 12 种，糠虾类 2 种，原生动物、毛颚类、被囊类各 1 种以及一些浮游幼虫等。

1999 年浮游动物共 18 种，其中桡足类 10 种，糠虾类 4 种，涟虫类 1 种，钩虾类 1 种，樱虾类 1 种，毛颚类 1 种，另外还有浮游幼虫、鱼卵、仔鱼多种。浮游动物生物量比较高，平均值为 344.61 mg/m³，变化范围在 94.72～1 128.33 mg/m³。

2002 年 6 月，辽河口近岸海域共采集到浮游动物 31 种，其中原生动物 1 种，水母类 8 种，桡足类 14 种，糠虾类 5 种，涟虫类、十足类、毛颚类各 1 种以及一些浮游幼虫、鱼卵和仔鱼等。主要种类有强壮箭虫、中华哲水蚤、强额拟哲水蚤、双刺纺锤水蚤等，浮游动物种类组成以广温近岸低盐种为主体。浮游动物的平均密度为 45 951 个/m³，生物量很高，平均为 2 098 mg/m³。

2004 年 8 月，调查在辽河口近岸海域采集到浮游动物主要有 12 种，其中水母类 1 种，桡足类 3 种，糠虾、涟虫类、毛颚类各 1 种，以及一些浮游幼虫、鱼卵和仔鱼等。主要种类有强壮箭虫、中华哲水蚤、小拟哲水蚤、拟长腹剑水蚤、虾和蔓足类无节幼虫等。浮游动物平均密度为 69 057 个/m³，浮游动物生物量平均为 985.4 mg/m³。中华哲水蚤、拟长腹剑水蚤和小拟哲水蚤为主要优势种。

2005 年 5 月，在辽河口采集到浮游动物主要有 8 种，其中桡足类 3 种，毛颚类 1 种以及一些浮游幼虫、鱼卵和仔鱼等。主要种类有强壮箭虫、中华哲水蚤、小拟哲水蚤、拟长腹剑水蚤等。平均生物量较高，达到 2 391 mg/m³。

2005 年 8 月，在辽河口近岸海域采集到的浮游动物主要有 15 种，其中水母类 1 种，桡足类 5 种，糠虾、涟虫类、毛颚类各 1 种以及一些浮游幼虫、鱼卵和仔鱼等。主要种类有强壮箭虫、中华哲水蚤、小拟哲水蚤、拟长腹剑水蚤。浮游动物平均密度为 28 105 个/m³，浮游动物生物量平均为 2 284.3 mg/m³。

2006 年 5 月，在辽河口采集到浮游动物主要有 7 种，其中桡足类 2 种，甲壳类 2 种，毛颚类 1 种，以及浮游幼虫、鱼卵等 2 种。丰度在 2 200～110 500 个/m³，平均为 22 142 个/m³，优势种为中华哲水蚤。平均生物量 994.0 个/m³，变化范围在 141.8～4 135.0mg/m³。

2006 年 8 月，在辽河口采集到浮游动物主要有 8 种，其中桡足类 2 种，甲壳类 2 种，毛颚类 1 种，腔肠动物 1 种，以及浮游无节幼虫、幼蟹等 2 种。丰度在 165～42 113 个/m³，平均为 10 843 个/m³，优势种为中华哲水蚤。平均生物量 284.3 mg/m³，变化范围在 20.3～1 771.3 mg/m³。

由于调查方法不统一，调查数据差异较大，部分调查数据缺失。但从总体调查结果来看，该区域浮游动物群落结构较稳定，浮游动物种类变化不大。

第四节　底栖动物

一、种类组成及季节变化

2013—2014 年拖网调查，辽河口共采集到大型底栖生物 36 种，隶属于 4 门，其中环节动物（Annelida）4 种；软体动物（Mollusca）13 种；节肢动物（Arthopoda）9 种；棘皮动物（Echinodermata）10 种。拖网调查大型底栖生物种类名录及季节分布见附录三（不包含鱼类）。

大型底栖动物定量调查结果如下：

春季采集底栖动物 25 种，其中环节动物 9 种、软体动物 5 种、甲壳动物 6 种、棘皮动物 3 种、其他 2 种。夏季采集底栖生物 31 种，其中环节动物 10 种、软体动物 6 种、甲壳动物 7 种、棘皮动物 3 种、其他 5 种。秋季采集底栖动物 25 种，其中环节动物 8 种、软体动物 9 种、甲壳动物 3 种、棘皮动物 1 种、其他 4 种。冬季采集底栖动物 28 种，其中环节动物 7 种、软体动物 11 种、甲壳动物 4 种、棘皮动物 3 种、其他 3 种（图 3-12）。

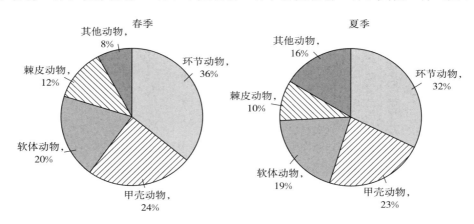

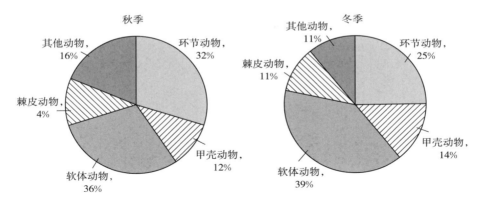

图 3-12 辽河口大型底栖动物定量调查种类季节组成

二、经济种类

拖网调查显示，辽河口邻近海域大型经济类底栖动物有微黄镰玉螺、扁玉螺、脉红螺、泥螺、红带织纹螺、尖高旋螺、毛蚶、日本镜蛤、四角蛤蜊、菲律宾蛤仔、文蛤、大竹蛏、短蛸、大寄居蟹、日本蟳、口虾蛄、马粪海胆等 17 种。经济价值较高的有脉红螺、毛蚶、文蛤、大竹蛏、口虾蛄。其中，毛蚶、文蛤、菲律宾蛤仔、大竹蛏有部分为人工增养殖，其余品种均为野生种类。

三、生物量分布及季节变化

春季生物量平均为 11.82g/m²，生物量最大是软体动物，为 5.32g/m²，占 45.01%；其次是环节动物，为 3.13g/m²，占 26.48%；然后依次是甲壳动物 2.24 g/m²，占 18.95%；其他动物 1.01g/m²，占 8.54%；棘皮动物 0.12 g/m²，占 1.02%。

夏季生物量平均为 4.67g/m²，生物量最大是软体动物，为 2.13g/m²，占 45.61%；其次是甲壳动物 1.52g/m²，占 32.55%；然后依次是棘皮动物 0.82 g/m²，占 17.56%；其他动物 0.12g/m²，占 2.57%；环节动物，为 0.08g/m²，占 1.71%。

秋季生物量平均为 67.39g/m²，生物量最大是软体动物，为 56.68g/m²，占 84.11%；其次是其他动物，为 5.63g/m²，占 8.35%；然后依次是甲壳动物 3.12 g/m²，占 4.63%；棘皮动物 1.08 g/m²，占 1.60%；环节动物，为 0.88 g/m²，占 1.31%。

冬季生物量平均为 40.28g/m²，生物量最大是环节动物，为 20.81 g/m²，占 51.66%；其次是甲壳动物 9.32 g/m²，占 23.14%；然后依次是软体动物 5.25 g/m²，占 13.03%；棘皮动物 3.22 g/m²，占 8.00%；其他动物 1.68g/m²，占 4.17%（图 3-13）。

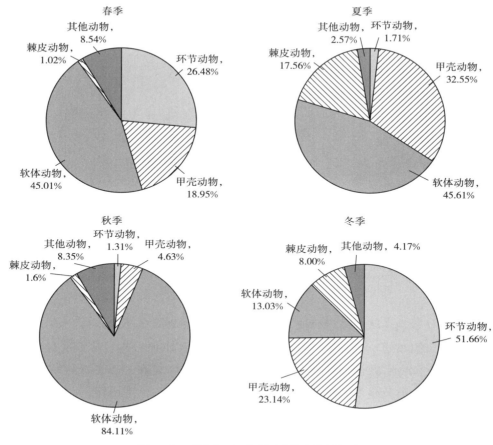

图 3 - 13　辽河口大型底栖动物生物量组成

四、变化趋势

从历史调查数据来看，底栖动物的平均生物量和栖息密度除 2002 年和 2006 年外，其余年份均低于 1988 年（图 3 - 14）。

1988 年，共鉴定底栖动物 72 种，其中环节动物 19 种，占总种类数的 26.4%，软体动物和甲壳动物各 20 种，棘皮动物 2 种，纽形动物 1 种，另外采集到 10 种鱼类。底栖动物种类组成以广温低盐性种和广布种为主，底栖动物生物量的平均值为 34.03g/m²，其中，软体动物生物量 15.88g/m²，占平均生物量的 46.4%。底栖动物栖息密度平均为 361 个/m²。高密度区在营口近岸，栖息密度为 720 个/m²。

1993 年，共鉴定底栖动物 89 种，其中环节动物 25 种，软体动物 26 种，甲壳类 21 种，棘皮动物 7 种，鱼类 10 种。底栖动物栖息密度低，平均为 167 个/m²。底栖动物的分布密度不均匀，变化范围在 10～660 个/m²。平均生物量为 11.4g/m²。

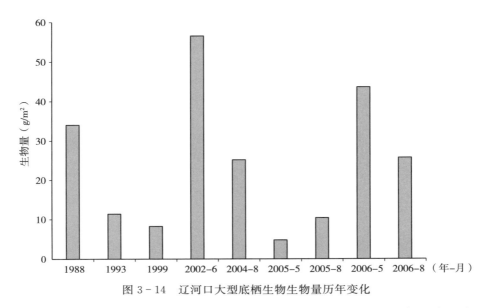

图 3-14　辽河口大型底栖生物生物量历年变化

1999 年，共鉴定底栖生物 53 种，在种类组成中，软体动物的种类最多，为 18 种，甲壳动物 15 种，环节动物 11 种，鱼类 7 种，其他类群的种类较少，本区的优势种为光滑河篮蛤、织纹螺、扁玉螺、脊尾白虾、葛氏长臂虾和日本鼓虾。生物量较低，平均为 8.25g/m²。栖息密度平均为 71 个/m²。

2002 年 6 月，采集到底栖动物 57 种，其中腔肠动物 1 种，螠虫动物 1 种，环节动物 27 种，软体动物 11 种，甲壳动物 11 种，棘皮动物 3 种，纽形动物 1 种，鱼类 2 种。底栖动物优势种不明显。底栖动物平均栖息密度为 24 个/m²。底栖动物平均生物量为 56.6g/m²。

2004 年 8 月，采集到底栖生物 20 多种，其中有腔肠动物、环节动物、软体动物、甲壳动物、棘皮动物、纽形动物、鱼类。底栖动物优势种不明显，整个区域平均生物量为 25.2g/m²，最高为 216.7g/m²，最低为 0.8g/m²。

2005 年 5 月，采集到底栖动物 8 种，有腔肠动物、环节动物、软体动物、甲壳动物。底栖生物平均栖息密度为 33 个/m²，最低为 10 个/m²，最高为 60 个/m²，主要类群为多毛类，底栖动物平均生物量为 4.8g/m²，最低为 0.1g/m²，最高为 48.8g/m²。

2005 年 8 月，采集到底栖动物 17 种，其中有腔肠动物、环节动物、软体动物、甲壳动物、棘皮动物、鱼类。常见种有沙蚕类，经济动物有毛蚶、脉红螺等。底栖生物平均栖息密度为 37 个/m²，最低为 4 个/m²，最高为 52 个/m²，主要类群为多毛类、软体动物。调查区域生物量平均为 10.4g/m²，最高为 57g/m²，最低为 0.18g/m²。

2006 年 5 月，采集到底栖动物 17 种，其中甲壳动物 7 种，软体动物 4 种，棘皮动物 2 种，环节动物 2 种，腔肠动物 1 种，螠虫动物 1 种。平均栖息密度为 38 个/m²，最低为 8 个/m²，最高为 92 个/m²。沙蚕和单环刺螠为优势物种，占总数量的 20.7％和 15.6％。调查区域生物量平均为 43.72g/m²，最高为 283.31g/m²，最低为 2.51g/m²。

2006 年 8 月，采集到底栖动物 14 种，其中甲壳动物 3 种，软体动物 7 种，棘皮动物 1 种，环节动物 1 种，腔肠动物 1 种，螠虫动物 1 种。平均栖息密度为 24 个/m²，最低为 4 个/m²，最高为 60 个/m²。泥脚隆背蟹和沙蚕为优势物种，占总数量的 18.4% 和 16.5%。调查区域生物量平均为 25.75g/m²，最高为 89.60g/m²，最低为 0.26g/m²。

第五节　游泳动物

一、种类组成及季节变化

2015 年，在辽河口海域共捕获游泳动物 69 种，其中鱼类 41 种，甲壳类 24 种，头足类 4 种，详见附录四。

春季捕获游泳动物 27 种，其中鱼类 10 种，甲壳类 15 种，头足类 2 种。

夏季捕获游泳动物 45 种，其中鱼类 26 种，甲壳类 15 种，头足类 4 种。

秋季捕获游泳动物 30 种，其中鱼类 16 种，甲壳类 11 种，头足类 3 种。

冬季捕获游泳动物 29 种，其中鱼类 18 种，甲壳类 9 种，头足类 2 种（图 3 - 15）。

四个季节捕获的鱼类中，鲈形目、鲉形目、鲽形目均有，其中鲈形目所占种类数最多，四季占鱼类种类数分别为 61.54%、51.72%、54.55%、60.87%，均超过了 50%。除夏季鲱形目鱼类种类数位居第二外，其余 3 个季节种类数居第二位的均是鲉形目（图 3 - 16）。

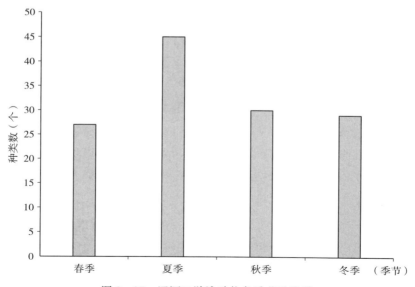

图 3 - 15　辽河口游泳动物各季节种类数

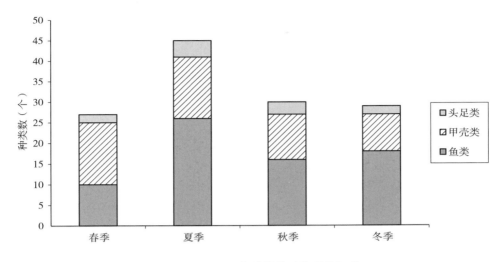

图 3-16　辽河口各类游泳动物季节组成

二、优势种及经济种类

辽河口近岸海域游泳动物春季优势种有 4 种，分别为矛尾鰕虎鱼、葛氏长臂虾、日本鼓虾、口虾蛄；另外斑尾复鰕虎鱼、长蛸、鲜明鼓虾、艾氏活额寄居蟹、日本关公蟹数量和生物量也较大。夏季优势种有 3 种，分别为赤鼻棱鳀、小黄鱼、口虾蛄；另外，日本鲟、大银鱼、小带鱼、焦氏舌鳎、蓝点马鲛数量和生物量也较大。秋季优势种有 3 种，分别为口虾蛄、矛尾鰕虎鱼、日本鲟；另外三疣梭子蟹、焦氏舌鳎、鲬、小黄鱼、日本鼓虾、斑尾复鰕虎鱼数量和生物量也较大。冬季优势种有 2 种，分别为日本鼓虾和矛尾鰕虎鱼；另外还有鳀、斑尾复鰕虎鱼、口虾蛄、葛氏长臂虾、长蛸数量和生物量也较大。辽河口海域鱼类资源经济价值相对较低，主要优势种为小型鰕虎鱼类。其中数量较大、经济价值较高的游泳动物有：蓝点马鲛、小黄鱼、焦氏舌鳎、口虾蛄、长蛸等。

三、数量分布及季节变化

四个季节渔获总计 51 456 尾，平均每航次 12 864 尾，平均网产为 858 尾/h。春季航次渔获总计 979 尾，平均网产为 65 尾/h；夏季航次渔获总计 36 442 尾，平均网产为 2 429尾/h；秋季航次渔获总计 498 尾，平均网产为 33 尾/h；冬季航次渔获总计 13 538 尾，平均网产为 902 尾/h（图 3-17）。

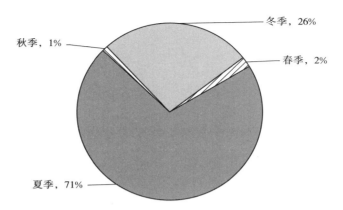

图 3-17 辽河口游泳动物渔获数量季节组成

四个季节渔获中，鱼类总计为 35 087 尾，平均每个航次 8 772 尾，平均网产为585 尾/h。春季航次鱼类渔获总计为 386 尾，平均网产为 26 尾/h；夏季航次鱼类渔获总计为 33 528 尾，平均网产为 2 235 尾/h；秋季航次鱼类渔获总计为 242 尾，平均网产为16 尾/h；冬季航次鱼类渔获总计为 930 尾，平均网产为 62 尾/h（图 3-18）。

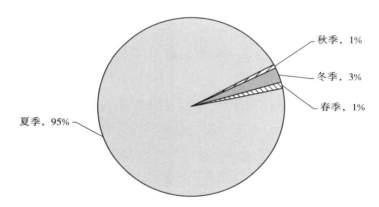

图 3-18 辽河口鱼类渔获数量季节组成

四个季节渔获中，头足类总计为 178 尾，平均每个航次 45 尾，平均网产为 3 尾/h。春季航次头足类渔获总计为 6 尾，平均网产为 0.5 尾/h；夏季航次头足类渔获总计为132 尾，平均网产为 9 尾/h；秋季航次头足类渔获总计为 21 尾，平均网产为 1 尾/h；冬季航次头足类渔获总计为 19 尾，平均网产为 1 尾/h（图 3-19）。

四个季节渔获中，甲壳类总计为 16 192 尾，平均每个航次 4 048 尾，平均网产为270 尾/h。春季航次甲壳类渔获总计为 587 尾，平均网产为 39 尾/h；夏季航次甲壳类渔获总计为 2 781 尾，平均网产为 185 尾/h；秋季航次甲壳类渔获总计为 235 尾，平均网产为 16 尾/h；冬季航次甲壳类渔获总计为 12 588 尾，平均网产为 839 尾/h（图3-20）。

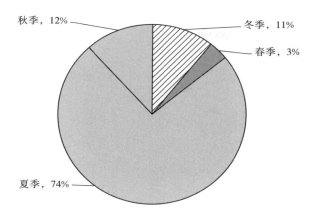

图 3-19 辽河口头足类渔获数量季节组成

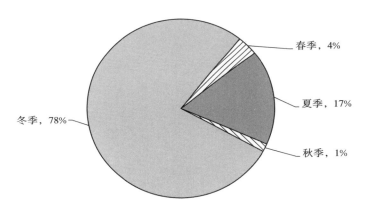

图 3-20 辽河口甲壳类渔获数量季节组成

四、生物量分布及季节变化

四个季节渔获总计 486.0 kg，平均每个航次 121.5 kg，平均网产为 8.1 kg/h。春季航次渔获总计 42.0 kg，平均网产为 2.8 kg/h；夏季航次渔获总计为 285.5 kg，平均网产为 19.0 kg/h；秋季航次渔获总计为 32.5 kg，平均网产为 2.2 kg/h；冬季航次渔获总计为 126.0 kg，平均网产为 8.4 kg/h（图 3-21）。

四个季节渔获中，鱼类总计为 295.0 kg，平均每个航次 73.7 kg，平均网产为 4.9 kg/h。春季航次鱼类渔获总计为 27.4 kg，平均网产为 1.8 kg/h；夏季航次鱼类渔获总计为 204.5 kg，平均网产为 13.7 kg/h；秋季航次鱼类渔获总计为 16.9 kg，平均网产为 1.1 kg/h；冬季航次鱼类渔获总计为 46.3 kg，平均网产为 3.1 kg/h（图 3-22）。

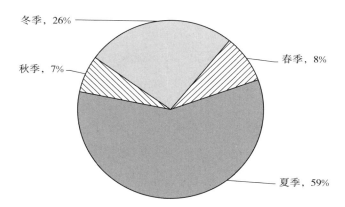

图 3-21　辽河口游泳动物渔获生物量季节组成

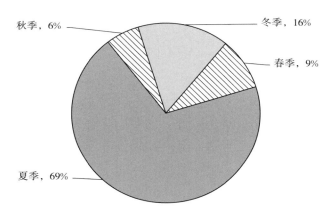

图 3-22　辽河口鱼类渔获生物量季节组成

　　四个季节渔获中,头足类总计为 14.7 kg,平均每个航次 3.7 kg,平均网产为 0.2 kg/h。春季航次头足类渔获总计为 3.1 kg,平均网产为 0.2 kg/h;夏季航次头足类渔获总计为 2.9 kg,平均网产为 0.2 kg/h;秋季航次头足类渔获总计为 1.1 kg,平均网产为 0.1 kg/h;冬季航次头足类渔获总计为 7.7 kg,平均网产为 0.5 kg/h(图 3-23)。

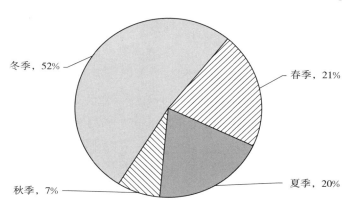

图 3-23　辽河口头足类渔获生物量季节组成

四个季节渔获中，甲壳类总计为 304.3 kg，平均每个航次 76.1 kg，平均网产为 5.1 kg/h。春季航次甲壳类渔获总计为 21.4 kg，平均网产为 1.4 kg/h；夏季航次甲壳类渔获总计为 132.2 kg，平均网产为 8.8 kg/h；秋季航次甲壳类渔获总计为 25.0 kg，平均网产为 1.7 kg/h；冬季航次甲壳类渔获总计为 125.7 kg，平均网产为 8.3 kg/h（图 3 - 24）。

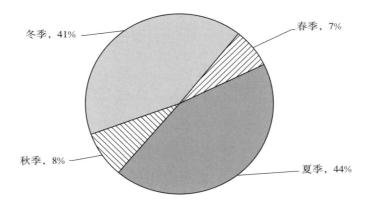

图 3 - 24　辽河口甲壳类渔获生物量季节组成

第六节　早期鱼类资源

一、种类组成

2014—2016 年调查期间，大辽河口近岸（营口市西炮台石头坝）水域共采集仔鱼 368.80 万尾（其中，2014 年、2015 年、2016 年分别为 253.24 万尾、63.36 万尾、52.20 万尾），经鉴定为 4 目 6 科 13 种。共采集稚鱼 122.89 万尾（其中，2014 年、2015 年、2016 年分别为 43.16 万尾、6.92 万尾、72.81 万尾），经鉴定为 6 目 9 科 16 种。3 年的调查结果中，未发现有鲹属鱼类鱼卵和仔稚鱼（表 3 - 4）。

表 3 - 4　大辽河口近岸采集鱼类早期资源名录

目	科	种	仔鱼	稚鱼
鲈形目 Perciformes	鰕虎鱼科 Gobiidae	黄带克丽鰕虎鱼 *Chloea laevis*（Steindachner）	+	+
		肉犁克丽鰕虎鱼 *Chloea sarchynnis*（Jordan and Snyder）	+	+
		纹缟鰕虎鱼 *Tridentiger trigonocephalus*（Gill）	+	+
		暗缟鰕虎鱼 *Tridentiger obscurus*（Temminck et Schlegel）	+	+

（续）

目	科	种	仔鱼	稚鱼
鲈形目 Perciformes	鰕虎鱼科 Gobiidae	钟馗鰕虎鱼 *Triaenoppogon barbatus*（Günther）	＋	＋
		红狼牙鰕虎鱼 *Odontamblyopus rubicundus*（Hamilton）	＋	＋
鲑形目 Salmoniformes	银鱼科 Salangidae	安氏新银鱼 *Neosalanx anderssoni*（Rendal）	＋	＋
鲻形目 Mugiliformes	鲻科 Mugilidae	鲻 *Mugil cephalus*（Linnaeus）	＋	＋
		鮻 *Liza haematocheila*（Temminck et Schlegel）		
鲱形目 Clupeiformes	鳀科 Engraulidae	赤鼻棱鳀 *Thryssa kammalensis*（Bleeker）	＋	＋
		中颌棱鳀 *Thryssa kammalensis*（Bleeker）	＋	＋
		鳀 *Engraulis japonicus*（Temminck et Schlegel）		
	鲱科 Clupeidae	青鳞鱼 *Harengula zunasi*（Bleeker）	＋	＋
	石首鱼科 Sciaenidae	黑鳃梅童鱼 *Collichthy niveatus*（Jordan et Starks）	＋	＋
银汉鱼目 Atheriniformes	银汉鱼科 Atherinidae	银汉鱼 *Allanetta bleekeri*（Günther）		＋
鲤形目 Osteichthyes	鲤科 Cyprinidae	鲫 *Carassius auratus auratus*（Linnawus）		＋
		麦穗鱼 *Pseudorasbora parva*（Temminck et Schlegel）		＋
	鳅科 Cobitidae	泥鳅 *Misgurnus anguillicaudatus*（Cantar）		＋

2014—2016 年调查期间，不同年份、不同月份大辽河口近岸水域仔鱼名录如表 3 - 5 所示。不同年份、不同月份大辽河口近岸水域稚鱼名录如表 3 - 6 所示。其中，7 月仔鱼种类最多，9 月稚鱼种类最多。

表 3 - 5 2014—2016 年大辽河口近岸水域采集仔鱼名录

目	科	种	2014 年				2015 年				2016 年			
			6月	7月	8月	9月	5月	6月	7月	8月	5月	6月	7月	8月
鲈形目	鰕虎鱼科	黄带克丽鰕虎鱼	＋	＋	＋	＋	＋	＋	＋	＋	＋	＋	＋	＋
		肉犁克丽鰕虎鱼	＋	＋	＋	＋	＋	＋	＋	＋	＋	＋	＋	＋
		纹缟鰕虎鱼	＋	＋	＋	＋	＋	＋	＋	＋	＋	＋	＋	＋
		暗缟鰕虎鱼	＋	＋	＋	＋	＋	＋	＋	＋	＋	＋	＋	＋
		钟馗鰕虎鱼							＋				＋	
		红狼牙鰕虎鱼		＋								＋	＋	
鲑形目	银鱼科	安氏新银鱼	＋	＋	＋	＋			＋	＋			＋	＋
鲻形目	鲻科	鲻	＋	＋		＋								
		鮻												

（续）

目	科	种	2014 年				2015 年				2016 年			
			6月	7月	8月	9月	5月	6月	7月	8月	5月	6月	7月	8月
鲱形目	鳀科	赤鼻棱鳀	+	+	+	+			+	+			+	+
		中颌棱鳀		+	+	+			+	+			+	+
	鲱科	青鳞鱼		+		+								
	石首鱼科	黑鳃梅童鱼							+				+	

表 3－6　2014—2016 年大辽河口近岸水域采集稚鱼名录

目	科	种	2014 年				2015 年				2016 年			
			6月	7月	8月	9月	5月	6月	7月	8月	5月	6月	7月	8月
鲈形目	鰕虎鱼科	黄带克丽鰕虎鱼	+	+	+	+	+	+	+		+	+		
		肉犁克丽鰕虎鱼					+					+	+	
		纹缟鰕虎鱼						+				+		
		暗缟鰕虎鱼						+	+			+	+	
		钟馗鰕虎鱼					+				+			
		红狼牙鰕虎鱼						+				+		
鲑形目	银鱼科	安氏新银鱼	+	+	+	+	+	+	+	+	+	+	+	+
鲻形目	鲻科	鰡		+		+				+				+
		鲛						+	+				+	+
鲱形目	鳀科	赤鼻棱鳀		+					+				+	+
		中颌棱鳀		+					+				+	+
		鳀							+	+			+	+
	鲱科	青鳞鱼						+	+	+		+	+	+
	石首鱼科	黑鳃梅童鱼		+		+								
银汉鱼目	银汉鱼科	银汉鱼						+				+		
鲤形目	鲤科	鲫							+					+
		麦穗鱼							+					+
	鳅科	泥鳅		+	+	+								

二、优势度

从仔鱼数量、生物量分布可见（表3-8、表3-9），3年来仔鱼的数量和生物量优势度分布相近。5月黄带克丽鰕虎鱼优势度最高，6月黄带克丽鰕虎鱼、肉犁克丽鰕虎鱼和纹缟鰕虎鱼优势度最高，7月赤鼻棱鳀优势度最高，8月肉犁克丽鰕虎鱼优势度最高。

表3-7 2014—2016年大辽河口近岸水域采集仔鱼数量优势度分布（%）

目	科	种	2014年				2015年				2016年			
			6月	7月	8月	9月	5月	6月	7月	8月	5月	6月	7月	8月
鲈形目	鰕虎鱼科	黄带克丽鰕虎鱼	94.11	52.74			59.70	32.31			40	32.31		
		肉犁克丽鰕虎鱼		34.32				40.39		35.54	30.74	35.81		33.45
		纹缟鰕虎鱼		10.55				24.69				20.70		
鲱形目	鳀科	赤鼻棱鳀		46.71	66.27				42.38				45.67	

表3-8 2014—2016年大辽河口近岸水域采集仔鱼生物量优势度分布（%）

目	科	种	2014年				2015年				2016年			
			6月	7月	8月	9月	5月	6月	7月	8月	5月	6月	7月	8月
鲈形目	鰕虎鱼科	黄带克丽鰕虎鱼	90.25	48.76			65.77	32.79			36.15	32.79		
		肉犁克丽鰕虎鱼		31.73				37.89		26.10	26.86	32.12		32.8
		纹缟鰕虎鱼		9.75				23.98				21.05		
鲱形目	鳀科	赤鼻棱鳀		57.66	79.00				39.17				43.7	

从稚鱼数量、生物量分布来看（表3-9、表3-10），3年来稚鱼的数量和生物量优势度分布相近。5月黄带克丽鰕虎鱼和钟馗鰕虎鱼优势度最高，6月黄带克丽鰕虎鱼优势度最高，7月赤鼻棱鳀优势度最高，8月安氏新银鱼优势度最高。

表3-9 2014—2016年大辽河口近岸水域采集稚鱼数量优势度分布（%）

目	科	种	2014年				2015年				2016年			
			6月	7月	8月	9月	5月	6月	7月	8月	5月	6月	7月	8月
鲈形目	鰕虎鱼科	黄带克丽鰕虎鱼	99.75					70.79	21.10			70.78		
		肉犁克丽鰕虎鱼								70.87				
		钟馗鰕虎鱼					72.97							
鲑形目	银鱼科	安氏新银鱼	48.88	93.08	92.10				61.00					65.43
鲱形目	鳀科	赤鼻棱鳀							36.42				43.8	

表 3 - 10　2014—2016 年大辽河口近岸水域采集稚鱼生物量优势度分布（%）

目	科	种	2014 年				2015 年				2016 年			
			6 月	7 月	8 月	9 月	5 月	6 月	7 月	8 月	5 月	6 月	7 月	8 月
鲈形目	鰕虎鱼科	黄带克丽鰕虎鱼	98.85					75.68	27.05			75.68		
		肉犁克丽鰕虎鱼									71.92			
		钟馗鰕虎鱼					76.30							
		红狼牙鰕虎鱼												
鲑形目	银鱼科	安氏新银鱼	71.04	87.33	78.11				69.16					68.32
鲱形目	鳀科	赤鼻棱鳀							20.73				28.45	

三、鱼苗发生密度分布

2014 年大辽河口近岸水域 6—9 月采样时水温范围为 19～27 ℃（图 3 - 25、图 3 - 26）。
7 月 14 日至 9 月 8 日水温保持在 24 ℃以上，6 月、7 月、8 月、9 月平均水温分别为
20.9 ℃、23.8 ℃、26.0 ℃、22.6 ℃。6—9 月仔鱼平均密度为 0.313 尾/m³，其中 6 月
平均密度为 1.108 尾/m³，7 月平均密度为 0.404 尾/m³，8 月平均密度为 0.1 尾/m³，9
月平均密度为 0.07 尾/m³。6—9 月稚鱼平均密度为 0.021 尾/m³，其中 6 月平均密度为
0.042 尾/m³，7 月平均密度为 0.007 尾/m³，8 月平均密度为 0.017 尾/m³，9 月平均密度
为 0.026 尾/m³。

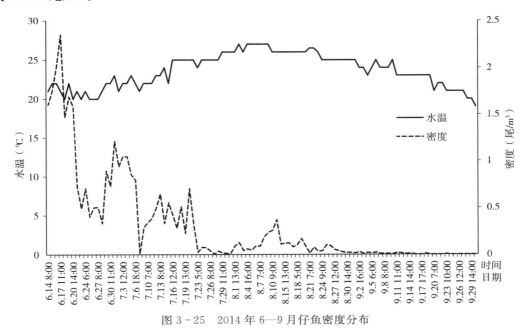

图 3 - 25　2014 年 6—9 月仔鱼密度分布

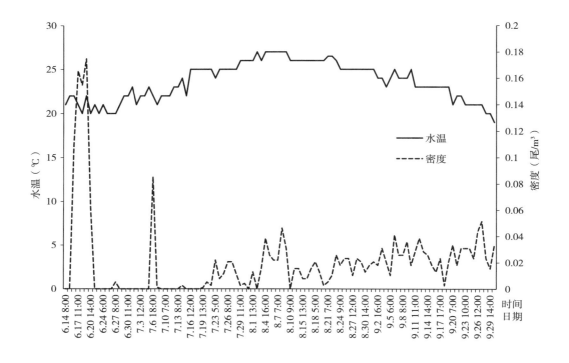

图 3-26　2014 年 6—9 月稚鱼密度分布

2015 年大辽河口近岸水域 5—8 月采样时水温范围为 15～29 ℃（图 3-27、图 3-28）。7 月 16 日至 8 月 31 日水温保持在 24 ℃以上，5 月、6 月、7 月、8 月平均水温分别为 16.5 ℃、19.3 ℃、23.9 ℃、28.3 ℃。5—8 月仔鱼平均密度为 0.145 尾/m³，其中 5 月平均密度为 0.039 尾/m³，6 月平均密度为 0.164 尾/m³，7 月平均密度为 0.265 尾/m³，8 月平均密度为 0.021 尾/m³。5—8 月稚鱼平均密度为 0.021 尾/m³，其中 5 月平均密度为 0.039 尾/m³，6 月平均密度为 0.011 尾/m³，7 月平均密度为 0.007 尾/m³，8 月平均密度为 0.039 尾/m³。

2016 年大辽河口近岸水域 5—8 月采样时水温范围为 15.5～27.5 ℃（图 3-29、图 3-30）。7 月 16 日至 8 月 31 日水温保持在 24 ℃以上，5 月、6 月、7 月、8 月平均水温分别为 16.8 ℃、19.6 ℃、23.7 ℃、27.7 ℃。5—8 月仔鱼平均密度为 0.127 尾/m³，其中 5 月平均密度为 0.023 尾/m³，6 月平均密度为 0.204 尾/m³，7 月平均密度为 0.199 尾/m³，8 月平均密度为 0.022 尾/m³。5—8 月稚鱼平均密度为 0.017 尾/m³，其中 5 月平均密度为 0.009 尾/m³，6 月平均密度为 0.005 尾/m³，7 月平均密度为 0.008 尾/m³，8 月平均密度为 0.038 尾/m³。

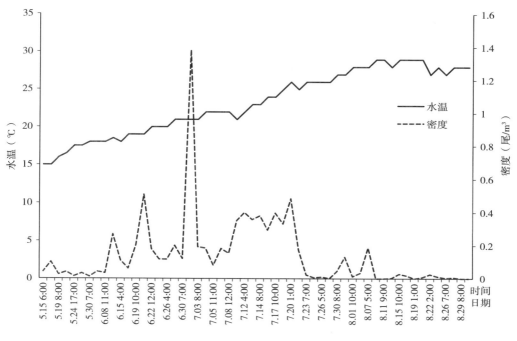

图 3 - 27　2015 年 5—8 月仔鱼密度分布

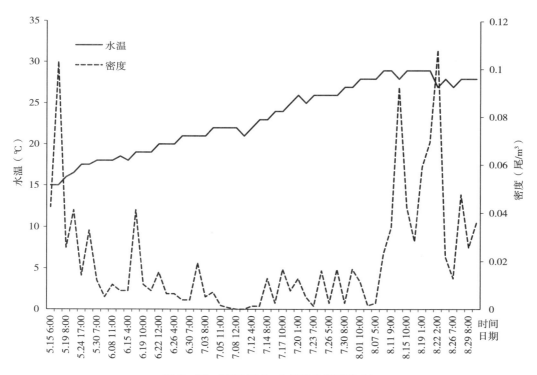

图 3 - 28　2015 年 5—8 月稚鱼密度分布

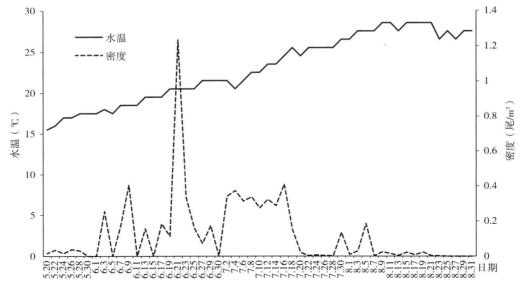

图 3-29　2016 年 5—8 月仔鱼密度分布

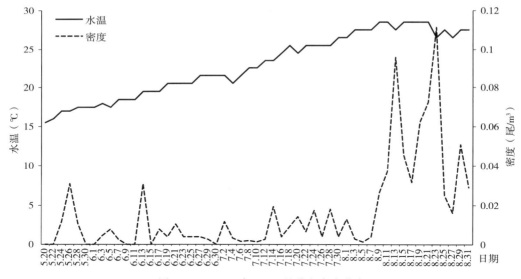

图 3-30　2016 年 5—8 月稚鱼密度分布

四、仔鱼、稚鱼体长、体重分布

2014—2016 年调查期间，对大辽河口近岸水域采集仔鱼不同月份全长、体重进行测量，具体数据见表 3-11。黄带克丽鰕虎鱼平均全长 10.75 mm，平均体重 0.02g；肉犁克丽鰕虎鱼平均全长 11.42 mm，平均体重 0.02 g；暗缟鰕虎鱼平均全长 12.60 mm，平均体重 0.03 g；纹缟鰕虎鱼平均全长 13.49 mm，平均体重 0.03 g；乔氏新银鱼平均全长15.89 mm，平均体重 0.07 g；中颌棱鳀平均全长 23.42 mm，平均体重 0.2 g；赤鼻棱鳀平均全长 24.89 mm，平均体重 0.09 g；红狼牙鰕虎鱼平均全长 17.49 mm，平均体重 0.02 g。

表 3 - 11　不同月份仔鱼全长、体重情况

月份	种类	全长（mm）	体重（g）
6月	黄带克丽鰕虎鱼	11.96±2.97	0.03±0.03
	肉犁克丽鰕虎鱼	12.95±0.37	0.02±0.00
	暗缟鰕虎鱼	13.52±0.78	0.03±0.01
	纹缟鰕虎鱼	13.21±0.44	0.03±0.00
	乔氏新银鱼	12.31	0.133
7月	黄带克丽鰕虎鱼	11.89±1.17	0.02±0.01
	肉犁克丽鰕虎鱼	12.59±1.24	0.02±0.00
	暗缟鰕虎鱼	13.12±0.59	0.03±0.01
	纹缟鰕虎鱼	13.52±1.31	0.03±0.02
	乔氏新银鱼	15.28±11.55	0.07±0.15
	中颌棱鳀	21.45±4.11	0.2±0.48
	赤鼻棱鳀	24.34±2.63	0.09±0.03
	红狼牙鰕虎鱼	13.33±3.47	0.02±0.01
8月	黄带克丽鰕虎鱼	9.60±0.88	0.01±0.00
	肉犁克丽鰕虎鱼	10.69±1.04	0.01±0.01
	暗缟鰕虎鱼	11.86±1.68	0.01±0.01
	纹缟鰕虎鱼	11.86±0.93	0.02±0.00
	乔氏新银鱼	20.08±2.58	0.04±0.01
	中颌棱鳀	22.27±4.74	0.08±0.06
	赤鼻棱鳀	22.94±0.68	0.08±0.01
	红狼牙鰕虎鱼	18.02±6.98	0.03±0.04
9月	青鳞鱼	23.31	0.31
	黄带克丽鰕虎鱼	9.56±0.54	0.01±0
	肉犁克丽鰕虎鱼	9.45±0.46	0.01±0.00
	暗缟鰕虎鱼	11.9±1.52	0.02±0.01
	纹缟鰕虎鱼	15.37±7.44	0.07±0.09
	红狼牙鰕虎鱼	21.13±1.59	0.03±0.00
	中颌棱鳀	26.54±5.17	0.16±0.09
	赤鼻棱鳀	27.38±0.95	0.19±0.04

2014—2016 年调查期间，对大辽河口近岸水域采集稚鱼不同月份全长、体质量进行测量，具体数据见表 3 - 12。乔氏新银鱼平均全长 34.68 mm，平均体重 0.36g；中颌棱鳀平均全长 31.56 mm，平均体重 0.39 g；赤鼻棱鳀平均全长 33.77 mm，平均体重 0.42 g；青鳞鱼平均全长 43.02 mm，平均体重 1.10 g；鲻平均全长 35.06 mm，平均体重 0.84 g；泥鳅平均全长 30.51 mm，平均体重 0.18 g；黑鳃梅童鱼平均全长 32.95 mm，平均体重 0.36 g。

表 3 - 12 不同月份稚鱼全长、体重情况

月份	种类	全长（mm）	体重（g）
6 月	黄带克丽鰕虎鱼	22.38±2.58	0.13±0.04
	乔氏新银鱼	41.08±6.01	0.19±0.07
7 月	乔氏新银鱼	44.81±1.1	0.35±0.07
	中颌棱鳀	34.23	0.40
	赤鼻棱鳀	36.84	0.44
	青鳞鱼	44.25±0.57	1.17±0.05
	鲻	35.06	0.84
	泥鳅	30.51	0.18
	黑鳃梅童鱼	32.95±7.72	0.36±0.25
8 月	乔氏新银鱼	45.78±1.56	0.27±0.07
	纹缟鰕虎鱼	48.5	1.72
	泥鳅	45.15	0.54
	中颌棱鳀	28.23±2.45	0.36±0.12
	赤鼻棱鳀	26.34±3.56	0.38±0.23
9 月	青鳞鱼	41.79	1.03
	肉犁克丽鰕虎鱼	34.39	0.159
	纹缟鰕虎鱼	36.2	0.69
	乔氏新银鱼	47.04±1.43	0.28±0.03
	中颌棱鳀	32.21±3.49	0.41±0.19
	赤鼻棱鳀	38.14±3.71	0.43±0.23

五、评价

2014—2016 年调查期间，大辽河口近岸水域共采集仔鱼 4 目 6 科 13 种，其中，鰕虎

鱼科最多为 6 种，均为河口小型鱼类；稚鱼 6 目 9 科 16 种，仅有鲻、鮻 2 种大型经济鱼类，鲫、泥鳅、麦穗鱼 3 种淡水鱼类。3 年来仔鱼的数量和生物量优势度分布相近，5 月、6 月均是以鰕虎鱼优势度最高，7 月赤鼻棱鳀优势度最高。可见，鰕虎鱼类在大辽河口早期资源量占据绝对优势。2014 年、2015 年、2016 年仔鱼平均密度分别为 0.313 尾/m³、0.145 尾/m³、0.127 尾/m³，6 月仔鱼平均密度最高；2014 年、2015 年、2016 年稚鱼平均密度分别为 0.021 尾/m³、0.021 尾/m³、0.017 尾/m³，8 月稚鱼平均密度最高。

　　3 年的调查未发现有鲟属鱼类鱼卵和仔稚鱼。大辽河口沿岸碎波带优势种类均为小型鱼类（黄带克丽鰕虎鱼、肉犁克丽鰕虎鱼、纹缟鰕虎鱼和赤鼻棱鳀），而且鰕虎鱼类占绝对优势。淞江鲈等珍稀鱼类及大型经济鱼类种群数量非常稀少，鱼类资源呈现小型化、低值化的趋势。

第四章
辽河口生态系统
健康评价

第一节　河口地区环境特征

河口生态系统（estuarine ecosystem）是海陆过渡带中典型的一种生态系统，是生物多样性的富集区和关键物种的重要栖息地。位于海洋生态系统、河流生态系统和陆地生态系统交界处的生态脆弱地带，具有边缘效应的显著性、植被分布的非连续性、景观结构的异质性、生态界面的波动性、环境的脆弱性，以及物质与能量的高流动性等自然属性。

一、环境因子复杂多变

河口生态系统是指在河口入海口，淡水与海水混合并相互影响的水域环境与生物群落组成的统一的自然整体。河口区是海水与淡水相互汇合和混合之处，长期受到江河径流、潮流及风浪的共同作用。河流入海的海湾和沿岸海域，丰水期常常形成表层低盐水层，而且恰好与夏季高温期叠合，因而形成低盐高温的表层水，与下层高盐低温海水之间有一强的温度、盐度跃层相隔，形成界面分明的上下两层结构，从而使流场变得非常复杂。河口水域水深较浅，容量小，极易接受来自外部的影响。复杂的外部影响导致了复杂的环流与混合扩散过程，使环境因子复杂多变。

二、生产力高，生态系统多样化

河口生态系统多样，是融淡水生态系统、海水生态系统、咸淡水生态系统、潮滩湿地生态系统、河口岛屿、沙洲湿地生态系统为一体的复杂生态系统。在河口区及附近水域，由于大量淡水和营养物质的输入，形成了独特的生态系统，有极高的初级生产力。河口、海湾生境多样，饵料丰富，有利于生物的繁殖和生长，为种类繁多的生物提供了良好的栖息场所。

三、受人类扰动程度大

人类对河口、海湾的开发具有悠久的历史，是人类经济活动最频繁、人口最稠密的地区之一。与人类的关系最为密切，受人类的扰动程度也最大。目前对河口及海湾地区的利用方式主要有：围垦滩涂开发、港口与航道运输、捕捞养殖业和沿海工业等。随着沿岸地区城市化和工业化进程加快，对河口、海湾生态环境的影响越来越严重，部分河口、海湾生态系统出现明显的退化。

　　人类在开发利用河流的过程中，由于保护不够或滥加利用，许多河流出现污染、断流等现象，河流生态系统退化，影响了河流的自然和社会功能，破坏了人类的生态环境，甚至出现了严重不可逆转的生态危机，对社会的可持续发展构成严重威胁。直至20世纪30年代，人们的环境意识觉醒，河流健康问题逐步引起重视。

第二节　河口生态系统健康评价方法研究现状

　　20世纪50—90年代，人类开始意识到河流生态系统健康的影响因素众多，包括大型水利工程、污染、城市化等，提出河流生态需水的概念和评价方法，通过调控、维持河道生态流量保护河流生态系统健康；随后提出了水生生态修复措施，包括河道物理环境、生态环境、物理化学指标等，并利用栖息地、藻类、大型无脊椎动物、鱼类等评价河流生态系统的健康，进而提出了河流生态系统健康的概念。构建河流生态系统健康科学评价指标体系、评价方法和关键指标，对于开展河流生态系统健康评价具有重要意义。

一、国外研究现状

　　国外对河流健康的研究相对较早，是河流生态健康研究的产物，因此在早期研究的相当长一段时期内，河流健康主要从生物物理的生态观点来考虑，河流健康概念及其评价指标大多反映的是河流生态系统健康。20世纪80年代，欧洲以及美国、南非、澳大利亚等国家日益重视河流生态功能，并开展了大规模的河流生态系统保护工作，从水量、水质、栖息地及水生生物物种等角度出发，提出河流生态系统完整性等评价方法，日益强调河流的资源功能和生态功能并举。澳大利亚、美国、英国、南非在河流健康指标体系及其评价方法等方面开展了大量的工作，取得了许多成功的经验。目前，河口生态系统健康的评估方法主要包括指示生物法和指标体系法两大类。指示生物法主要用底栖生物的完整性指数、Shannon-Wiener多样性指数、BI指数、AMBI指数和Bentix指数等底栖生物指数判断生态系统的健康状态。指示生物法在海洋生态系统健康评价中得到了广泛应用。Muniz P.等用底栖生物指数评估了蒙得维的亚海岸带生态系统的健康状况。Kane D.用浮游植物指数作为健康评估参数。Whitfield A. K.用鱼类群落指数评价了河口生态系统健康。指示生物法比较简便，但容易遗漏重要信息，难以反映复杂的生态系统。相对而言，指标体系法可以更综合地反映生态系统的状况。综观已有海洋生态系统健康评价，许多学者比较关注海洋污染、渔业资源衰退、海洋栖息地改变与丧失、外来物种入侵和赤潮灾害等方面，尤其侧重在：①评估河口、海湾富营养化状况；②评估入海污染物；③评估人类活动产生的环境压力。在评估河口、海湾富营养化状况方面，评价方法从第一代简单的富营养化指数，发展成第二代的以富营养化症状为基础的多参数评价方法体系。其中应用最广的是美国"河口营养状况评价综合法"（ASSETS）和欧盟"综合评价法"（OSPAR-COMPP）。

ASSETS方法是在美国"河口富营养化评价"（NEEA，即 National Estuary Eutrophication Assessment）的基础上发展而成。评价因子包括3类，即①人为影响，用DIN浓度表示；②总富营养状况：a. 富营养化现状，包括初级症状（叶绿素a，附生植物，大型藻类）和次级症状（缺氧，水生植物减少，有害、有毒赤潮）；b. 富营养化趋势；③人类活动的响应，预测营养盐压力和系统敏感性。

OSPAR-COMPP通过5个生态质量子目标（EcoQOs）反映富营养化状况，即①营养盐收支；②营养盐的直接和间接效应；③浮游植物群落；④溶解氧含量；⑤底栖生物群落。由此构成了 OSPAR-COMPP 评价体系。ASSETS 和 OSPAR-COMPP 评价体系都是侧重于通过营养盐富集程度、直接效应和间接效应等指标，评价富营养化的诱发因子及其引起的各种可能症状，没有针对生态系统结构和服务功能等方面进行评价。

许多国家相应启动了海洋生态系统健康评价项目。美国国家海洋和大气管理局与北欧环境部长理事会建立了包括富营养化、生物毒素、病理学、出现疾病和健康指数（生物多样性、生产力、产量、弹力和稳定性等5项）的评级方法。欧盟的水框架指令（Water Framework Directive，WFD），也提出了较完整的海洋环境评价技术导则，除了水体富营养化问题，也针对所有人为活动产生的环境压力。世界资源研究所在2001年4月发表了全球海洋系统初步评估报告。评估指标分为：岸线变化及岸线稳定性、水质、生物多样性、捕鱼、旅游及娱乐。澳大利亚的"生态系统健康监测计划"（Ecosystem Health Monitoring Program，EHMP）在全国河口采用系统化的指标，通过与未受人类活动干扰的参比环境条件的对比，对河口的综合生态状况偏离原始状态的程度进行了定性的评估。但是，EHMP目前主要以描述性的评价为主；评价标准的重点集中在流域的特征上，包括流域自然覆盖率、土地利用、流域水文、潮汐、漫滩、河口利用、害虫、杂草和河口生态（栖息地和物种）等指标。

二、国内研究现状

国内对河流健康的研究起步较晚，近几年逐渐成为学术界研究的热门领域。国内河流在自然状况、经济社会背景上与国外有很大程度的不同，对河流健康内涵的定义，河流的健康状况描述、诊断、评价指标、评价标准等与国外也有较大的不同。国内学者袁兴中认为，生态系统健康是指生态系统的能量流动和物质循环没有受到损伤，关键生态成分保留下来（如野生动物、土壤和微生物区系），系统对自然干扰的长期效应具有抵抗力和恢复力。系统能够长期稳定地维持自身组织结构，并具有自我运作能力。健康的生态系统不仅在生态学意义上是健康的，而且有利于社会经济的发展，并能维持健康的人类群体。崔保山认为，生态系统健康是指系统内的物质循环和能量流动未受到损害，关键生态组分和有机组织被完整保存，没有疾病，对长期或突发的自然或人为扰动能保持着弹性和稳定性，整体功能表现出多样性、复杂性、活力和相应的生产率，其发展终极是生态整合性，对压力反应具有弹性。2005 年国家海洋局在《近岸海洋生态健康评价指南》中提出生态健康是指生态系统保持其自然属性，维持生物多样性和关键生态过程稳定并持续发挥其服务功能的能力。该《指南》提出用水环境、沉积环境、生物残毒、栖息地和生物等 5 类指标评价河口及海湾生态系统健康。杨建强等首次基于生态系统的结构、功能过程，以初级生产力作为生态系统功能的指标，建立了由环境子系统、生物群落结构子系统和功能子系统组成的海洋生态系统健康评价模型，评价了莱州湾西部海域的健康状况。叶属峰等通过物理化学指标、生态学指标和社会经济学指标三大类 30 个指标来建立长江口生态系统健康评价指标体系。孙涛、杨志峰等采用集水面积、人口密度、入海量、河口断流时间、水质、生物多样性指数和生物量等 7 项指标评价了河口生态系统恢复状况。马玉艳评估了河口浮游动物群落生态健康状况。纪大伟运用环境指标、生态指标及生态系统功能指标的综合评价体系对 2004—2005 年黄河口及邻近海域生态系统健康状况进行了评价。

生态系统健康评价在国内外都得到了重视。已有研究多数侧重于评价生态系统的自然状态，如考虑生物指示种、水质、生境等方面，但已经明显呈现出从单一指标走向对系统、综合要素的评价，并加强与人类福祉相结合的趋势。评价理论由最初的生物学原理-生物群落及生态系统理论，向系统综合评价理论发展。

第三节　辽河口生态系统健康评价方法选择

生态健康评价与环境质量评价的评价方法在以往的研究中常常被通用，但两者是有区别的。健康的生态是以好的环境质量为基础，两者的评价内容各有侧重。水环境质量评价，需要对水体的各项理化指标、生物指标、地理形态因素等进行测定和评价；而水体的生态健康评价是通过检验水体的功能是否健全来判断，在不考虑人类社会的情况下，水体的主要功能就是维持水生生物个体新陈代谢的活力、群落结构的稳定和对外界压力的抵抗能力。

对河流进行健康评价必须考虑河流生态系统 3 要素：①生态系统的结构；②生态系统的功能；③生态系统的物质和能量流。河流生态系统的结构就是河流水系的结构、形态与空间分布特征等。在子系统的层面上，也有次一级的结构，例如河床，一般由洪水河床（河漫滩）和枯水河床、江心洲、水下浅滩、湖滨带、湖泊底质等组成。河流生态系统的功能是多方面的。从总体功能的层面上，河流系统的存在是为了把地表径流输送到海洋或河流，在次一级系统层面上，各子系统也有其特殊的功能，如湖泊的存在是为了调蓄洪季的水文过程，河漫滩是洪水河床，其功能是为了行洪。河流生态系统的物质和能量流，可从两个方面来考察：①系统与外界的关系（输入和输出）。流域下垫面与大气发生一系列的相互作用（降水、蒸发等过程），其最终产物（径流、泥沙及其他物质）从陆地汇入河口和海洋；②河流生态系统内部各子系统之间的物质和能量流，如干支流之间，湖泊和河流之间，上下游之间等。

河流生态系统的复杂性在于，在这一系统内部，还叠置了一个更为复杂的生物生态系统，它对河流生态系统有十分重要的影响，如流域内植被对水文过程的一系列影响。更为重要的是，人已成为生物生态系统的最重要组成部分，目前正在以前所未有的强度改变或影响着河流生态系统，变化着的河流生态系统又反过来影响人类的生存和发展，因此，开展河流生态系统健康状况评价受到了广泛关注。而开展河流生态系统健康状况评价，首先要从河流生态系统的结构、功能、物质和能量流进行识别。

因此，对于状态变化较为复杂的河口区，其生态健康评价需要在以生物要素为主的基础上辅以理化要素和水文形态要素等相关指标的评价，以综合判断河口区目前的生态健康状况和潜在的生态健康威胁。河口作为一类相对复杂的生态系统，其生态健康综合评价方法在指标因子筛选、指标因子权重确定、量化评价指标、健康状态分级等方面都具有一定的特殊性，因此，辽河口生态系统健康评价，采用指标评价、指标集成等综合评价方法。

一、指标因子筛选

河口生态系统是复杂的，如果评价模型过于简单，评价和预测结果并不可靠。单一的指标用于评估整个生态系统，如水质、生物指示种等，所得结论可能有失偏颇，因此，用于指导生态恢复很容易导致失败。相反，如果指标过于冗杂，则不具有可操作性，根据对生态系统健康的定义，建立了河口生态系统健康评价概念模型。该模型从整体性出发，充分考虑系统的外部相关性和内部相关性，关注系统各要素的相互作用，表达了人类扰动与生态健康之间的关键生态过程；以生态系统结构-服务功能为健康评价的主要内容，将健康评价与生态管理相结合。

在多指标综合评价中，如何从众多的候选指标中选择能够客观、全面地反映河口区生态状况，同时相对独立的指标是评价的关键。河口生态系统健康评价指标是生态系统可度量的参数，用以描述系统的现状及发展趋势，所选取的指标应当体现以下要求：①表征生态系统的特性。②精确反映生态系统结构和功能的变化及趋势。具有早期预警和诊断性指标最有价值。③指标具有可测度性。为能够客观评价河口生态系统健康状况，必须遵守严格的筛选原则，选用最适宜的评价指标，构建一套能够全面衡量河口生态系统健康状况的评价指标体系，各项指标选取需遵循以下原则：

（1）代表性原则　选取的指标能够表征河口海域生态系统结构特性、功能特点和主要生物的生物学特性。

（2）诊断性原则　选取的指标能够精确反映河口生态系统健康指数的影响，精确反映生态系统结构和功能的变化及趋势，优先选择具有诊断性的指标。

（3）可操作性原则　选取的评价指标应含义明确、容易测得。

（4）相关性原则　为避免体系冗余，各指标之间应不具有明显相关性。

（5）全面性原则　评价指标应覆盖面广，能够全面反映河口生态系统健康的各个层面。

对全部指标进行初筛，将对变化不敏感且对河口生态系统健康意义含糊的指标删除，水体温度和 pH 在各调查站位波动较小，且测定结果受潮汐运动干扰，不能真实反映河口水生态健康状况，因此不作为评价指标。根据以上原则，以及数据获取的实际情况，并参考国内多个河口环境质量综合评价案例，在广泛征求专家意见的基础上，以河口生态系统生态结构和服务功能的响应为主要评价内容，构建河口生态系统健康评价指标体系最终确定 9 个指标，构建辽河口生态系统健康评价指标体系（表 4-1）。

表 4-1　河口生态系统健康评价指标体系

目标层 A	评价项目层 B	评价因子层 C
河口生态系统健康评价指标体系	理化指标 B1	水体石油类 C1
		富营养化指数 C2
		有机污染指数 C3
		水体重金属综合污染指数 C4
	栖息环境指标 B2	污染物入海通量 C5
		沉积物重金属潜在风险指数 C6
		初级生产力 C7
	生物生态特征指标 B3	浮游植物多样性指数 C8
		浮游动物多样性指数 C9

各指标因子含义：

（1）水体石油类　海水中石油类测定值。石油类污染物已成为近岸海域的主要污染物之一，用于反映河口生态系统海水受石油类污染的程度。

（2）富营养化指数　反映海域富营养化程度的指标。

$$E = \frac{C_{\text{COD}} \times C_{\text{IN}} \times C_{\text{IP}}}{4\,500} \times 10^6$$

式中　E——富营养化指数；

C_{COD}（mg/L）、C_{IN}（mg/L）、C_{IP}（mg/L）——化学耗氧量、溶解态无机氮、活性磷酸盐的测定值。

（3）有机污染指数　反映水体受有机污染物污染的程度。

$$A = \frac{C_{COD}}{C'_{COD}} + \frac{C_{IN}}{C'_{IN}} + \frac{C_{IP}}{C'_{IP}} - \frac{C_{DO}}{C'_{DO}}$$

式中　A——有机污染指数；

C_{COD}（mg/L）——化学耗氧量；

C_{IN}（mg/L）——无机氮；

C_{IP}（mg/L）——活性磷酸盐；

C_{DO}（mg/L）——溶解氧的实测值；

C'_{COD}（mg/L）、C'_{IN}（mg/L）、C'_{IP}（mg/L）、C'_{DO}（mg/L）——各检测因子相应的一类海水水质标准（GB 3097—1997）。

（4）水体重金属综合污染指数　Cu、Pb、Cd、Zn、Hg、As 等重金属权重污染因子和。

$$WQI = \frac{1}{n} \sum_{n}^{1} (C_i / C_s)$$

式中　WQI——水质重金属综合污染指数；

C_i——重金属元素 i 的实测含量；

C_s——重金属元素 i 的评价标准（取海水水质一类标准作为研究区域各重金属元素评价标准）。

（5）污染物入海通量　反映河流污染物入海年径流量的指标；指单位时间（1 年）内通过河流入海口断面的陆源污染物的总量（t/a）。

（6）沉积物重金属潜在风险指数　瑞典科学家 Hakanson 的潜在生态危害指数法进行重金属生态危害评价。其计算公式为：

$$E_r^i = T_r^i \times C_f^i$$

$$RI = \sum_i^n E_r^i = \sum_i^n (T_r^i \times C_j^i) = \sum_i^n \frac{T_r^i \times C_s^i}{C_n^i}$$

式中　E_r^i——金属 i 的潜在生态风险系数；

T_r^i——重金属毒性响应系数，反映重金属的毒性水平及生物对重金属污染的敏感程度，分别为 Cu＝5、Zn＝1、Pb＝5、Cd＝30、Hg＝40、As＝10；

C_f^i——重金属富集系数（＝C_s^i / C_n^i）；

RI——所有重金属的潜在生态风险指数；

C_s^i——表层沉积物中重金属浓度实测值；

C_n——所需背景值，本文采用现代工业化前沉积物中重金属的正常最高背景值（表4-2）。

表4-2 重金属含量背景值（mg/L）

项目	Cu	Zn	Pb	Cd	Hg	As	文献
全球工业化前	30	25	80	0.5	0.2	15	Hakanson，1980

（7）初级生产力 初级生产力反映海水中光合作用产生的能量进入生态系统的速率，根据叶绿素a估算：

$$P=(C_a \times D \times Q \times E)/2$$

式中 P——初级生产力 $[mg/(cm^3 \cdot d)]$；

C_a——叶绿素a浓度（mg/m^3）；

D——光照时间（h，夏季13 h、冬季12 h计）；

Q——同化效率（被植物固定的能量/植物吸收的日光能）；

E——真光层深度（m），取透明度测值的3倍。

（8）浮游动物植物多样性指数 反映保护区生态系统的复杂性和稳定性，选用Shannon-Wiener多样性指数。

$$DI=-\sum_{n=1}^{s}(\frac{n_i}{N}) \log_2 (\frac{n_i}{N})$$

式中 DI——多样性指数；

n_i——第i种个体数量（个/m^3）；

N——总生物数量（个/m^3）；

s——总物种数。

二、指标因子权重确定

层次分析法（analytic hierarchy process，简称AHP）是对一些较为复杂、较为模糊的问题做出决策的简易方法，它特别适用于那些难以完全定量分析的问题。该方法是美国运筹学家T. L. Saaty教授于20世纪70年代初期提出的一种简便、灵活而又实用的多准则决策方法，其主要步骤如下。

1. 建立系统的递阶层次结构

河口生态系统健康评价指标体系见表4-1，其中最高层是目标层（A层），中间是评价项目层（B层）、最低层是评价因子层（C层）。

2. 构建成对比较判断矩阵

判断矩阵是层次分析法的出发点，也是计算各要素权重的重要依据。它表示同一层中各个因素对于上层次某个因素的重要程度，判断矩阵的构造是层次分析法的一个关键。设上一层次的某个因素的下一层次有 n 个因素，则构造判断矩阵：

$$A = [a_{ij}]_{n \times n}$$

式中　a_{ij} ——指标 i 相对于指标 j 的重要度。

Saaty 等建议 a_{ij} 的值采用数字 1～9 及其倒数作为标度，各标度及含义见表 4-3。

表 4-3　各标度及含义

标度	含义
1	表示两个因素相比，具有相同重要性
3	表示两个因素相比，前者比后者稍重要
5	表示两个因素相比，前者比后者明显重要
7	表示两个因素相比，前者比后者强烈重要
9	表示两个因素相比，前者比后者极端重要
2，4，6，8	表示上述相邻判断的中间值

构造成对比较判断矩阵的标度值采用 Satty 提出的 1～9 标度，从心理学观点来看，分级太多会超越人们的判断能力。Satty 等还用实验方法比较了各种不同标度下人们对判断结果的正确性，实验结果表明，采用 1～9 标度最为合适。B 层各评价指标中，结构指标和功能指标相对来说最为重要，其整体反映了海洋保护区受溢油污染后生态系统健康状况和功能影响程度，为溢油污染评价的依据。其评价指标相对重要性（相对系统指标的标度）依次为：理化指标（3）＞生物生态特征指标（2）＞栖息环境指标（1）；理化指标层各因子中，因富营养化是河口地区最常见和危害最大的环境问题，因此富营养化指数的重要性在本层中最高；其次为有机污染指数和有毒污染指数，本层评价指标相对重要性（相对水体石油类的标度）依次为：富营养化指数（4.5）＞有机污染指数（3）＞水体重金属综合污染指数（1.5）＞水体石油类（1）；栖息环境指标层各因子中，初级生产力直接反映了海区生态健康状况，因此其重要性最高，其次为污染物入海通量，河口区海洋环境状况直接受陆源污染物入海影响。本层评价指标相对重要性（相对沉积物重金属潜在风险指数标度）依次为：初级生产力（4）＞污染物入海通量（3）＞沉积物重金属风险指数（1）。

本文将专家对指标的成对比较结果转化为如下判断矩阵：

判断矩阵 A-B

A	B1	B2	B3
B1	1	3	3/2
B2	1/3	1	1/2
B3	2/3	2	1

判断矩阵 B1-C

B1	C1	C2	C3	C4
C1	1	2/9	1/3	2/3
C2	9/2	1	3/2	3
C3	3	2/3	1	2
C4	3/2	1/3	1/2	1

判断矩阵 B2-C

B2	C5	C6	C7
C5	1	3	3/4
C6	1/3	1	1/4
C7	4/3	4	1

3. 层次单排序及一致性检验

（1）求解判断矩阵的特征值及特征向量　判断矩阵 A 的最大特征值 $\lambda_{\max}$ 对应的特征向量经归一化后 W 即为同一层次相应因素对于上一层次某因素相对重要性的排序权值，满足：

$$\begin{cases} A \cdot W = \lambda_{\max} \cdot W \\ \sum_{i=1}^{n} W_i = 1 \end{cases}$$

式中 W_i——W 的第 i 个分量，即第 i 个指标的权重。

本文采用和法求 λ_{max} 和 W 的近似解，步骤如下：

①设 $A=(a_{ij})$ 为 n 阶方阵，将 A 的每一列向量归一化得 $B=(b_{ij})$，其中，$b_{ij}=a_{ij}/\sum_{i=1}^{n} a_{ij}$ $(i, j=1, 2, \cdots, n)$；

②对 $B=(b_{ij})$ 按行求和得 $C=(C_1, C_2, \cdots, C_n)^T$，其中，$C_i=\sum_{j=1}^{n} b_{ij}$ $(i=1, 2, \cdots, n)$；

③将 C 归一化得 $W=(W_1, W_2, \cdots, W_n)^T$，其中，$W_i=C_i/\sum_{i=1}^{n} C_i$ $(i=1, 2, \cdots, n)$；

④计算 $\lambda_{max}=\dfrac{1}{n}\sum_{i=1}^{n}\dfrac{(AW)_i}{W_i}$ 作为最大特征值的近似值，其中，$(AW)_i$ 表示 AW 的第 i 个分量。

（2）判断矩阵的一致性检验 对判断矩阵的一致性检验的步骤如下：

①计算一致性指标 CI：$CI=\dfrac{\lambda_{max}-n}{n-1}$；

②根据矩阵的阶数查表得到相应的平均随机一致性指标 RI，不同阶数矩阵的 RI 值如表 4-4 所示：

表 4-4 不同阶数矩阵的 RI 值

n	1	2	3	4	5	6	7	8	9
RI	0	0	0.58	0.90	1.12	1.24	1.32	1.41	1.45

③计算一致性比例 CR：$CR=\dfrac{CI}{RI}$。当 $CR<0.1$ 时，认为判断矩阵的一致性是可以接受的，此时前面求得的 W_i 即为第 i 个指标的权重。否则必须对判断矩阵做适当修正，再进行计算。

本文中对判断矩阵 A-B，有：

$$W=\begin{bmatrix} 0.500\ 0 \\ 0.166\ 7 \\ 0.333\ 3 \end{bmatrix}, \lambda_{max}=3.00, CI=0, RI=0.58, CR=0<0.1$$

对判断矩阵 B1-C，有：

$$W=\begin{bmatrix} 0.100\ 0 \\ 0.437\ 7 \\ 0.300\ 0 \\ 0.162\ 3 \end{bmatrix}, \lambda_{max}=4.054\ 8, CI=0.018, RI=0.90, CR=0.02<0.1$$

对判断矩阵 B2-C，有：

$$W = \begin{bmatrix} 0.391\ 8 \\ 0.130\ 6 \\ 0.477\ 6 \end{bmatrix}, \ \lambda_{\max} = 2.914\ 2, \ CI = 0.04, \ RI = 0.58, \ CR = 0.07 < 0.1$$

由此可见，所有的 CR 均可通过一致性检验。

4. 层次总排序与一致性检验

（1）层次总排序　最低层对于目标层的合成权重可自上而下地将单准则下的权重合成得到，假设已求出上一层次因素 A_1，…，A_m 的层次总排序权重分别为 a_1，…，a_n。又求出了相对上层因素 A_j 的下层因素 B_1，B_2，…，B_n 的单排序权重为 b_{1j}，…，b_{nj}（$j = 1$，…，m）（当 B_i 与 A_j 无关联时，$b_{ij} = 0$）。则可通过 $b_i = \sum\limits_{k=1}^{m} a_k b_{ik} (i = 1, \cdots, n)$ 确定下层因素 B_1，B_2，…，B_n 相对于总目标的权重 b_1，b_2，…，b_n。

（2）层次总排序的一致性检验　设 B 层中与 A_j 相关的因素的成对比较判断矩阵在单排序中经一致性检验，求得单排序一致性指标为 $CI(j)$，（$j = 1$，…，m），相应的平均随机一致性指标为 $CI(j)$、$RI(j)$ 已在层次单排序时求得，则 B 层总排序随机一致性比例为：

$$CR = \frac{\sum\limits_{j=1}^{m} a_j CI(j)}{\sum\limits_{j=1}^{m} a_j RI(j)}$$

当 $CR < 0.1$ 时，认为层次总排序结果具有较满意的一致性并接受该分析结果。

河口生态系统健康评价指标要素的权重结果见表 4-5。

表 4-5　层次分析法确定分指数权重值

指标	C1	C2	C3	C4	C5	C6	C7	C8	C9
权重	0.050	0.219	0.150	0.081	0.065	0.022	0.080	0.167	0.166

河口生态系统具有典型的区域性特征，兼具一定的自然功能和社会功能，鉴于影响河口水生态健康的因素很多，且不同因素的影响程度不同，从而造成健康等级并没有明确的界限，评价结果具有模糊性。因此，利用经典的评价方法存在一定的不合理性，而应用模糊数学理论进行综合评判将会取得更加客观的评价结果。

三、量化评价指标

评价指标按其目标划分可分为效益型、成本型。效益型的指标是测定值越大越好的指标，例如初级生产力、浮游生物多样性指数。成本型指标是测定值越小越好的指标，例如水质石油类、富营养指数、有机污染指数和重金属综合污染指数。为使评价指标具有可比性，还需规范化数据，确定归一化的基准值，基准值的选择采用以下原则：

（1）若有国家标准 例如水质石油类，采用《海水水质标准》（GB 3097—1997）为评价标准。以一类水质归一化基准值。

（2）若没有国家标准 优先采用背景值作为评价指标的基准值。若无相关数据则参考相关科学研究成果，并结合河口生态系统管理目标，在充分征求专家意见基础上制定一套最适宜的管理目标（表4-6）。富营养化指数基准值参考邹景忠等（1983）对渤海湾富营养化和赤潮问题的初步探讨的评价结论；有机污染指数和有毒污染指数基准值参考何雪琴等（2001）对三亚海域水质评价结果；生物多样性阈值评价基准值根据陈清潮等（1994）生物多样性分级评价结果设定。初级生产力基准值采用贾晓平等（2003）对海洋渔场生态环境质量状况综合评价方法探讨结论。沉积物重金属风险指数采用唐银健等（2008）Hakanson指数法评价水体沉积物重金属生态风险的应用进展。

表4-6 评价指标基准值（I）

序号	评价指标	基准值	序号	评价指标	基准值
1	水质石油类（mg/L）	0.05	6	浮游植物多样性指数	0.6
2	富营养化指数	1.0	7	浮游动物多样性指数	0.6
3	有机污染指数	2.0	8	沉积物重金属风险指数	300
4	水体重金属综合污染指数	1.0	9	初级生产力 [mgC/（m³·d）]	200
5	污染物入海通量（万t）	1			

四、健康状态分级

1. 辽河口生态系统健康分级指数的计算

按以下方法进行：

（1）对于指标数值越大，其生态系统健康状况越好的指标（生物多样性指数、初级生产力），其评价指标分指数按下式计算：

$$H_i = \begin{cases} 1 & I_i \geqslant C_i \\ \dfrac{I_i}{C_i} & I_i < C_i \end{cases}$$

式中 I_i——第 i 个指标的基准值；

C_i——第 i 个指标的调查值。

（2）对于指标数值越大，其生态系统健康状况越差的指标（水体石油类、有机污染、水体富营养化等指数），其评价指标分指数按下式计算：

$$H_i = \begin{cases} 1 & C_i \geqslant I_i \\ \dfrac{C_i}{I_i} & C_i < I_i \end{cases}$$

式中　I_i——第 i 个指标的基准值；

　　　C_i——第 i 个指标的调查值。

2. 河口生态健康评价综合指数计算

按下式进行：

$$H = \sum_{i=1}^{n} W_i \times H_i$$

式中　H——河口生态系统健康评价综合指数；

　　　H_i——第 i 个指标分指数；

　　　W_i——第 i 个指标分配的权重。

按上述方法计算得到河口生态健康评价综合指数与分指数，都介于 [0，1] 之间。分指数值越小，表明河口生态系统健康状态越好；综合指数越大，表明河口生态系统健康状态越差。根据河口生态健康评价综合指数大小，划分为 5 个等级（表 4-7）。

表 4-7　溢油污染海湾生态系统健康状态分级

项目	指数范围				
	(0，0.2]	(0.2，0.4]	(0.4，0.6]	(0.6，0.8]	(0.8，1.0]
健康状态	非常健康	健康	临界状态	亚健康	不健康

第四节　大辽河口生态系统健康现状与评价

一、研究区域概况

大辽河口（40°40′N—41°01′N、122°05′E—122°26′E）位于我国东北地区南部辽宁省境内，由浑河与太子河汇合后自营口市入海，全长 95 km。大辽河流经海城、盘山、大石桥、大洼、营口等市（县），穿行于辽河中下游的近海地带，沿岸属于滨海与堆积平原，地势平坦，海拔在 3~10 m，地层主要由粉质黏土、沙层和黏性土组成，岩土排渗能力弱，地下水位较浅（图 4-1）。大辽河口地处北温带，属暖温带半湿润大陆性季风气候，年平均气温 8.0 ℃，年均降水量 620~730 mm。大辽河口多年平均径流量 7.715×10^9 m³，占辽东湾入海径流量的 55.32%，主要集中在 7—9 月，径流量年内分配极不均匀，夏季 8—9 月径流量最多。大辽河口属非正规半日潮区，平均潮差为 2.71 m，最大潮差 4.17 m，是强潮河口。平均涨潮历时 5 h 50 min，平均落潮历时 6 h 36 min，涨潮历时小于落潮历时。

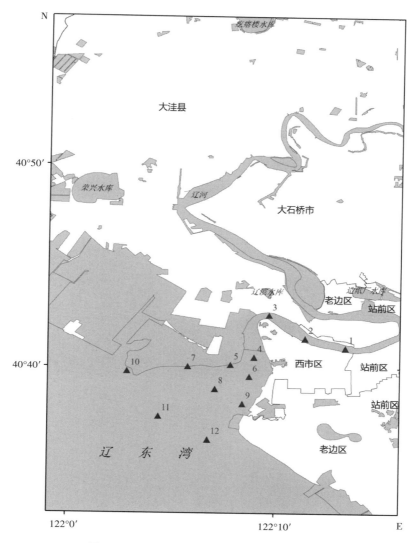

图 4-1　大辽河口生态系统健康评价调查站位

　　大辽河是一条具有航运、养殖、灌溉等多功能的河流，其所流经的辽宁省盘锦与营口地区属于东北亚经济圈黄金地段，经济区位优势显著，资源禀赋优良，工业实力较强，交通体系发达，社会经济发展水平均居辽宁省前列。

　　大辽河承接了浑河、太子河两条河流中的污染物，水污染问题尤其突出。大辽河流域 2004 年接纳工业和生活污水近 20 亿 t，18 个水质监测断面中 83.3% 的断面为 V 类或劣 V 类水质，各城市段几乎全部超过 V 类水质标准，水体使用功能严重受损。流域水质污染不仅使河流生态环境遭到严重破坏，同时还加剧了水资源的短缺。此外，污水由于汇入水库、渗入地下、污灌等方式而扩大了污染范围、加剧了污染程度，严重影响了人民生活和流域经济的可持续发展。目前，大辽河河口区仍有化工厂、造纸厂及污水处理厂将工业废水直接或间接排入河道。其中，主要污染物为化学需氧量（COD）、氨氮（NH_3 - N）、总氮（TN）、总磷（TP）和悬浮物（SS）。近年来，大辽河水质虽有一定程度的改观，但未见实质性转变，沿河特别是河口城市段仍然面临严重的生态退化问题。

二、样品采集与分析

2015 年 7 月和 2015 年 10 月对大辽河口水域进行现场调查，共设置 12 个站，调查站位如图 4-1 所示。其中 1～4 号站位于河道感潮段，4～12 号站位于河口邻近海域。采用有机玻璃采水器采集表层水质样品，调查项目为水温、盐度、DO、pH、COD、石油类、重金属、营养盐和叶绿素（表 4-8）。

表 4-8 水质分析项目及方法

项目	分析方法	检出限	方法标准
水温		0.1 ℃	
盐度	多参数水质分析仪法	2	HY/T 126—2009
pH		0.02	
溶解氧		0.02 mg/L	
COD	碱性高锰酸钾法	0.15 mg/L	GB 17378.4—2007
磷酸盐	磷钼蓝分光光度法	1.4 μg/L	GB 4701.7—2009
铵盐	次溴酸盐氧化法	0.4 μg/L	GB 17378.4（37.2）—1998
亚硝酸盐	萘乙二胺分光光度法	0.3 μg/L	
硝酸盐	锌镉还原法	0.7 μg/L	
石油类	紫外分光光度法	3.5 μg/L	
铜	无火焰原子吸收分光光度法	0.2 μg/L	
铅	无火焰原子吸收分光光度法	0.03 μg/L	GB 17378.4—2007
镉	无火焰原子吸收分光光度法	0.01 μg/L	
锌	火焰原子吸收分光光度法	3.1 μg/L	
汞	原子荧光法	0.007 μg/L	
砷	原子荧光法	0.5 μg/L	

海洋沉积物调查范围、时间同水体调查同步进行，采用抓斗式采泥器采集海底表层沉积物。调查项目为硫化物、有机质、总汞、铜、铅、镉、锌、砷、石油类。分析方法见表 4-9。

表 4 - 9　沉积物分析项目及方法

项目	分析方法	检出限（mg/kg）	方法标准
铜	无火焰原子吸收分光光度法	0.50	
镉	无火焰原子吸收分光光度法	0.04	
铅	无火焰原子吸收分光光度法	1.0	GB 17378.5—2007
总汞	原子荧光法	0.002	
锌	火焰原子吸收分光光度法	6.0	
砷	原子荧光法	0.06	
石油类	紫外分光光度法	2.0	GB 17378.5—2007
有机碳	重铬酸钾氧化-还原容量法	0.01	
硫化物	碘量法	4.0	

三、构建评价指标体系

在构建评价指标体系时，指标筛选应遵循代表性、完整性、可操作性、可行性以及定性和定量相结合的原则，并且对人类干扰具有明显的响应关系，能够全面反映河口生态健康的不同特征属性。参考国内多个河口环境质量综合评价案例，在广泛征求专家意见的基础上，通过分析大辽河口生态系统结构和生态系统服务功能的响应，首先对全部指标进行初筛，将对变化不敏感且对河口生态系统健康意义含糊的指标删除。水体温度和 pH 在各调查站位波动较小，且测定结果受潮汐运动干扰，不能真实反映河口水生态健康状况；本体系主要有以下 3 个方面内容：压力指标、结构指标、功能指标。

（1）**压力指标**　指给河口生态系统带来的干扰和压力的指标，主要为污染物的输入量，其指标为水、沉积物和生物体内污染物含量。

（2）**结构指标**　为外来污染物作用于河口生态系统后，其各个组成成分，以及组分间比例关系等发生的改变，包括河口生态系统生境结构指数和生物结构指数。生境结构指数指标有营养水平指数、有机污染指数和有毒污染指数；生物结构指数为浮游生物多样性指数。本指标体系基本涵盖所有水化学常规监测因子。

（3）**功能指标**　为描述外界压力作用于河口生态系统以后，其各项基本功能：物质循环、能量流动、信息传递等所受的影响。河口生态系统服务功能为人类从河口生态系统中获得的效益，河口生态系统服务功能指数主要包括支持功能指数，指标因子为初级生产力；供应功能指数，其指标因子为渔业资源生物量；调节功能指数，其指标因子主要有海域水体交换量、入海径流量、有益气体释放量和有害气体吸收量等，由于其指标因子难以获取或不易量化，功能指标选择初级生产力。

四、结果与分析

对大辽河口 2015 年夏秋季生态系统健康状况进行综合评价，结果如表 4 - 10 所示。调查中夏秋季节各指标因子分指数非常相似，其中富营养化分指数和有机污染分指数均远高于基准值，处于"不健康"状态，夏季初级生产力分指数低于基准值，秋季略高于基准值，夏秋季均为"不健康"状态，此 3 项为影响大辽河口生态系统健康状况的主要负面因子，因此大辽河口水体富营养化和有机污染为主要环境问题。水体重金属分指数、水体石油分指数和污染物入海通量分指数为"亚健康"状态，受陆源污染物排放入海影响明显。沉积物重金属潜在风险分指数、浮游植物多样性分指数和浮游动物多样性分指数处于"健康"状态，表明该海域生物生态状况良好。

表 4 - 10　大辽河口夏秋季生态系统健康评价指数

指标	夏季	生态健康分指数	秋季	生态健康分指数
富营养化分指数	16.67	1	35.41	1
有机污染分指数	6.91	1	8.41	1
水体重金属分指数	0.8	0.80	0.79	0.79
沉积物重金属潜在风险分指数	35.2	0.12	35.2	0.12
污染物入海通量分指数	0.68	0.68	0.62	0.62
水体石油分指数	0.03	0.6	0.034	0.68
浮游植物多样性分指数	2.56	0.23	2.06	0.29
浮游动物多样性分指数	2.62	0.23	2.51	0.24
初级生产力分指数	140.2	1	208.2	0.96
生态健康综合指数	0.67		0.68	

理化状况的辅助评价没有改变评价结果的整体分布格局，但明显降低了生物状态的综合评价结果，说明这些站位虽然生物状况良好，但却存在潜在的污染物或富营养化的危险。因此，理化状况的辅助评价能够增强评价的科学性和合理性。如果出现了富营养化的现象，则水体初级生产力会提高，若单独评价生物状况可能由于活力等级较高而得出与实际不符的较好评价等级，但增加了理化状况的辅助评价则可以避免这种误差的出现。从整体的大辽河口水生态健康评价结果看，2015 年夏秋辽河口健康状况较差，均处于亚健康，面临健康状况退化的风险，应加强调控和管理。该结论与 2011 年杨丽娜等（2011）对大辽河口生态系统健康评价结论相吻合，根据杨丽娜评价结果，枯水期大辽河口的综合健康状况，除入海口处

为病态外，其他总体表现为自入海口至河口上游逐渐恶化的趋势。其中，河口下游段呈现健康状态，河口中游段基本呈现亚健康状态，河口上游段已总体呈现病态的健康状态，表明大辽河口上游段环境污染及生态破坏问题较为严重。健康和亚健康等级的采样点基本位于大辽河口中下游段，占全部调查站位的66%；不健康甚至病态等级的采样点位于河口上游段及入海口处，占全部调查站位的34%；在河口上游段，大辽河由于承接了浑河、太子河两条河流中的污染物，再加上上游农业灌溉区农药、化肥等营养盐和有机污染物的大量输入，水污染问题尤其突出。严重的水环境污染同时造成了生物多样性的明显减少，从而导致其较差的健康状况。污染物自河口上游向入海口迁移的过程中，由于潮汐作用的影响，其浓度在河水与海水的不断混合下得到了一定程度稀释和扩散，大量海水的涌入还带来充足的溶解氧，因而生物多样性有所增加，但下游由于地处营口城市段，生活污水进入河道造成COD_{Mn}及氮磷含量的明显增高。总体上，大辽河口的健康状况由水环境质量、生物生态特征和栖息地环境质量等因素相互影响、相互制约，其中水环境质量因其较高的权重比例和指标重要性对河口水生生态健康的贡献最大，很大程度上决定了大辽河口的综合健康水平。生物生态特征和栖息地环境质量对河口水生生态健康的权重比例相对较低，且在指标选取上缺乏代表性，因此对大辽河口水生生态健康贡献较小，虽与综合健康评价结果趋势不尽相同，但不足以对其健康水平起决定作用。

平水期大辽河口生态系统健康状况总体仍表现为自入海口至河口上游逐渐恶化的趋势，这一综合健康状况与水环境质量、生物生态特征和栖息地环境质量的观测结果基本一致。其中，河口下游段呈现很健康状态，占全部调查站位的44%；河口中游段开始由健康逐渐向亚健康甚至不健康状态过渡；河口上游段已完全呈现病态的健康状态，占全部调查站位的31%，表明大辽河口上游长期存在严重的环境污染和生态破坏等问题。在河口上游段，由于承接了浑河、太子河两条河流中的污染物，以及农业灌溉区农药、化肥等营养盐和有机污染物的大量输入，水环境质量处于不健康水平。严重的水环境污染同时造成了生物多样性的明显减少和栖息地环境质量的显著下降，从而导致其较差的健康状况。污染物自河口上游向入海口的迁移过程中，因海水混合得到了一定程度的稀释和扩散，再加上平水期水量较枯水期增多，水环境质量得到显著提高。生物多样性和栖息地环境质量因其相对稳定性及难以恢复性，健康状况仍不乐观，但入海口处良好的水交换条件和充足的溶解氧给水生生物及其栖息地环境质量创造了积极的条件，因此健康状况相对较好。总体而言，平水期水环境质量与枯水期相比明显改善，但栖息地环境质量反而出现退化，原因是代表栖息地环境特征的溶解氧含量在夏季出现低氧现象，因此可将栖息地环境质量视为平水期大辽河口水生态健康的限制因素。

丰水期大辽河口生态系统健康状况总体仍表现为自入海口至河口上游逐渐恶化的趋势，但与平水期相比发生了明显的退化。在河口上游，造成水污染问题的原因依然是浑河、太子河两条河流中污染物，以及农业灌溉区农药、化肥等营养物质的输入。而位于营口城市段的河口下游，城市生活污水及营口市化工厂、造纸厂、污水处理厂等工业废水大量排入河道也会造成水质的显著恶化。综合水环境质量、生物生态特征和栖息地环境质量在丰水期大辽河口生态系统健康中的作用，水环境质量作为河口水生态健康的主要贡献者，其整体较差的空间分布是综合健康状况的最大限制因素。尽管如此，河口入海口处仍呈现很健康的状态，这是由于良好生物生态特征和栖息地环境质量的共同作用，使大辽河口综合健康状况保持在一个相对健康的水平。丰水期水量充足，污染物本应在迁移过程中得到更好的稀释和混合，但模糊综合评价结果显示，水环境质量与平水期相比反而呈现恶化趋势。造成以上矛盾结果的原因可能是由于丰水期雨量较大，采样期间恰逢上游水库放水，导致大量污染物的持续输入，海水混合无法对降低污染物含量产生实质性的作用，从而导致水环境质量的急剧下降。此外，沿河排污口在采样期间向河口排放工业废水及生活污水也会直接或间接导致水环境质量的显著下降。大辽河口丰水期特殊的水生生态健康状况表明，河口的综合健康水平除了受其内在机制的控制外，外部因素的影响也有可能显著改变原本的健康状况。以丰水期为例，上游水库放水会造成大辽河口水环境质量发生严重恶化并导致综合健康状况的显著退化，从而致使其健康评价结果与理论值相比出现异常现象。这对于研究河口生态系统健康具有更加突出的现实意义，河口作为污染物的最终汇聚水域，其水生生态健康具有一定的脆弱性，极易受到外界环境条件的影响，尤其是人为因素导致的河口状态改变。因此，维持及改善河口区域的生态健康水平，除需保护河口自然生态条件外，还应密切关注人类活动对于河口水生态健康造成的不良影响，从而保证河口健康状况的良性、可持续发展。

目前，生态系统健康评价仍处于初级阶段，尚未形成完整的评价指标体系和技术方法。而河口由于系统自身的复杂性和不确定性，针对其生态健康评价的研究相对缺乏。比较而言，世界上关于河口水生生态健康状况的报道多集中在欧洲、美国等发达国家和地区，且总体发展较早。在中国，除个别大型河口如长江口、海河口外，鲜有专门针对河口生态系统健康评价的报道。此外，由于中国的河口健康评价发展相对滞后，因此还没有形成一套完整、统一的健康评价方法，基本呈现简便、易操作的初步评价。

第五节　辽东湾生态系统健康评价

陆海相互作用是当今全球环境变化研究的核心问题之一，入海河流污染物作为陆地海洋影响的主要来源已受到人们的广泛关注。虽然近岸海域水体中污染物浓度的分布状况是海水污染物本底值、海域污染和陆源污染综合影响的结果，但随着沿海人类社会经济活动的加剧和河流入海通量的增加，陆源污染已成为近岸海域水体污染的主要影响因素，其中又以入海河流污染物的输送最为突出。在辽东湾近岸海域，入海河流是辽东湾近岸海域污染的主要污染物来源。辽河口占据辽东湾顶部，是辽东湾陆源污染物入海的主要来源。辽东湾作为辽河流域污染物入海通量最终汇集地，其生态系统健康状况及环境容量的研究将显得至关重要。

一、辽东湾生态系统健康评价体系构建

在系统研究辽东湾海域生态环境因子分布变化规律的基础上，结合历史调查数据和前期工作，探讨浮游生物、游泳生物等主要生物类群对海洋环境受污染变化的响应，研究辽东湾海域生态结构、功能的影响，筛选出对海洋污染较为敏感的环境、生物和功能响应指标，构建辽东湾生态健康评价指标体系和评价模型。基于GIS平台对典型河口、海湾海洋生态系统健康状况进行定量评价，确定各健康等级分布特征、变化规律和面积比率。

采用主观权重确定和客观权重确定相结合的方法。主观权重确定方法确定的权重，在反映研究人员的意向，具有强解释性的同时，往往受研究人员知识经验的限制，缺乏对实际评价数据的反映，有着很大的主观随意性；而客观权重确定方法确定的权重，虽然评价结果与实际数据有着密切的联系，但是易受极值的影响。作为主、客观思想兼而有之的综合权重确定方法，能够很好地弥补上述权重确定方法所存在的缺陷与不足，提高了评价的科学性。目前，主、客观综合权重确定方法主要通过设置系统参数，将主、客观权重确定方法进行结合，并通过调整系统参数，调节权重值的大小，以增强方法的适应性。本文拟借鉴以往生态健康评价研究的经验教训，基于经典的主观权重确定方法——层次分析法及对实际数据有着最为客观反映的权重确定方法——熵权评价法，提出新的综合权重确定方法。

熵权评价法（The Entropy Weight Method）是一种可以用于多个对象、多指标的综合评价方法，其评价结果主要依据客观资料，几乎不受主观因素的影响，可以在很大程度上避免人文因素的干扰。当评价对象确定以后，再根据熵权对评价指标进行调整、增减，以利于做出更精确、可靠的评价，同时可利用熵权对某些指标评价值的精度进行调整，必要时重新确定平均值和精度。

使用桌面GIS软件ArcInfo10.2建立个人地理信息数据库（personal geodatabase）。将需要的健康评价指数数据转加载空间信息，导入到个人地理信息数据库，完成海湾生态健康评价地理信息数据库的构建。

将地理信息数据库中各航次数据加载到ArcMap 10.2软件中，打开数据属性表，添加类型为"双精度"字段，利用"字段计算器"算出各站位指标因子的生态健康分指数。采用筛选的各指标插值方法和优化后的参数，基于ArcGIS 10.2绘制各单项指标空间插值栅格图，在此基础上，使用ArcInfo 10.2的空间分析模块（spatial analyst）中的栅格计算器（raster calculator），根据海湾溢油污染生态健康评价综合指数计算公式进行栅格计算，叠加各单项指标栅格图，得到辽东湾生态健康评价综合指数的空间分布栅格图。

ArcGIS 中，采用"转为整型"工具将生成的海湾污染生态健康评价综合指数的空间分布栅格图数据类型转为整型，然后将生成的栅格数据进行重分类，分为 5 类，分类间隔为 0.2，采用栅格转面（raster to polygon）工具将栅格类型转为矢量格式，经融合（coverage）工具合并同类项，加载调查区域所在坐标系投影（辽东湾海域选用 UTM 投影），最后统计各类含量范围的区域面积。

采用基于 GIS 插值法分别对各项指标进行插值，比较和探讨不同种类的空间插值方法的应用效果，采用交叉验证法（cross validation）验证几种方法的插值效果，调整插值参数，选择效果最佳插值方法。计算插值预测误差均值绝对值（MEAN）和误差均方根（RMS）。一般来说，插值方法的误差均值的绝对值和误差均方根总体最小者，具有较好的插值效果，尤其是 RMS 越小越好。研究结果表明，克里金法是最稳定可靠、精确度最高的插值方法，11 个指标中有 8 个指标克里金插值法精确度最高！局部多项式插值法有 2 个指标精确度最高，生物体石油烃采用反距离加权法进行插值运算。

二、辽东湾生态系统健康评价结果与分析

辽东湾海域总调查面积约为 27 720 km²，基于 GIS 栅格计算器工具（raster calculator），将指标因子各季节进行叠加，生成各因子全年健康指数栅格。2015 年，辽东湾生态系统健康评价各健康等级的海域面积和占整个海域面积的百分比见表 4-11、表 4-12，图 4-2。

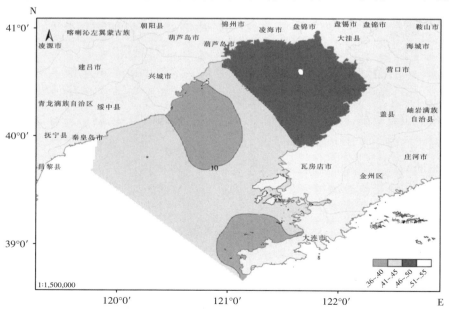

图 4-2　辽东湾生态健康综合指数平面分布

表 4-11 各健康等级的海域面积（km²）和占比（%）

指标因子	(0, 0.2) 非常健康	(0.2, 0.4) 健康	(0.4, 0.6) 临界状态	(0.6, 0.8) 亚健康	(0.8, 1.0) 不健康
水体石油类	0	1 603.2	15 472.5	10 644.5	0
	0	5.8	55.8	38.4	0
沉积物石油类	14 399.8	10 202.9	2 632.0	485.4	0
	51.9	36.8	9.5	1.8	0
富营养化指数	0	3 495.8	21 062.0	3 162.3	0
	0	12.6	76.0	11.4	0
有机污染指数	0	1 021.3	19 237.6	3 674.5	3 783.0
	0	3.7	69.4	13.3	13.6
有毒污染指数	0	0	15 336.8	12 383.9	0
	0	0	55.3	44.7	0
浮游植物多样性指数	0	27 720	0	0	0
	0	100	0	0	0
浮游动物多样性指数	0	27 531.4	189.5	0	0
	0	99.3	0.7	0	0
沉积物重金属潜在风险指数	27 461.0	259.0	0	0	0
	99.1	0.9	0	0	0
初级生产力	0	207.0	6 597.6	20 141.5	774.2
	0	0.7	23.8	72.7	2.8
综合叠加	0	5 988.8	21 731.7	0	0
	0	21.6	78.4	0	0

表 4-12 综合指数各健康等级面积和百分比

指数范围	0.35~0.4	0.4~0.45	0.45~0.5	0.5~0.55
面积（km²）	5 988.8	14 413.4	7 295.6	22.8
百分比（%）	21.6	52.0	26.3	0.1

全年叠加栅格健康综合指数在 0.36~0.55，从总体来看，辽东湾生态系统健康状况处于"临界"状态等级，从健康状况的平面分布趋势来看，秋季辽东湾生态系统按健康级别可分为 2 个区域。

1. 健康临界区（0.4<综合指数<0.6）

该区域面积为 21 731.7 km²，约占评价海域的 78.4%，为辽东湾海域主体健康等级海域，其中综合指数均大于 0.45 区域面积约为 7 318.4 km²，约占评价海域的 26.4%，位于辽东湾北部海域，为调查区域中健康状况最差海域；综合指数均介于 0.4～0.45 区域面积约为 14 413.4 km²，占评价海域的 52.0%，位于辽东湾中南部大部分海域。统计区内所有栅格的各单项指标健康分指数，发现在此范围有 4 个指标的分指数值大于 0.6，分别为初级生产力分指数、富营养化指数和有机污染分指数，这 3 个指标是影响本区健康状况的主要负面因子。

2. 健康较好区（综合指数＜0.4）

该区域面积为 5 988.8 km²，约占评价海域的 21.6%，综合指数为健康状态等级，该区分布兴城近岸海域和金州湾南部海域。有毒污染分指数是影响本区健康状况的主要负面因子。

三、辽东湾海洋生态系统健康状况评估

如果主体海域健康数分指数值高于 0.6，则它对应的健康等级将低于"临界状态"等级，会对生态系统的健康造成直接的负面影响，所以将主体海域健康分指数值高于 0.6 的指标，确定为影响调查海域生态系统健康的主要负面因子。同理，如果主体海域健康分指数值低于 0.4，则它对应的健康等级将高于"临界状态"等级，会对生态系统的健康产生正面影响，所以将主体海域健康分指数值低于 0.4 的指标，确定为影响调查海域生态系统健康的主要正面因子。辽东湾分指数中有毒污染分指数和初级生产力分指数 2 项指标是影响辽东湾生态系统健康状况的主要负面因子；沉积物石油类分指数、浮游植物多样性分指数、浮游动物多样性分指数和沉积物重金属生态风险分指数等 4 项指标是影响辽东湾生态系统健康状况的主要正面因子（表 4 - 13）。

表 4 - 13　辽东湾各分指数正负影响类型

指标因子	主体分指数值	健康状况	百分比（%）	类型
水体石油类分指数	0.4～0.6	临界状态	55.8	
沉积物石油类	0～0.4	非常健康和健康	88.7	正面因子
富营养化指数	0.4～0.6	临界状态	76.0	
有机污染分指数	0.4～0.6	临界状态	69.4	
有毒污染分指数	0.4～0.8	临界状态和亚健康	100	负面因子
浮游植物多样性分指数	0.2～0.4	健康状态	100	正面因子
浮游动物多样性分指数	0.2～0.4	健康状态	99.3	正面因子
沉积物重金属风险指数	0～0.2	非常健康	99.1	正面因子
初级生产力分指数	0.6～0.8	亚健康	72.7	负面因子

从整体来看，辽东湾冬季健康综合指数在 0.36～0.55，其海洋生态系统主体海域介于健康和亚健康的临界状态，面积为 21 731.7 km²，约占评价海域的 78.4%，其他 21.6%海域为健康状态。

从健康状况空间分布来看，辽东湾北部湾顶河口区海域为调查区域中健康状况最差海域，兴城近岸海域和金州湾南部海域为健康海域。

从健康负面因子的角度来看，影响辽东湾生态系统健康的主要负面影响因子为有毒污染分指数和初级生产力分指数两项指标。

四、辽东湾海域生态系统健康诊断

1. 总体健康状况

辽东湾生态系统健康评价所得的健康综合指数平均值为 0.43，可见辽东湾整体介于健康和亚健康的临界状态，与健康状态（0.4）差距很小，整体偏向于健康状态。

2. 健康状况季节变化

辽东湾生态系统健康综合指数平均值的季节变化趋势如图 4-3 所示，健康综合指数平均值的大小顺序为夏季<春季<秋季<冬季。秋冬季为健康状况相对较差的季节，尤其是冬季，健康综合指数接近亚健康状态（0.6），应重点调控和管理。

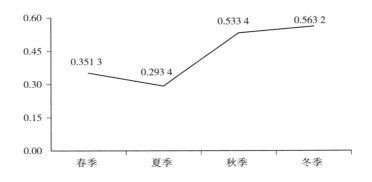

图 4-3 辽东湾生态系统健康综合指数季节变化

3. 主要负面影响因子

对辽东湾生态系统 4 个季节以及年度健康评价所得出的主要负面影响因子进行汇总（表 4-14），发现影响辽东湾生态系统健康的主要负面影响因子，在不同季节里具有较强的一致性和集中性。初级生产力、有毒污染指数、有机污染指数是 3 个季节共同出现的负面影响因子，因此对这 3 个指标的调控和管理尤为重要。

表 4 - 14　辽东湾生态系统各季节和全年主要负面影响因子

季节	主要负面影响因子
春季	初级生产力分指数、浮游植物多样性分指数、有机污染分指数
夏季	有毒污染分指数
秋季	富营养化分指数、有毒污染分指数、有机污染分指数和初级生产力分指数
冬季	富营养化分指数、有毒污染分指数、有机污染分指数和初级生产力分指数
全年	有毒污染分指数、初级生产力分指数

4. 健康薄弱区域

分别提取 4 个季节中辽东湾健康综合指数大于 0.5 的海域,并将之叠加在一起。发现 4 个季节中,春夏季节健康指数大于 0.5 无重叠海域,春秋冬 3 季节健康指数大于 0.5 海域主要分布在锦州和盘锦沿岸河口区,夏秋冬 3 个季节健康指数大于 0.5 海域主要分布在金州湾外部海域,这两个区域为辽东湾健康状况比较薄弱的部分,应该重点调控和管理。

分别提取 4 个季节中亚健康和不健康海域(综合指数大于 0.6),并将之叠加在一起,发现仅秋冬季节航次含有健康指数大于 0.6 的海域,其重叠区域共有两部分,均位于辽东湾北部,其中一部分位于营口鲅鱼圈港沿岸,另一部分位于辽河口外缘。该区域为辽东湾生态系统健康最薄弱的部分,应加强调控和管理。

第五章
辽河口主要经济水生生物种类

　　受汇入河流径流量和海水潮汐的影响，河口形成淡水、半咸水、海水和滩涂、沙洲、湿地等特殊生境，成为水生生物重要的栖息地、产卵场、索饵场、越冬场和洄游通道。因此，特殊的生态环境，使得河口生物多样性、资源量丰富，重要的经济种类居多。通过了解和掌握主要经济水生生物种类的生态学和生物学特性，可以为保护和恢复水生生物赖以生存的生态环境，维护生物多样性提供科学依据。根据资料记载和调查，辽河口主要经济水生生物种类共计 92 种，其中鱼类 51 种，甲壳类 14 种，贝类 25 种，腔肠类 2 种。

第一节　鱼　类

一、赤魟

（源自中国水产科学研究院东海水产研究所张涛研究员）

【拉　丁　名】*Dasyatis akaje*（Müller et Henle，1841）

【英　文　名】Red stingra

【俗　　　名】蒲扇鱼、洋鱼、草帽鱼

【分类地位】鲼形目 Myliobatiformes、魟科 Dasyatidae

【形态特征】体盘宽为体盘长 1.3 倍，体盘长为吻长 3.1 倍。吻长为眼径 4.7 倍，为眼间距 1.8～2.3 倍；口前吻长为口宽 2.7 倍。尾长为体盘长 2～2.7 倍。

　　鱼体稍扁平，呈近圆盘形，其体宽大于体长。吻宽而短，吻端尖突，吻长为体盘长的 1/4。眼小突出，其大小几乎与喷水孔等大，喷水孔位于眼后方；口、鼻孔、鳃孔、泄殖孔均位于体盘腹面。口小，口裂呈波浪形，口底有 5 个乳突，中间 3 个较为显著。鼻孔在口的前方，鼻瓣伸达口裂。齿细小，呈铺石状排列。体盘背面正中处有一纵行结刺，且尾部的结刺较大；肩区两侧有 1 或 2 行结刺。尾前部宽扁，后部细长如鞭，其长为体盘长的 2～2.7 倍，在其前部有 1 根有锯齿的扁平尾刺，尾刺基部有一毒腺。体盘背面呈赤褐色，边缘略淡；眼前外侧、喷水孔内缘及尾两侧均呈橘黄色，体盘腹面乳白色，边缘橘黄色。在尾刺之后，尾的背腹面各有一皮膜，腹面较高且长。尾部长不达体盘前后径 2 倍。体背污褐色，腹面淡黄色，边缘较深色。体长可达 200 cm。

【生态习性】该物种为近海底栖性鱼类，主要以底栖甲壳动物、软体动物和小鱼等为食。尾部具毒棘，易对人及其他动物造成伤害。性成熟年龄介于 2～3 龄，属卵胎生鱼类，一般在春季进行交配，秋季产卵，每次可产 7、8 尾幼鱼，最多 13 尾，母鱼有护仔现象。雌鱼在交配后，可将精液在体内储藏数年之久，并在需要的时候进行"自我受孕"。

【分　　布】辽东湾及我国各海区。

【经济价值】属中小型底层经济鱼类，其中淡水赤魟为国家二级保护水生野生动物。尾刺具有很强烈的毒性，可入药。

二、斑鰶

【拉　丁　名】*Clupanodon puntcatus*（Temminck et Schlegel，1846）

【英　文　名】Dottod gizzard shad

【俗　　　名】棱鲫、海鲫

【分类地位】鲱形目 Clupeiformes、鲱科 Clupeidae

【形态特征】背鳍 15～17，臀鳍 18～24，胸鳍 15～17，腹鳍 7～8。纵列鳞 53～58，横列鳞 18～24。腹缘棱鳞 18～20＋14～16，鳃耙 212～218＋211～215。

体侧扁，呈长椭圆形，背缘较腹缘宽，腹缘很窄。头小而侧扁，吻短而钝。上颌略突出于下颌。口略为亚端位，略向下倾斜。两颌无齿。眼中大，侧中位；眼间隔凸起，中间横棱不显著。鳃孔大。鳃盖骨光滑，鳃盖骨后上方有 1 黑斑。尾柄粗，长与高约相等。背鳍 1 个，其于体背中间偏前位置且较大，鳍条延长为长丝状。胸鳍较大，侧下位，鳍条向下渐短。腹鳍小，基底与背鳍基底前部近相对。臀鳍基底较长，位于背鳍基底末端与尾鳍基之间近中间下方，鳍条短小。尾鳍深叉形。体被较小圆鳞。腹缘有较强的锯齿状棱鳞。胸鳍和腹鳍基部具腋鳞。无侧线。体背部青绿色，有 9～10 行黑色小点状纵带，腹侧银白色。背鳍、尾鳍黄绿色间有黑色。胸鳍淡黄色。腹鳍乳白色。臀鳍乳白色或淡黄色。体长一般为 13～16 cm。

【生态习性】属于暖水性浅海型鱼类，为我国近海中上层经济鱼类，喜栖息于沿海港湾和河口水深 5～15 m 处，常结群行动，广盐性鱼类，也可在淡水中生活。属于杂食性鱼类，主要摄食各种藻类、贝类、甲壳类和桡足类等。1 龄即可性成熟，雄雌异体，属体外受精鱼类。生殖期 4—6 月。越冬场在黄海中部南端水深 40～100 m 的水域。春季来临，大部分鱼群自西向北进行生殖洄游，分别游向沿岸水域产卵，生殖后亲鱼就近在较深水域索饵。秋末鱼群开始逐渐南移，返回越冬场。

【分　　布】我国沿海地区均有分布，辽河口也有发现。

【经济价值】为沿海常见小型经济鱼类，其肉质细嫩、味道鲜美，既可鲜食，亦可加工成咸干品。

三、鳓

【拉 丁 名】*Lisha elongate*（Bennett，1830）

【英 文 名】Slender shad

【俗　　名】曹白鱼、白鳞鱼、鲙鱼

【分类地位】鲱形目 Clupeiformes、锯腹鳓科 Pristigasteridae

【形态特征】背鳍 15～18，臀鳍 46～50，胸鳍 17，腹鳍 7。纵列鳞 52～54，横列鳞 15～17。腹部棱鳞 23～26＋13～15。鳃耙 11～13＋23～24。鳃盖条骨 6。体长为体高 3.4～3.7 倍，为头长 4.0～4.9 倍。头长为吻长 3.9～4.5 倍，为眼径 3.2～3.8 倍，为眼间距 7.3～10.8 倍。

体呈长椭圆形，侧扁。头后部略凸。背缘窄，腹缘有锯齿状棱鳞。头侧扁，前端尖。吻短而上翘。眼略大，侧上位。脂膜薄而稍发达。前颌骨和上颌骨由韧带连接。上颌骨末端圆形，向后伸达瞳孔下方。下颌的前端向上突出。两颌、腭骨和舌上均密布细齿。鳃孔大，假鳃发达。鳃盖膜彼此分离，不连鳃颊。无侧线。体被中等大的圆鳞，臀鳍始于背鳍基终点的下方，其基部甚长，约为背鳍基的4倍。胸鳍侧下位，向后伸达腹鳍基。腹鳍甚小，位于背鳍前下位，其长小于眼径。尾鳍分叉深。全身银白色。仅吻端、背鳍、尾鳍和体背侧为淡黄绿色。

【生态习性】暖海性近海中上层洄游的重要经济鱼类，常出现于沿岸及沿岸水与外海水交汇处水域，可以容忍于低盐度的水域。白天多活动于水的中下层。幼鱼主要以浮游生物为食，成鱼食饵为虾、头足类、多毛类、小鱼。每年4—6月为产卵期。2～3龄鱼性成熟，怀卵量14万～16万粒。卵为浮性卵，球形。卵径2～2.4 mm。产卵期不摄食或少摄食，行动迟缓，形成渔汛期。

【分　　布】分布于辽宁黄海北部，辽宁湾及我国沿海地区。

【经济价值】沿海常见食用鱼，可鲜食，亦可晒成鱼干、制成鱼酱。

四、青鳞鱼

【拉　丁　名】*Harengula zunasi*（Bleeker，1854）

【英　文　名】Punctatus

【俗　　　名】青皮、青鳞、柳叶青

【分类地位】鲱形目 Clupeiformes、鲱科 Clupeidae

【形态特征】背鳍17～19，臀鳍18～20，胸鳍15，腹鳍8，尾端27。纵裂鳞42～43，横裂鳞12。鳃耙26～29＋51～53。体长为体高3.2～3.5倍，为头长4.5～4.8倍。头长为吻长3.4～3.7倍，为眼径3.3～3.6倍，为眼间距4.1～4.6倍。尾柄长为尾柄高

1.0～1.1倍。

体呈长椭圆形，头和口小，尾短，有发达的脂眼睑，两颌、腭骨及舌部有细牙，下颌稍长于上颌。上颌骨中间无凹陷。体被排列稀疏、大而薄的圆鳞，易脱落，腹缘有锯齿状大棱鳞、无侧线。其具有背鳍、胸鳍、臀鳍和尾鳍，胸鳍位低，臀鳍小于胸鳍，尾鳍呈叉形。头及背侧青绿色。腹侧银白色。

【生态习性】属温水性中上层小型经济鱼类。在春季生殖洄游，5—6月沿海产卵。2龄可达性成熟，产浮性卵，圆球状。食性较广，以浮游动物和浮游植物为食。

【分　　布】辽东湾及我国渤海、黄海、东海。

【经济价值】沿海常见食用鱼，肉具有解毒功效。

五、凤鲚

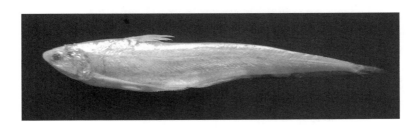

【拉　丁　名】*Coilia mystus*（Linnaeus，1758）

【英　文　名】Tapertail anchovy

【俗　　名】凤尾鱼、河刀鱼

【分类地位】鲱形目 Clupeiformes、鳀科 Engraulidae

【形态特征】背鳍 I - 13～14，臀鳍78～84，胸鳍6＋9～11，腹鳍7，尾鳍17～18。纵列鳞62～68，横列鳞9。鳃耙17～19＋26～29。体长为体高6.1～6.4倍，为头长5.6～6.1倍。头长为吻长4.3～4.7倍，为眼径4.3～5.2倍，为眼间距2.6～2.8倍。

体长，侧扁，向后渐细尖。尾细而尖，呈尖刀状。背缘平直，腹缘稍隆凸。头短，侧扁，吻短，圆突。吻长稍大于眼径。眼中等，眼间隔宽而圆凸。鼻孔每侧2个，前鼻孔小而后鼻孔大。近眼前缘。口大，下位，口裂倾斜，舌中等大。两颌齿细小。上颌骨斜长，向后超过鳃盖后缘，一般不达胸鳍基部。鳃孔宽大，鳃盖骨薄而平滑，鳃盖膜不与峡部相连。鳃耙多且细长。体被薄圆鳞，容易脱落，无侧线。背鳍起点稍后于腹鳍起点，距吻端较距尾鳍基为近。臀鳍基底长，始于胸鳍尖端或稍前下方，后缘与尾鳍相连。胸鳍下位，游离鳍条延长呈丝状，可达臀鳍基部，腹鳍短小。尾鳍尖，上叶大于下叶。背部略呈浅黄色，体侧及腹面银白，吻、头顶及鳃盖橘黄色。

【生态习性】属于河口性洄游鱼类，平时栖息于浅海，春末夏初至河口区产卵。凤鲚是长江、珠江、闽江等江河口的主要经济鱼类。雌鱼个体大于雄鱼个体，卵浮性，球形，卵径 0.8~0.9 mm，卵黄龟裂呈泡沫状，油球 10 余个。产卵后分散沿岸索饵。在海区越冬，幼鱼主要摄食桡足类和端尾类幼体，成体食饵为糠虾、桡足类、毛虾等。

【分　　布】分布于我国渤海、黄海、东海、南海，辽河口有分布。印度、印度尼西亚、朝鲜、日本也有分布。

【经济价值】肉质细嫩，鲜肥，可鲜食。怀卵丰满季节，其肉和卵更肥嫩鲜美。制作的凤尾鱼罐头，在国内外享有盛誉。

六、刀鲚

【拉 丁 名】*Coilia macrognathos*（Jordan，1905）

【英 文 名】Bigmouth grenadier anchovy

【俗　　名】刀鱼、凤尾鱼

【分类地位】鲱形目 Clupeiformes、鳀科 Engraulidae

【形态特征】背鳍Ⅰ-13，臀鳍 98~102，胸鳍 6+11，腹鳍 7，尾鳍 16~17。纵裂鳞 70~75，横列鳞 13。体长为体高 6.1~6.4 倍，为头长 5.4~6.7 倍。头长为吻长 4.6~4.8 倍，为眼径 6.0~7.6 倍，为眼间距 2.3~8 倍。

体长，身侧扁，从头到尾逐渐变细，呈镰刀状。体侧两边被大而薄的圆鳞，腹具棱鳞，无侧线。背缘平直，腹缘圆突，具锯齿状棱鳞。头短小，侧扁而尖。吻钝圆。眼位于头的前部两侧，近于吻端。眼间距圆突。鼻孔每侧 2 个，距眼前缘较距吻端为近。口大而斜下位。下颌略短于上颌，上颌骨游离，延伸至胸鳍基部。鳃孔大。左右鳃盖膜相连，不与峡部相连。无侧线。背鳍约位于体前半部中间，起点稍后于腹鳍起点。臀鳍长直至尾尖，与尾鳍相连。起点距吻端较尾鳍基底为近。胸鳍稍低位，游离鳍条，延长成丝状，伸越臀鳍基底前。腹鳍小。臀鳍不对称，上叶长于下叶。体银白色，体背部微淡绿色。

【生态习性】刀鲚为近海洄游性鱼类，一般在江河口附近的低盐浅海水域生活，主要摄食虾类、小鱼和软体动物。每年春季，亲体从海里上溯到江河进行生殖洄游，4—7 月分批集群沿河上溯作产卵洄游，5 月为繁殖盛期。生殖群体以 3~4 冬龄鱼为主。产卵量一般 2 万~6 万粒。产卵结束后，返回海里。卵呈浅灰色的油球，具浮性，通常漂浮在水中发育。刀鲚味美，为重要经济鱼类。历史上辽河口刀鲚资源丰富，每到繁殖季节便可见挤满河道的刀鲚，现在河中已很难见到。

【分　　布】分布于中国、朝鲜、日本。我国渤海、黄海、东海以及入海江河，如辽河、黄河、长江、闽江均有分布。

【经济价值】刀鲚味美，为重要经济鱼类。

七、鳀

【拉　丁　名】*Engraulis japonicus*（Temminck et Schlegel，1846）

【英　文　名】Japanese anchovy

【俗　　　名】鲅鱼食、船丁、青天烂、离水烂、海艇（幼鱼）

【分类地位】鲱形目 Clupeiformes、鳀科 Engraulidae

【形态特征】背鳍 15～16，臀鳍 17～19，胸鳍 16～18。腹鳍 7，尾鳍 16～18。纵列鳞 41～42，横列鳞 8。鳃耙 29～32＋33～34。体长为体高 5.5～6.0 倍，为头长 3.5～3.8 倍。头长为吻长 4.7～5.0 倍，为眼径 3.7～4.6 倍，为眼间距 5.1～5.5 倍。尾柄长为尾柄高 1.9～2.1 倍。

体呈偏向拉长的椭圆形或长方形，部分鱼种如侧扁的刀形，腹部以平直为多，也有呈钝圆形的。吻突出，覆于口上，口大，下位；上颌末端延伸至眼睛后方，下颌位置较低，上下颌齿较为细小。体被大圆鳞，容易脱落，通常沿腹部会有一列棱鳞，无侧线。有一枚短小的背鳍，位于体背中央，胸鳍通常位于体之较下方，尾鳍深叉，体侧中部通常有一道银色宽纵带。口裂达于眼的后方，上颌骨后延超过眼的后缘；鳃盖膜彼此微相连，与峡部相连，鳃耙呈细长形。臀鳍大多较长。

【生态习性】近岸洄游性鱼类，常进入河口附近水体表层区域生活。每年 3—4 月，鱼群聚集由黄海南部越冬北上进行生殖洄游，性成熟年龄为 1 龄，5 月中下旬开始产卵，6 月为繁盛期。属肉食性鱼类，主要以浮游动物为食，而成鱼则以甲壳类为食。

【分　　布】辽东湾及我国渤海、黄海、东海。

【经济价值】沿海常见小型经济鱼类，食用价值不高，多作为鱼饵。

八、赤鼻棱鳀

【拉 丁 名】*Thrissa kammalensis*（Bleeker，1849）

【英 文 名】Madura anchovy

【俗　　名】尖口、尖嘴、赤鼻

【分类地位】鲱形目 Clupeiformes、鳀科 Engraulidae

【形态特征】背鳍 I-13～14，臀鳍 29～32，胸鳍 12～14，尾鳍 7。纵列鳞 38，横列鳞 9。鳃耙 22～23＋27～28。体长为体高 4.2～4.4 倍，为头长 3.9～4.1 倍。头长为吻长 4.0～4.1 倍，为眼径 4.3～4.5 倍，为眼间距 3.3～3.6 倍。尾柄长为尾柄高 1.1～1.2 倍。

体呈延长侧扁状。头略小，侧扁。吻突出，吻长明显短于眼径。眼大，中侧围，口大，下位倾斜；上颌骨末端尖但短，上颌骨末端向后伸达前鳃盖骨下缘；体被中大的圆鳞，容易脱落，无侧线；腹部在腹鳍前后各具有一排锐利的棱鳞。背鳍前具 1 小棘，胸、腹鳍均有腋鳞。背鳍起始于体中部，尾鳍叉形。体背部青灰色，具暗灰色带，侧面银白色；吻常为赤红色；背鳍、胸鳍及尾鳍黄色或淡黄色；腹鳍及臀鳍淡色。

【生态习性】属浅海中上层小型经济鱼类。每年 5—6 月在河口、内湾水域繁殖，入冬之后陆续离岸进入海洋中生活。该鱼为滤食性鱼类，饵料主要为虾、蟹类幼体、桡足类和糠虾等。

【分　　布】辽东湾、黄海北部及我国沿海均有分布。

【经济价值】沿海常见小型经济鱼类，幼鱼可通过晾晒，制成鱼干出售。

九、黄鲫

【拉 丁 名】*Setipinna taty*（Valenciennes，1848）

【英 文 名】Half-fin anchovy

【俗　　名】黄尖子、毛扣、油扣

【分类地位】鲱形目 Clupeiformes、鳀科 Engraulidae

【形态特征】背鳍Ⅰ-13～14，臀鳍 50～61，胸鳍 12～13，腹鳍 7。纵列鳞 43～46，横列鳞 12。鳃耙 12＋14～17。腹缘棱鳞 18～21＋7～8。体长为体高 3.2～3.5 倍，为头长 5.5～6.2 倍。头长为吻长 5.0～9.1 倍，为眼径 3.9～4.9 倍，为眼间距 3.0～5.0 倍。

体侧扁而薄，平均体长 15 cm 左右，体重 20～30 g。头短且小，眼小。吻突出，口大，倾斜。背缘稍隆起，腹缘有棱鳞，无侧线，胸鳍上部有一延长为丝状的鳍条，背鳍前有 1 小刺，臀鳍长，尾鳍呈叉形，不与臀鳍相连，背鳍、胸鳍和尾鳍均为黄色，臀鳍浅黄色。吻和头侧中部呈淡黄色，体背是青绿色，体侧为银白色。上颌骨长于下颌骨，两颌、犁骨、腭骨和舌上均具有细牙，体被薄圆鳞，极易脱落。

【生态习性】属暖水性近海中下层小型鱼类。每年冬季 12 月或 1 月离开产卵场、索饵场向南移动，栖息索饵。待到繁殖季节游向黄海和渤海繁殖，一般为每年 4—6 月，卵具浮性。食性较简单，主要以虾类和桡足类为食。

【分　　布】我国辽东湾及沿海地区均有分布。

【经济价值】该鱼主要渔场位于我国辽东湾海域，资源量相对稳定。肉质柔嫩，味道鲜美，营养价值极高。

十、香鱼

（引自《辽宁省水生经济动植物图鉴》）

【拉 丁 名】*Plecoglossus altivelis*（Temminck et Schlegel，1846）

【英 文 名】Sweetfish

【俗　　名】秋生子

【分类地位】胡瓜鱼目 Osmeriformes 、香鱼科 Plecoglossidae

【形态特征】背鳍Ⅱ-9～11，臀鳍Ⅰ-14～15，胸鳍Ⅰ-13，腹鳍Ⅰ-7。侧线鳞 66～87。体长为体高 3.7～4.7 倍，为头长 4.4～5.1 倍，为眼后头长 8.6～11.3 倍，

为尾柄长 7.3～9.1 倍，为尾柄高 11.3～13.2 倍。头长为吻长 2.5～3.1 倍，为眼径 5.5～7.6 倍。

体狭长，侧扁，体长一般在 30 cm 左右，头小，吻尖，吻端下弯，形成钩吻。口大眼小。上下颌的皮上均着生一行宽扁细牙，能活动。犁骨无牙，腭骨和舌上具牙。下颌前端均有一突起，两突起之间成明显的凹陷。身体呈青黄色，背缘苍黑，两侧及腹部为白色。全身被有细小圆鳞（除头部之外）。背有细小鳞片，尾呈叉形，无硬棘，背鳍后有一小脂鳍，鲜活时各鳍呈淡黄色，腹鳍的上方有一处黄色色斑。

【生态习性】属洄游性鱼类，栖息在与海相通的溪流之中，以黏附在岩石上的底栖藻类为食。香鱼是秋末进行繁殖的鱼类，在深秋时节，香鱼纷纷集结在沙砾浅滩处产卵。当年孵出的幼鱼入海越冬，翌年春季上溯河中育肥。卵具黏性，个体绝对繁殖力最多可达 13 万粒，最少为 1 万粒，平均为 2.5 万粒左右。产卵后，大多数亲鱼死亡。

【分　　布】鸭绿江、辽河、大洋河与水系及黄海北部的鸭绿江到北部湾的北仑河各水系。

【经济价值】属小型经济鱼类，肉质细嫩，味道鲜美。在我国辽宁省，该鱼渔业资源十分丰富，生产潜力很大。

十一、大银鱼

【拉　丁　名】*Protosalanx hyalocranius*（Abbott，1901）

【英　文　名】Large icefish

【俗　　　名】面条鱼、银鱼、冰鱼

【分类地位】鲑形目 Salmoniformes、银鱼科 Salangidae

【形态特征】背鳍Ⅱ-14～17，臀鳍Ⅲ-26～30，胸鳍Ⅰ-22～28，腹鳍Ⅰ-6。鳃耙 13～16。脊椎 62～69。体长为体高的 10.3～12.6 倍，身体较一般银鱼种类粗大，吻长为吻宽的 1.1～1.2 倍。齿的排列及数量：前上颌骨 1 行 8 个；上颌骨 1 行 13～18 个；下颌骨 2 行 13～17 个；舌骨 1 行 6 个；口盖骨 2 行 5～13 个，犁骨大小 10 个。背鳍位于臀鳍和腹鳍中间的上方。

体细长，个体小，体长 13～17 cm，常见个体体长 15 cm。头部扁平。吻尖，呈三角形。下颌骨长于上颌骨。背鳍起点至尾鳍基部的距离比到胸鳍基部的距离稍大。体透明。两侧腹面各有一行黑色色素点。雄鱼性成熟后臀鳍成扇形，基部有一列鳞片，胸鳍大而尖。胸鳍有肌肉基。体背部及头背小。

【生态习性】生活在河口及近海的洄游性鱼类，也有淡水定居型。生命周期为一年。幼鱼阶段摄食浮游动物的枝角类、桡足类及一些藻类。成鱼食饵主要以小型鱼和虾等为主。冬季繁殖，繁殖过程在淡水中进行。大银鱼为群体产卵，产卵期介于12月底至翌年3月之间，产沉性卵，为分批产卵型鱼类。

【分　　布】辽河、鸭绿江及其河口区，我国黄海、渤海、东海沿岸水域，以及通海江河及其附属水体。

【经济价值】辽河口主要可食经济鱼种。资源量大，味道鲜美，具有较高的营养价值。

十二、安氏新银鱼

（引自《东北地区淡水鱼类》）

【拉　丁　名】_Neosalanx anderssoni_（Rendahl，1923）

【英　文　名】Andersson's icefish

【俗　　　名】面条鱼、红脖

【分类地位】鲑形目 Salmoniformes、银鱼科 Salangidae

【形态特征】背鳍12～19，臀鳍27～32。前颌齿26，上颌齿20，下颌齿27。头长为吻长3.1～3.8倍，为眼径5.2～6.5倍。尾柄长为尾柄高1.3～2.2倍。

体细长、光滑，仅雄鱼臀鳍基上方具1纵行圆鳞。整体呈近圆筒形，头部平扁，后部侧扁，半透明。口大、前位，下颌略长于上颌。腭骨、犁骨和舌上均无齿。吻背、鳃盖骨后缘及背部具黑色斑点，腹侧自胸鳍至臀鳍间每侧有1行黑点。性成熟后雌鱼色素较多，在体背形成黑色带；而雄鱼色素较少，黑色不明显。

【生态习性】生活在近海的一年生的小型经济鱼类。产卵期为3—5月，怀卵量为几千粒。卵表面具黏丝，成熟鱼卵卵径为0.9～1.1 mm。产卵后亲体逐渐死亡。

【分　　布】辽东湾沿岸、鸭绿江口及我国黄海、渤海、东海。

【经济价值】味道鲜美，营养丰富，整体可食，具有较高的营养价值。

十三、有明银鱼

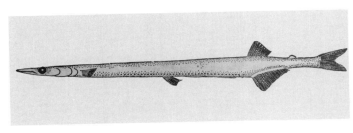

（引自《东北地区淡水鱼类》）

【拉 丁 名】*Salanx ariakensis*（Kishinouye，1902）

【英 文 名】Ariake icefish

【俗　　名】面条鱼

【分类地位】鲑形目 Salmoniformes、银鱼科 Salangidae

【形态特征】背鳍 13，臀鳍 37～32，胸鳍 9～10，腹鳍 7，尾鳍 18～20（分枝）。鳃耙 8～12。体长为体高 10.1～13.4 倍，为头长 4.9～5.5 倍。头长为吻长 2.4～2.8 倍，为上颌长 2.7～3.1 倍，为眼径 7.2～12.2 倍，为眼间距 3.6～4.1 倍。尾柄长为尾柄高 2.5～3.4 倍。

头扁平、体细长，前部较圆，后部侧扁，通体半透明。吻尖，呈锐角。眼圆，位于头前侧半部并斜向腹面，眼间宽平。口前位，口裂平。上下颌骨距离等长。前颌骨前部增宽并延长，形成锐三角形。上颌骨末端未到眼前缘，下颌骨前部有突起。具 2 个犬齿，穿出口盖。下颌骨呈三角形，前骨突每侧有齿 2～7 个。上颌齿 8～15 个。前颌齿 4～7 个，大且后弯。下颌齿 7～11 个，腭齿较小，1 行，5～8 个。舌无齿。舌端尖或圆形。鼻孔位于眼前方。鳃丝、鳃孔发达。具假鳃，鳃耙短小。鳃盖膜与峡部相连。后腹部具脂膜。体表裸露无鳞片，仅雄鱼臀鳍基部具 1 行 "臀鳞"。腹部至尾柄有 2 行小黑点。吻端、沿下颌有黑点。胸鳍、腹鳍外缘黑色。雄鱼臀鳍基前部具黑斑。雌鱼不明显。

【生态习性】生活在近海和河口水域的小型经济鱼类，具有短距离洄游特性。生命周期短，仅一年。食性主要以浮游动物、虾类幼体为主。卵沉性，具黏丝，产卵期一般在每年 9—10 月。

【分　　布】我国黄海、渤海沿岸均有分布。辽河口附近海域也有分布。

【经济价值】辽河口重要小型经济鱼类。

十四、长蛇鲻

（源自中国水产科学研究院黄海水产研究所王俊研究员）

【拉　丁　名】*Saurida elongata*（Temminck et Schlegel）

【英　文　名】Lizardfish

【俗　　　名】神仙梭、丁鱼

【分类地位】灯笼鱼目 Scopeliformes、狗母鱼科 Synodidae

【形态特征】背鳍 11～12，臀鳍 10，胸鳍 13～15，腹鳍 9。侧线鳞 63～67 $\frac{4}{7}$。体长为体高 6.5～7.3 倍，为头长 4.7～5.3 倍。头长为吻长 3.7～4.7 倍，为眼径 5.1～6.5 倍，为眼间距 3.1～3.5 倍。尾柄长为尾柄高 2.6～3.1 倍。

体形呈圆筒状，一般体长 19～30 cm，体被圆鳞。头略平扁，两颌、腭骨及舌上具细牙。头短，吻尖，前端钝。眼中等大，距吻端距离比距鳃盖后缘距离近。脂眼睑发达，可把眼部 1/2 掩盖。眼间距宽，中间微凹，眼宽大于眼径。在吻与眼之间每侧 1 对鼻孔，前鼻孔具皮质短鼻瓣。口大，口裂长，其长超过头长之 1/2，末端达眼后缘下方。舌细尖，上具有细短齿。两颌约等长，上下颌骨狭长，颌骨上有许多锐利小犬状齿，上颌齿 4～5 行；下颌齿 5～6 行，下颌内侧齿较长，大。腭骨每侧有齿带 2 组，外组齿带较长，前部通常是 3 行。鳃孔较大，鳃盖膜不与峡部相连。鳃耙短小如针尖状而假鳃发达。体背侧棕色，腹部白色，侧线发达平直，侧线鳞明显突出。背鳍 1 个，位于吻端和脂鳍的中间；脂鳍很小；臀鳍小于背鳍；尾呈深叉形。背、腹、尾鳍均呈浅棕色，胸鳍及尾鳍下叶呈灰黑色。

【生态习性】为近海底层鱼类，栖息水域水深在 20～100 m，底质为泥或泥沙的海区。该鱼为凶猛肉食性鱼类，游泳迅速，主要以小型鱼类和幼鱼为食。移动范围不大，不结群，不做远距离洄游。南海鱼群每年 2—4 月由外海游向近岸进行产卵繁殖；黄渤海鱼群的繁殖期在每年的 5—7 月。

【分　　　布】主要渔场为北部湾、七洲洋及万山群岛，我国东海、渤海及黄海也有一定产量。辽东湾也有出现。

【经济价值】为我国主要经济鱼类之一，年产量较大。其肉质鲜美，可鲜食，也可制成咸干品。

十五、鳗鲡

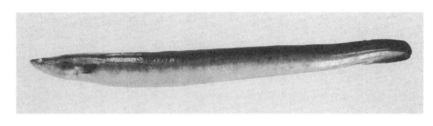

（引自《辽宁省水生动植物图鉴》）

【拉　丁　名】*Anguilla japonica*（Temminck et Schlegel，1846）

【英　文　名】Japonese eel

【俗　　　名】鳝鱼

【分类地位】鳗鲡目 Anguilliformes、鳗鲡科 Anguillidae

【形态特征】体长为体高 14.4～35.8 倍（300 mm 以内为 19.0～35.8 倍，300 mm 以上为 14.4～18.4 倍），为头长 7.8～10.0 倍。头长为吻长 4.7～6.8 倍，为眼径 10.0～17.0 倍，为眼间距 4.3～4.0 倍，为胸鳍长 2.4～4.3 倍。

　　体延长，前半部呈圆筒状，后半部则渐趋向侧扁。口裂微斜或平直，向后延伸至眼后缘，鳃孔位于胸鳍前下方。前鼻孔具短管，后鼻孔呈裂缝状。具唇，舌前端及两侧不附生于口底，牙齿细小而尖锐，两颌齿及锄骨齿呈带状排列。肉眼看没有鳞片，其实是因为鳞片细小且埋于皮下，故不明显。有侧线，背鳍起点通常距头部后方有一段距离，约与肛门之前位置相对，而肛门则在身体中央偏前处。背、臀及尾鳍连续，有胸鳍。

　　【生态习性】具有降河洄游特性，淡水内发育成熟，回到海中产卵，终生繁殖一次，产后死亡。每年春季，幼鳗（也称白仔、鳗线）成群自大海进入江河口。雌雄群体栖息环境有所不同，雄鳗通常在江河口成长，而雌鳗则逆水上溯进入江河的干、支流和与江河相通的湖泊中，有的甚至跋涉几千千米到达江河的上游水体中。它们在江河湖泊中生长、发育，昼伏夜出，喜欢流水、弱光、穴居，其潜逃能力较强。性成熟年龄的个体，秋季大批降河，游至江河口与雄鳗会合后，继续游至海洋中进行繁殖。食性主要以小鱼、虾、蟹、水生昆虫等为食。

　　【分　　　布】在我国沿海河流均有分布，辽河口也有发现。

　　【经济价值】该鱼肉质细嫩、味道鲜美，含脂量高，营养丰富，为高档食用材料。

十六、星康吉鳗

【拉　丁　名】*Conger myriaster*（Brevoort，1856）

【英　文　名】Starry conger

【俗　　　名】星鳝、鳝鱼

【分类地位】鳗鲡目 Anguilliformes、康吉鳗科 Congridae

【形态特征】体长为体高 12.4～17.4 倍，为体宽 14.0～21.5 倍，为头长 6.4～6.9 倍。头长为吻长 3.9～4.6 倍，为眼径 8.3～12.4 倍，为眼间距 5.1～6.2 倍，为胸鳍长 2.4～4.3 倍。

体细长，前部呈圆筒状，后部侧扁。口大，前位，平裂或微斜，唇宽厚，左右不相连。头中大，呈锥形，前部平扁，头部黏液孔发达。两颌齿较大，排列稀疏。眼中大，侧上位；眼间隔向下凹且宽。鳃孔大，位于胸鳍基部下方。肛门位于体腹面中间偏前方。尾长、侧扁，约占全长一半以上。背鳍基底长于臀鳍基底，背鳍起点位于胸鳍尖端处或稍前背上，距鳃孔比肛门近，臀鳍起点位于肛门稍后位；两鳍均向后延伸与尾鳍相连，鳍条短。胸鳍呈长圆形，侧中位，无腹鳍。尾鳍短，尖形。体被无鳞，全身光滑，有侧线。体背部呈灰褐色，头和体侧有白斑，腹部白色。沿侧线及其上方各有 1 行白色点状的感觉孔，上行色浅而排列稀疏。胸鳍黄色，其他各鳍均为淡黄色，边缘黑色。

【生态习性】栖息于沿岸多泥沙、底质为石砾的水域，为底层经济鱼类。幼体的变态盛期出现在每年 5 月末 6 月初，栖息于水深约 10 m 左右的泥沙底质水域。其变态过程需要 20～28 d 完成，其中伸长期体侧扁且薄，呈透明柳叶状，肌节明显。收缩期体侧扁而厚，半透明或不透明，色素斑明显。稚鱼期体近似圆筒状，不透明，色素斑不明显。主要摄食小型鱼类、甲壳类、头足类。卵生，繁殖期为 6—12 月之间。

【分　　　布】我国沿海地区均有分布，其中黄海、东海数量较多，辽东湾也有少量发现。

【经济价值】常见经济鱼种，肉质细嫩，味鲜美，可鲜食，也可加工咸或淡干品。

十七、扁颌针鱼

（引自《东北地区淡水鱼类》）

【拉 丁 名】*Ablennes hians*（Cuvier et Valenciennes，1846）

【英 文 名】Pacific needlefish

【俗　　名】针良鱼、良鱼

【分类地位】颌针鱼目 Benloniformes、颌针鱼科 Benlonidae

【形态特征】背鳍 16～19，臀鳍 18～23，胸鳍 11～12，腹鳍 6，尾鳍 51。侧线鳞 230～307 $\frac{14～16}{4～5}$。鳃盖条 9。体长为体高 12.0～14.1 倍，为头长 3.0～3.5 倍。头长为吻长 1.4～1.5 倍，为眼径 14.3～16.8 倍，为眼间距 10.4～12.5 倍。尾柄长为尾柄高 2.5～3.4 倍。

体细长，侧扁，略呈带状，长可达 140 cm；截面呈圆楔形，体高为体宽的 2～3 倍；两腭突出如长喙，具带状细齿，且具一行排列稀疏的大犬齿；两腭齿呈绿色；锄骨无齿；头背部平扁，头盖骨背侧的中央沟发育不良；主上腭骨下缘在嘴角处被眼前骨覆盖；尾柄侧扁，其高小于其宽，无侧隆起棱；背鳍后方数鳍条亦略延长；腹鳍基底位于眼前缘与尾鳍基底间之中央略前；尾鳍呈叉形，下叶长于上叶；鳞细小，无鳃耙。体背翠绿色至暗绿色，腹部银白色；体侧具 8～13 条暗蓝色横带；各鳍淡翠绿色，边缘黑色。

【生态习性】生活于浅海、河口，也可进入淡水生活，为暖温性近海上层肉食性鱼类。主要以小鱼为食。产卵时会进入海水与半淡咸水交汇处，于近岸海藻之下产卵，一次产卵数千，其卵具缠络丝。

【分　　布】分布于我国渤海、黄海、东海，辽河口水域偶有发现。

【经济价值】该鱼具有很高的食用价值，产量不高。

十八、鱵

【拉 丁 名】*Hemirhamphus sajori*（Temminck et Schlegel，1846）

【英 文 名】Halfbeak

【俗　　名】大棒、针鱼

【分类地位】颌针鱼目 Beloniformes、鱵科 Hemirhamphidae

【形态特征】背鳍 14～17，臀鳍 16～17，胸鳍 11～13，腹鳍 6，尾鳍 15。鳃盖条 11～12。侧线鳞 9～126。鳃耙 5～9＋22～25。

体细长，呈圆柱形，背腹缘微凸，尾部渐细。体长 16～24 cm，头前端尖且细，顶部及两侧面平坦，腹面狭。口小。眼大，距尖端和鳃盖后缘的距离相等，眼间隔宽而平坦。鼻孔大，位于眼的前上方。上颌尖锐，呈三角形，中央微有线状隆起。下颌延长呈一扁平针状喙。牙细小，在两颌有3牙尖且排列成一狭带。鳃孔宽，鳃盖膜分离，不与峡部相连。圆形鳞片，薄且容易脱落。侧线低，位于体两侧近腹缘；胸鳍短宽。腹鳍小，腹位。尾鳍呈叉形。体银白色，背面暗绿色，体背中央自后颈起有一淡黑色线条。体侧各有一银灰纵带，头部及上下颌皆呈黑色。胸鳍的基部及尾鳍有细微的黑色点。

【生态习性】栖息于近岸浅海、河口的中上层，也进入淡水，游泳敏捷，常跃出水面躲避敌害。主要以绿藻、浮游生物及小甲壳等动物为食。产卵期为每年4—6月。

【分　　布】分布于我国辽宁、河北、山东沿海。

【经济价值】沿海常见鱼种，通常烤、炸食。

十九、鲻

【拉 丁 名】*Mugil cephalus*（Linnaeus，1758）

【英 文 名】Striped

【俗　　名】青眼鲮、白眼

【分类地位】鲈形目 Perciformes、鲻科 Mugilidae

【形态特征】背鳍Ⅷ，Ⅰ-12～15；臀鳍Ⅲ-15～16；胸鳍18＋4；腹鳍Ⅰ-5。纵列鳞36～43，鳃耙4～8＋6～9。

体呈圆筒形，背部平直，腹部圆，前部平扁，后部渐侧扁。眼大，外披脂眼睑，遮住瞳孔的1/3。头短且扁，吻宽而短，口小，呈人字形，亚下位。上颌凹陷与下颌前端一突起嵌合，上下颌边缘具绒毛状细齿。唇厚，上颌略长于下颌，上颌骨被眶前骨掩盖，后端不外露。除吻部外全体被大鳞；胸鳍位置较高，几乎与眼平行，基部有一大长形鳞片；腹鳍腋部也有一个三角形瓣状的大鳞；侧线不明显。尾鳍呈叉形。头部及体背苍黑色，体两侧灰白色，体侧上半部有7条纵的黑色条纹，腹部白色，各条纹间有银白色的斑点，各鳍灰白色。

【生态习性】栖息在近海水域的中下层经济鱼类，尤其喜爱咸淡水混合的水体和江河入口处，也有上溯至纯淡水江段的。该鱼活泼，善跳跃，对环境适应力强，在淡水、咸淡水和盐度高达 40 的海水都能生活。雄鱼性成熟一般为 4 龄，雌鱼为 5 龄，生殖期为每年 3—4 月，在浅海接近河口处产卵。幼鱼有集群随水流进入河口及海湾内的习性。食性在生活史不同阶段会发生变化，幼鱼主要以浮游动物为饵料，成鱼则摄食硅藻或刮取固着于泥表的生物。

【分　　布】广泛分布于沿海及通海的淡水河流中，在辽河口也属于常见鱼种。

【经济价值】肉质细嫩，富含脂肪，营养价值高，属于上等食用鱼类。

二十、鲹

【拉　丁　名】*Liza haematocheila*（Temminck et Schlegel，1845）

【英　文　名】Redeye mullet

【俗　　　名】梭鱼、红眼

【分类地位】鲈形目 Perciformes、鲻科 Mugilidae

【形态特征】背鳍Ⅳ，Ⅰ-8；臀鳍Ⅲ，9；胸鳍 16～18；腹鳍 Ⅰ-5。纵列鳞 39～43。鳃耙 26～37＋50～57。

体延长，呈圆筒形，前端尖小而扁平，尾部侧扁；头、背部深灰绿色，体两侧灰色，腹部白色，各鳍灰白色。头短宽，前端扁平，吻短钝，口亚下位。上下颌边缘具有绒毛状细齿；上颌略长于下颌，上颌骨在口角处急剧下弯，后端显著露出于眶前骨之外；上颌凹陷与下颌前端一突起相嵌合；眼小，略显红色；脂眼睑不发达，仅存在于眼的边缘。全身被中等大小的鳞片（除吻部外），胸部不存在腋鳞，且无侧线。第一背鳍短小，由 4 根硬棘组成，位于体正中稍前部位；第二背鳍在体后部，与臀鳍相对；胸鳍位置较高，近鳃盖后缘；尾鳍分叉较浅，呈微凹形。

【生态习性】鲹为近海生活鱼类，多栖息于沿海及江河口的咸淡水中，也可完全进入淡水中生活，广盐性鱼类。该鱼 4 龄可达性成熟，生殖季节为每年 4—6 月，在浅海和江河口咸淡水区域产卵。大量的鲹鱼幼鱼在每年 7、8 月活动在河口浅滩处，以浮游生物为食，也摄食植物碎片。

【分　　布】分布于日本、朝鲜以及中国沿海。

【经济价值】肉质细嫩多脂，为上等食用鱼类。

二十一、四指马鲅

（源自中国水产科学研究院东海水产研究所张涛研究员）

【拉　丁　名】*Eleutheronema tetradactylum*（Shaw，1804）

【英　文　名】East asian fourfinger threadin

【俗　　　名】马友、午鱼、四鳃鲈

【分类地位】鲻形目 Mugiliformes、马鲅科 Polynemidae

【形态特征】背鳍Ⅷ，1～14；臀鳍Ⅲ-15；胸鳍18～19，丝状游离鳍条4；腹鳍Ⅰ-5；尾鳍15～17。侧线鳞85～90。体长为体高4.2～4.4倍，为头长3.5～4.0倍。头长为吻长7.4～10.3倍，为眼径4.3～5.0倍，为眼间距1.9～4.2倍。

体延长，略侧扁，吻端尖突；口大，下位，吻圆钝、上颌长于下颌，两颌具呈细小绒毛状的牙，并延伸至颌的外侧，只在口角具唇。体色银灰，体被细小鳞片容易脱落，胸鳍上半部为黑色。尾鳍呈叉形。背鳍、胸鳍和尾鳍均呈灰色、边缘浅黑色。

【生态习性】属于暖温性、广盐性鱼类，在淡水、咸淡水和海水环境中均可生活，喜栖息于沙底或者泥底。每年4—6月由外海进入河口产卵。肉食性鱼类，牙齿锋利，以小型鱼、虾类为食。

【分　　　布】我国沿海均有分布。国外见于日本、菲律宾、印度、澳大利亚。

【经济价值】是我国沿海具有较高食用价值的经济鱼类，为优良的养殖对象。

二十二、花鲈

【拉　丁　名】*Lateolabrax maculatus*（Güther，1898）

【英　文　名】Chinese sea perch

【俗　　　名】鲈子鱼、鲈渣子

【分类地位】鲈形目 Perciformes、鮨鲈科 Serranidae

【形态特征】背鳍Ⅺ～Ⅻ，Ⅰ-12～14；臀鳍Ⅲ，7～8；胸鳍16～18；腹鳍Ⅰ-5；尾鳍17。侧线鳞 $66\sim82\dfrac{14\sim16}{17\sim20}$。鳃耙 5～9+13～15。

体侧扁而延长。吻端尖突，口大，端位，斜裂，上颌伸达眼后缘下方。两颌、犁骨及口盖骨均具细小牙齿。前鳃盖骨的后缘具细锯齿，其后角下缘有 3 个大刺，后鳃盖骨后端具 1 个刺。鳞片较小，侧线完全且平直。背鳍 2 个，仅在基部相连。体背部灰色，两侧及腹部银灰。体侧上部及背鳍有黑色斑点，斑点会随年龄的增长逐渐减少。

【生态习性】喜栖息于河口咸淡水交汇处，也可完全生活在淡水中。属中、下层经济鱼类，偶尔也会潜入底层觅食。幼鱼主要以浮游动物、虾类为主食，成鱼则以鱼类为饵料。成鱼一般经过 3 冬龄可性成熟，体长 600 mm 左右。生殖季节于秋末，产卵场在河口半咸淡水区。

【分　　　布】广泛分布于我国沿海。国外见于朝鲜、日本、越南。

【经济价值】沿海重要经济鱼类，个体大，肉质好，现已进行大规模人工养殖。

二十三、多鳞鱚

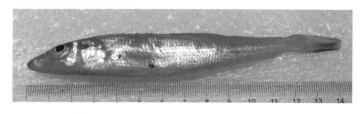

（源自中国水产科学研究院黄海水产研究所王俊研究员）

【拉 丁 名】*Sillago sihama*（Forskål，1817）

【英 文 名】Silver sillago

【俗　　名】船钉鱼、丁鱼

【分类地位】鲈形目 Perciformes、鱚科 Sillaginidae

【形态特征】背鳍Ⅺ，Ⅰ-21～22；臀鳍Ⅰ-22～24；胸鳍16；腹鳍Ⅰ-5。侧线鳞 $68～75\frac{4}{11}$。鳃耙3+6～8。体长为体高5.8倍，为头长3.7倍。头长为吻长2.3倍，为眼径5.1～5.5倍，为眼间距4.0～4.6倍。尾柄长为尾柄高1.4～1.6倍。

体细长，呈圆柱形，略侧扁，一般体长11.8～16.2 cm，体重9～32 g，眼大、口小，吻钝尖，两颌细小的牙呈绒毛状，整体来讲，头呈锥形。体被弱栉鳞，背部灰褐色，腹部乳白色；侧线明显，伸长至尾鳍。背鳍2个，分离，第二背鳍长且与臀鳍相对，无硬棘；尾鳍微凹形、黑褐色；背、胸、腹及臀鳍均为浅灰色，体侧及各鳍无斑纹及斑点。

【生态习性】大多活动于热带沙滩、沿岸内湾，河口沙洲，有时进入淡水。属温和肉食性鱼类，主要摄食多毛类的蠕虫、小虾、虾和片脚类动物；性胆小，容易受惊吓，被惊扰时成鱼会潜入沙中躲藏。

【分　　布】广泛分布我国沿海。国外见于朝鲜、日本、菲律宾、印度尼西亚。

【经济价值】沿海小型鱼类，经济价值不高。

二十四、黄姑鱼

【拉 丁 名】*Nibea albiflora*（Richardson，1846）

【英 文 名】Yellow drum

【俗　　名】黄姑子、铜罗鱼

【分类地位】鲈形目 Perciformes、石首鱼科 Sciaenidae

【形态特征】背鳍Ⅹ，Ⅰ-29～30；臀鳍Ⅱ-7；胸鳍17～18；腹鳍Ⅰ-5。侧线鳞50～ $54\frac{10}{9～11}$。鳃耙6+10。体长为体高3.3～3.6倍，为头长3.3～3.6倍。头长为吻长3.6～4.1倍，为眼径4.1～5.7倍，为眼间距3.9～4.3倍。尾柄长为尾柄高2.6～2.8倍。

体呈长椭圆形，侧扁，背稍隆起，体长一般为 20.2～25.7 cm。口中大，前位，略斜裂。头中大，吻端钝尖，5 个小颏孔。上颌略长于下颌，两颌齿细小，上颌外行齿及下颌内侧齿大。眼中大，侧上位；眼间隔宽凸且宽度大于眼径。前鳃盖骨后缘具细锯齿，下角有小棘，鳃盖骨后缘有 2 软弱扁棘。鳃孔大。尾柄较粗，长为高的 2.4～3 倍。背鳍 1 个，始于胸鳍起点稍后，背鳍末基位于臀鳍末基与尾鳍基之间近中央处；鳍棘部与鳍条部间有一深凹，背鳍被分成两部分；棘部由 10 根鳍棘组成，略呈三角形，基底短，条部似长方形，基底长，前缘有 1 棘。胸鳍尖而长，侧下位，鳍条向下渐短，尖端超过腹鳍末端。腹鳍较小，始于胸鳍末基稍后下方，第 1 鳍条稍延长，有 1 棘。臀鳍基底短，始于背鳍鳍条部基底中央下方，臀鳍末基不达背鳍末基，鳍条较长，前缘有 2 棘。尾鳍呈楔形。体被栉鳞。有侧线。体呈灰橙色，体侧有许多灰黑色波状条纹，斜向前下方，在侧线上下方不连续，腹面银白色。背鳍灰橙色，每鳍条基部有 1 黑色小点。胸鳍、腹鳍及臀鳍淡橙色，基部均带红色。尾鳍橙色。

　　【生态习性】为暖温性近海中下层鱼类。鳔具有发声能力，生殖期间，叫声很大。广盐性鱼类，在 6～30.5 ℃的水温范围内，能正常生活，性成熟年龄为 2 龄，3 龄鱼群体全部性成熟。主要产卵场位于辽东湾北部，产卵期在每年 5—7 月，产浮性卵。食性主要以小型鱼类、虾类和双壳类为食。

　　【分　　布】主要分布在我国沿海、朝鲜半岛及日本南部海域。辽河口附近海域也有分布。

　　【经济价值】中型经济鱼类，肉质细嫩，口感独特，味道鲜美，其鳔是名贵的中药补品。

二十五、白姑鱼

　　【拉　丁　名】*Argyrosomus argentatus*（Houttuyn，1782）

　　【英　文　名】White drum

　　【俗　　名】白米子

　　【分类地位】鲈形目 Perciformes、石首鱼科 Sciaenidae

【形态特征】背鳍 X，I-27；臀鳍 II-7；胸鳍 16～17；腹鳍 I-5。侧线鳞 48～50 $\frac{6\sim7}{9\sim12}$。鳃耙 6+9～11。体长为体高 3.0～3.3 倍，为头长 3.0～3.1 倍。头长为吻长 3.9～4.7 倍，为眼径 3.4～3.8 倍，为眼间距 3.2～3.9 倍。尾柄长为尾柄高 2.4～2.9 倍。

体延长，侧扁，背、腹缘略呈弧形。头钝尖，口裂大，端位，倾斜，吻不突出，上颌等于下颌，上颌骨后缘达瞳孔之后；上颌最外列齿扩大为犬齿，内列齿细小呈绒毛状，前端中央无齿，左右侧齿中断不连续，下颌内列齿扩大为犬齿，左右侧齿连续不中断；吻缘孔 5 个，中央缘孔为半圆形的侧裂孔，内、外侧缘孔沿吻缘叶侧裂，吻缘叶完整不被分割；吻上 3 个小孔，呈弧形排列；颏孔 6 个，中央 4 孔在颏缝合处呈梯形排列，前 2 孔距离较短。鼻孔 2 个，卵圆形后鼻孔约为圆形前鼻孔的两倍大。眼眶下缘达前上颌骨顶端水平线。前鳃盖后缘具锯齿缘，鳃盖具 2 扁棘；具拟鳃；鳃耙细长，最长的可为鳃丝的 1.5 倍。吻端、眼周围及颊部被圆鳞，体被栉鳞，背鳍软条部和臀鳍基有一列鞘鳞，尾鳍基部有较小的圆鳞。耳石为白姑鱼形，即三角形，腹面有蝌蚪形印迹"尾区"，呈 T 形，末端弯向耳石外缘。胸鳍基上的缘点在背、腹鳍基起点前，位于鳃盖末端的下方，背鳍基和腹鳍基起点相对；尾鳍呈楔形；第二臀鳍棘略短于眼径。腹腔膜黑色，肠为 2 次回绕型，11～12 个幽门垂，鳔为白姑鱼型，24～27 对附肢。体侧上半部紫褐色，下半部银白色；背鳍褐色，软条部中间有一银白带；尾鳍黑色；臀鳍无色；腹鳍和胸鳍无色。口腔白色；鳃腔黑色；鳃盖青紫色。

【生态习性】属温水性近海中、下层鱼类。多散栖于水深 40～100 m 的泥沙底质海区，生殖季节结群向近岸洄游。4 月鱼群北上生殖洄游，每年 5—6 月在辽东湾出现产卵鱼群，但数量不多。主要摄食虾类和小型鱼类。

【分　　布】主要分布于我国黄海南部、东海及南海。

【经济价值】辽河口附近海域产量不多，主要为兼捕对象。

二十六、鮸

【拉　丁　名】*Miichthys miiuy*（Basilewsky，1855）

【英　文　名】Chinese drum

【俗　　　名】敏子

【分类地位】鲈形目 Perciformes、石首鱼科 Sciaenidae

【形态特征】背鳍Ⅸ，Ⅰ-28～31；臀鳍Ⅱ-7；胸鳍21～22；腹鳍Ⅰ-5。侧线鳞51～54。鳃耙6+9。体长为体高3.7～4.0倍，为头长3.2～3.9倍。头长为吻长3.2～4.0倍，为眼径4.2～5.1倍，为眼间距3.3～4.4倍。

体侧扁，略延长。口大，微斜，上颌与下颌约等长。上颌骨后延伸达至眼后缘的下方。吻短钝尖，吻褶边缘游离成吻叶状，吻中央具一小孔，上行数孔不显著。口闭时大部外露；内行牙细小，呈牙带；口腔内部为鲜黄色；上颌外行牙较大，呈犬牙状，尤其以前端2枚齿最大。下颌内行牙扩大，也呈犬牙状，外行牙小，有带状牙群。唇较厚。舌发达，游离，有4个颏孔，前方2孔细小，后方2孔呈裂缝状。中央的颏孔及内侧的颏孔呈四方形排列，没有颏须。鳃孔很大，鳃盖膜与颊部不连接。前鳃盖骨边缘具细锯齿，鳃盖骨后上缘有一个扁棘。有7条鳃盖条，还长有假鳃，鳃耙细长。体背部为银灰褐色，腹部灰白。背鳍灰黑，软条的基部具数列小圆鳞，占软条高度的1/3。尾柄细长，尾鳍呈楔形。

【生态习性】属于暖温性底层凶猛肉食性海鱼，栖息水深15～70 m，底质为泥或泥沙海区。白天下沉，夜间上浮，不集成大群。具有短距离洄游习性，产卵期为每年8—9月，鱼群相对集中。食量大，主要摄食小型鱼类、口足类和十足类。

【分　　　布】辽河口海域及辽东湾附近有分布。

【经济价值】鱼肉味鲜美、细嫩，为主要海产经济鱼类之一。

二十七、小黄鱼

【拉　丁　名】*Larimichthys polyactis*（Bleeker，1877）

【英　文　名】Small yellow croaker

【俗　　　名】黄花鱼、小黄花

【分类地位】鲈形目 Perciformes、石首鱼科 Sciaenidae

【形态特征】背鳍Ⅸ～Ⅰ-31～33；臀鳍Ⅱ-8～9；胸鳍16～17；腹鳍Ⅰ-5；尾鳍15

（分枝）。侧线鳞 $52\sim56\dfrac{6}{8\sim9}$。鳃耙 9+18～19。

体长圆形，侧扁，尾柄长约为其高的 2 倍。头大，口宽，倾斜，上下颌长度略相等。下颌无须，颏部有 6 个细孔。上下颌均具细牙，上颌外侧、下颌内侧牙均较大，但无犬牙；腭骨及犁骨无牙。头及身体被栉鳞，鳞片较大；背鳍及臀鳍鳍条膜上有 2/3 以上被小圆鳞。臀鳍鳍条少于 10。鳔有 2 小分支侧管平行但不相等，呈一长一短管状。体型较小，一般体长 16～25 cm，体重 200～300 g。背侧黄褐色，腹侧金黄色。

【生态习性】为近海底层洄游鱼类，常栖息于泥质或泥沙底质的海区。产卵场在沿岸海区水深 10～25 m，越冬场一般为 40～80 m，喜集群活动。鱼群有明显的垂直移动现象，黄昏时上升，黎明下降，白昼栖息于底层或近底层。在深海越冬，春季向沿岸洄游，3—6 月在辽东湾产卵，主要以糠虾、毛虾及小型鱼类为饵料，秋末返回深海。鳔能发声。

【分　　布】广泛分布于我国沿海。国外见于朝鲜。

【经济价值】肉味鲜美，深受消费者喜爱。

二十八、棘头梅童鱼

【拉　丁　名】*Collichthys lucidus*（Richardson，1844）

【英　文　名】Spinyhead croaker

【俗　　　名】大头宝

【分类地位】鲈形目 Perciformes、石首鱼科 Sciaenidae

【形态特征】背鳍Ⅷ，Ⅰ- 25～28；臀鳍Ⅱ- 12～13；胸鳍 15；腹鳍Ⅰ- 55。侧线鳞 47～49。鳃耙 10+19。体长为体高 2.7～3.4 倍，为头长 2.8～3.7 倍。头长为吻长 3.7～ 3.9 倍，为眼径 5.6～6.8 倍，为眼间距 2.5～3.4 倍。尾柄长为尾柄高 2.5～3.4 倍。

体延长，侧扁，背部呈浅弧形，腹部平圆，尾柄细长。头大，钝短，额部隆起，头骨松软，黏液腔发达。吻短钝，体长 90 mm 以上的个体中其吻长大于或等于眼径。眼小，上位，接近吻端，无脂眼睑。眼间宽，高低不平，其宽大于眼径。口大，前位，口裂倾斜。上下颌约等长，上颌骨末端可达眼中部的后下方；下颌缝合处有一突起，与上颌中间凹陷相对。位于眼前方与吻端之间有 2 个鼻孔，前鼻孔圆形，略比后鼻孔大，后鼻孔呈裂缝状，接近眼缘。鳃耙细长，最长鳃耙大于鳃丝。有假鳃，鳃孔大，鳃盖膜不与峡部相连。鳃盖条入上下颌齿为战状齿群，且前端齿稍大。腭骨、犁骨均无齿，舌大，颏孔2个，无须，前鳃盖骨薄，角上有数个尖棘；鳃盖骨后缘有一弱扁棘。具侧线，前段与背缘弯曲度相对，后段为侧中位。肛门位于臀鳍的前方。体被小圆鳞，易脱落。背鳍鳍条部及臀鳍，自基部起1/3～1/2处有小鳞。腹腔白色。胃呈盲囊状。肠短。鳔大，前端呈弧形，后端尖长。体背侧灰黄色，腹侧金黄色。背鳍棘部边缘及尾鳍末端黑色，各鳍淡黄色。

【生态习性】属温水性近海中、下层鱼类，个体小，寿命短，一般不超过2年。几乎终年生活在沿岸水域，不能做长距离洄游，仅在冬季向相对深水区移动。该鱼产卵期在每年4月。饵料主要为小型虾，其次为小鱼。

【分　　布】分布于我国沿海。国外见于朝鲜、日本、菲律宾。

【经济价值】肉质细嫩，营养丰富，是制造罐头食品的原料之一。

二十九、真鲷

【拉　丁　名】*Pagrosomus major*（Temminck et Schlegel，1842）

【英　文　名】Red sea bream

【俗　　　名】红加吉、加吉鱼

【分类地位】鲈形目 Perciformes、鲷科 Sparidae

【形态特征】背鳍Ⅶ-10～11；臀鳍Ⅱ-9；胸鳍15；腹鳍Ⅰ-5；尾鳍17。侧线鳞 $56～61\frac{7～12}{16～17}$，鳃耙4～6+9。体长为体高2.3～2.7倍，为头长3.1～3.4倍。头长为吻长2.4～8.0倍，为眼径3.1～5.2倍，为眼间距2.9～3.3倍。尾柄长为尾柄高1.7～2.2倍。体侧扁，呈长椭圆形，自头部至背鳍前隆起。体被大栉鳞，头部和胸鳍前密被细小鳞，腹面和背部鳞片较大。头大，口小，左右额骨愈合成一块，上颌前端有4个犬牙，两侧有2列臼齿。前部为颗粒状，逐渐增大为臼齿；下颌前端有6个犬牙，两侧有颗粒状臼齿2列，前鳃盖骨后半部分具鳞，全身呈现淡红色，体侧背部散布着鲜艳的蓝色斑点。尾鳍后缘为墨绿色，背鳍基部有白色斑点。

【生态习性】为近海暖水性底层鱼类，可适生长水温为9～30℃，其中最适水温18～

28 ℃。该鱼结群性强，游泳迅速，栖息于水质清澈、藻类丛生的岩礁海区。存在季节性洄游的习性，主要表现为生殖洄游产卵期为 5 月，鱼群在产卵后向深水游散，10 月后水温下降，在黄海南部越冬。食性主要以底栖甲壳类、软体动物、棘皮动物、小鱼及虾蟹类为食。

　　【分　　　布】分布于我国渤海、黄海、东海、南海等。国外见于日本。

　　【经济价值】为珍贵食用鱼类，肉味鲜美，经济价值高。

三十、方氏云鳚

　　【拉　丁　名】*Enedrias fang*（Wang et Wang，1936）

　　【英　文　名】Fang's blenny

　　【俗　　　名】面条鱼、高粱叶、萝卜丝

　　【分类地位】鲈形目 Perciformes、锦鳚科 Pholidae

　　【形态特征】背鳍 LXXⅧ～LXXⅪ；臀鳍 Ⅱ - 39～44；胸鳍 15；腹鳍 Ⅰ - 1；尾鳍 21～22。体长为体高 6.4～10.0 倍，为头长 6.9～8.4 倍。头长为吻长 5.1～5.6 倍，为上颌长 3.0～3.3 倍，为眼径 3.9～4.0 倍，为眼间距 6.8～7.1 倍，为胸鳍长 1.3～1.6 倍。

　　体延长，甚侧扁，呈小带状，体长一般为 10 cm 左右。头短小，侧扁，吻端钝圆，头长为胸鳍长的 1.5 倍左右。鳃孔大，鳃盖膜左右相连，与峡部分离。口小，前位，稍斜裂。上颌略短于下颌。两颌齿短粗。眼小，上侧位。背鳍 1 个，基底与背缘近等长，由鳍棘组成，棘很短，末端与尾鳍基相连。胸鳍呈长圆形，侧下位。腹鳍退化，特别短小，喉位，仅留有 1 棘和 1 鳍条。臀鳍基底较短，始于背鳍基底近中间下方，鳍条稍长，前缘有 2 棘，末端与尾鳍基相连。尾鳍圆形。成体显棕褐色，腹部颜色淡。背上缘和背鳍有 13 条左右白色垂直细横纹，横纹两侧颜色较深。体侧有云状褐色斑块。自眼间隔到眼下有 1 黑色横纹。眼后顶部有 1 个 V 形灰白色纹，其后为同形黑纹。背鳍、胸鳍、尾鳍棕色。臀鳍色较浅。体被小圆鳞，无侧线。

　　【生态习性】系冷温性近海底层鱼类。栖息于近岸沙泥底质水域底层。常在岩礁附近的海藻丛中活动。幼鱼喜集群，成鱼较分散。幼体在 38 mm 左右时，体无色透明，俗称面条鱼。幼体在 50 mm 左右时，体呈微黄色，俗称萝卜丝。成鱼俗称高粱叶。主要饵料为浮游生物。1 龄可达性成熟。生殖期 9—11 月。卵胎生。

【分　　布】分布于我国黄海、渤海。

【经济价值】幼鱼加工后成为"面条鱼"，味鲜美。成鱼食用价值不大，多作为养殖其他经济鱼类的饵料鱼。

三十一、长绵鳚

【拉 丁 名】*Zoarces elongatus*（Kner，1868）

【英 文 名】Eelpout

【俗　　名】黏鱼、海黏、大头光

【分类地位】鲈形目 Perciformes、锦鳚科 Pholidae

【形态特征】背鳍 88～89，臀鳍 103～111，胸鳍 20～21，腹鳍 3，尾鳍 8～10。鳃耙 5＋8～14。体长为体高 8.9～10.7 倍，为头长 4.9～5.5 倍。头长为吻长 3.1～3.8 倍，为上颌长 1.6～1.8 倍，为眼径 5.3～6.5 倍，为眼间距 4.2～4.6 倍。

体延长，略呈鳗形，一般体长 20～30 cm、体重 70～150 g，眼小，口大，上颌略长于下颌，吻钝圆。全身被甚细且小鳞，其深埋于皮下，体呈淡黄黑色，背缘及体侧有 13～18 个纵行黑色斑块及灰褐色云状斑。背鳍和臀鳍基部甚长，且与尾鳍相连，背鳍长，起于鳃盖骨边缘直至尾端；胸鳍宽圆；腹鳍小，喉位；尾鳍呈尖形且不分叉，背鳍自第 4～7 根鳍条上具一黑斑。

【生态习性】属于常见的底层杂食性鱼类，具有洄游和集群习性。卵胎生，生殖期为 12 月至翌年 2 月。

【分　　布】分布于我国渤海、黄海、东海。国外分布于日本、朝鲜、俄罗斯。

【经济价值】沿海常见经济鱼类。

三十二、斑尾复鰕虎鱼

【拉　丁　名】*Synechogobius ommaturus*（Richardson，1845）

【英　文　名】Spottedtail goby

【俗　　　名】胖头、海鲇鱼

【分类地位】鲈形目 Perciformes、鰕虎鱼科 Gobiidae

【形态特征】背鳍Ⅷ，Ⅰ-16～17；臀鳍Ⅰ-17～18；胸鳍22；腹鳍Ⅰ-5。纵列鳞38～43；横列鳞12。体长为体高4.5～7.3倍，为体宽5.4～6.0倍，为头长2.9～3.1倍。头长为吻长2.9～3.1倍，为眼径7.1～13.0倍，为眼间距4.0～6.6倍。

体延长，前部呈圆柱状，后部侧扁且细。头宽，扁平，最宽处一般大于体宽。口端位，斜裂。上颌略长于下颌，上颌与下颌均具有锐利的牙齿，外行齿不分叉。舌端游离，前缘平。吻长，前端圆钝，吻部中间显著隆起。前鼻孔呈小管状。眼小，侧上位。鳃裂宽大，鳃膜与峡部相连。全身被细小栉鳞，但尾柄上鳞片较大。第1背鳍在身体前部，起点至吻端的距离等于或稍大于至臀鳍起点的垂直距离。第2背鳍很长，起点在肛门的垂直上方或稍前。胸鳍很长，其末端超过腹鳍末端。腹鳍愈合，呈圆盘状，腹鳍边缘呈锯齿状。臀鳍起点在第2背鳍的第4～5分枝鳍条垂直下方，末端与第2背鳍末端相对。尾鳍尖圆。鳔1室。腹腔膜黑色。肠长为体长的0.9～1.3倍。无侧线。背部灰褐色，腹面白色，背鳍有数行黑色小点。胸鳍黄褐色。腹鳍、臀鳍呈浅金黄色。尾鳍黑色，外缘镶有金黄色的边，尤其是下部更为鲜艳。

【生态习性】生活于沿海、河口咸淡水或淡水的肉食性鱼类。喜栖息于淤泥或泥沙水域。多穴居。主要摄食小虾、小蟹和小鱼。生殖期为4月中、下旬至6月上旬。亲鱼生殖后逐渐死亡，寿命一般为1年。

【分　　　布】分布于我国黄海、渤海、东海。国外见于朝鲜、日本、印度尼西亚。

【经济价值】沿海常见食用经济鱼种，目前为主要捕捞对象。

三十三、弹涂鱼

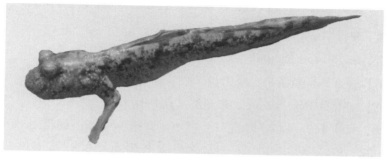

【拉　丁　名】*Boleophthalmus pectinirostris*（Linnaeus，1758）

【英　文　名】Bluespotted mudhopper

【俗　　名】泥猴、蹦遛狗鱼

【分类地位】鲈形目 Perciformes、弹涂鱼科 Periophthalmidae

【形态特征】背鳍Ⅶ～ⅩⅣ，Ⅰ-12～13；臀鳍1～12；胸鳍14；腹鳍Ⅰ-5，纵列鳞 86～92；横列鳞25～27。体长为体高5.2～6.9倍，为头长3.6～6.2倍。头长为吻长 4.5～6.8倍，为眼径4.5～5.8倍，为眼间距3.9～5.8倍。

个体较小，体侧扁，成熟个体体长一般为110～160 mm、体重为25～50 g，背缘 平直，腹缘呈浅弧形，尾柄较高，体及头部均被小圆鳞。第一背鳍颇高，基部短，有5 根鳍棘延长为丝状；第二背鳍鳍条较低，倒后伸达尾鳍基，腹鳍短，胸鳍和尾鳍均为 尖圆形。体蓝褐色或灰棕色，体侧上部沿背鳍基部有6～7条灰黑色的横纹，体侧及头部 散布许多亮蓝色小点，腹部白色，第一背鳍深蓝色，第二背鳍蓝灰色，腹鳍浅黄色，尾 鳍灰黑色。

【生态习性】广盐性，栖息于河口咸淡水水域、近岸滩涂处或底质烂泥的低潮区，能 够适应恶劣环境。喜穴居，其穴一般为Y字形，由孔道、正孔口和后孔口构成。正孔口 用于进出，后孔口用于换气。依靠胸鳍和尾柄在水面、沙滩、岩石上爬行或跳跃；匍匐 于泥涂上摄食底栖硅藻、蓝绿藻，也食少量桡足类及有机碎屑。也会捕食小鱼或昆虫。 遇到危险便钻到泥土中，或者飞快地跳走。弹涂鱼繁殖季节为每年4—9月，卵呈球形， 有黏性呈黄色。

【分　　布】广泛分布于我国黄海、渤海、东海。国外分布于印度、朝鲜、日本。

【经济价值】弹涂鱼个体虽小，但营养丰富，味道鲜美。

三十四、小带鱼

【拉　丁　名】*Eupleurogrammus muticus*（Gray，1831）

【英　文　名】Smallhead hairtail

【俗　　名】表带、带鱼条子、鳞刀梢

【分类地位】鲈形目 Perciformes、带鱼科 Trichiuridae

【形态特征】背鳍129～136，臀鳍124～126，胸鳍11～12。鳃耙4～6+9～11。体长 为体高18.0～22.0倍，为头长10.0～11.0倍。头长为吻长2.8～3.0倍，为眼径5.3～ 5.5倍，为眼间距7.6～8.3倍。

体延长，侧扁，呈带状，全长为110～390 mm。尾渐细，呈鞭状；背腹两缘平直。

头侧扁，狭长，前端尖出。吻尖长。眼中等大，侧上位。眼上缘接近头的背缘，眼间隔凸起，中央形成脊棱。鼻孔小，椭圆形。口大，口裂平直。下颌突出，下颌犬齿小于上颌犬齿。舌尖长，游离。体光滑，鳞退化。有侧线。背鳍与背缘几乎等长。胸鳍短小，低位，鳍条斜向上方。无腹鳍。尾鳍消失。体银白色。背鳍上半部及胸鳍淡灰色，布有细小黑点。尾暗黑色。

【生态习性】为暖水性中、下游小型鱼类。通常生活在河口附近咸淡水混合的浅海，为沿海常见种类，主要以小型鱼虾和蟹类为食。

【分　　布】在我国渤海、黄海、东海均有分布。

【经济价值】小型鱼类，兼捕对象。产量不多，经济价值不大。

三十五、蓝点马鲛

【拉 丁 名】*Scomberomorus niphonius*（Cuvier，1831）

【英 文 名】Japanese spanish mackerel

【俗　　名】鲅鱼、燕鱼

【分类地位】鲈形目 Perciformes、鲅科 Cybiidae

【形态特征】背鳍ⅫⅩ～ⅩⅩ，15～16，小鳍8～9；臀鳍15，小鳍8～9；胸鳍21；腹鳍Ⅰ-5。鳃耙3～4＋9。脊椎骨48～50。体长为体高5.7～6.2倍，为头长4.7倍。头长为吻长2.6～2.8倍，为眼径6.5～6.6倍，为眼间距3.4倍。

体延长，侧扁，背缘和腹缘浅弧形，以第二背鳍起点处最高，向后逐渐变细，尾柄细，两侧在尾鳍基各具3条隆起嵴，中央嵴长而高，其余2嵴短而低。头中大，头长大于体高，背面圆凸，两侧平坦，头的腹面向后倾斜。吻长，尖突。眼较小，上侧位，距吻端较距鳃盖后缘为近。眼间隔宽凸，大于眼径。每侧2个鼻孔，分离，前鼻孔圆形，后鼻孔裂缝状，紧位于眼前缘。口大，前位，斜裂。上下颌距离约相等。眶前骨窄，上颌骨仅部分为眶前骨遮盖，后端钝圆，后延伸达眼后缘下方。上颌与下颌牙齿强大，侧扁，尖锐，牙侧无锯齿状缺刻，上颌牙一行，16～20枚，下颌牙一行，14～17枚。腭骨具细颗粒状牙带。舌上无牙。鳃孔大。前鳃盖骨和鳃盖骨边缘光滑，无棘。鳃盖膜不与峡部相连。鳃耙较长，排列稀疏。肛门位于臀鳍前方。体被细圆鳞，侧线鳞大而明显，腹侧大部分裸露无鳞；头部除后头部和鳃盖后上角具鳞外其余部分均裸露。第二背鳍、臀鳍、胸鳍和腹鳍均被细鳞。有侧线，无分支，始于鳃盖后上角，沿背侧呈波状延伸，伸达尾鳍基。背鳍2个，稍分离，第一背鳍基底长，起点在胸鳍上方，由柔弱鳍棘组成，第二和第三鳍棘最长，其余鳍棘向后渐短，鳍棘平卧时可收折于背沟中。第二背鳍短，紧位于第一背鳍后方，起点距尾鳍基部较距吻端为近，后方具8～9个分离小鳍。臀鳍与第二背鳍同形，起点在第二背鳍第四鳍条下方，后方具8～9分离小鳍。胸鳍较短，呈宽镰状。腹鳍小，位于胸鳍基底下方。尾鳍呈深叉形。体背侧蓝黑色，腹部银灰色。沿体侧中央具数列黑色圆形斑点。背鳍黑色。腹鳍、臀鳍黄色。胸鳍浅黄色，边缘黑色。尾鳍灰褐色，边缘黑色。

【生态习性】属暖性中上层鱼类，以中上层小鱼为食。夏、秋季结群向近海洄游，一部分进入渤海产卵，秋汛常成群索饵于沿岸岛屿及岩礁附近。主要以鳀鱼和其他小型鱼类为食。盛渔期在5—6月。每年的4—6月为春汛，7—10月为秋汛，5—6月为旺季。雄鱼1龄开始性成熟，雌鱼2龄开始性成熟。产卵期在5月下旬至6月。

【分　　布】广泛分布于我国沿海。国外见于朝鲜、日本、澳大利亚。

【经济价值】为我国北方主要经济鱼种。肉坚实味鲜美，营养丰富。除鲜食外，也可加工制作罐头和咸干品。其肝是提炼鱼肝油的原料。

三十六、许氏鲉鮋

【拉　丁　名】*Sebastods schlegelii*（Hilgendorf，1880）

【英　文　名】Schlegel's rockfish

【俗　　名】刺毛、黑鱼

【分类地位】鲉形目 Scorpaeniformes、鲉科 Scorpaenidae

【形态特征】背鳍XII-12，臀鳍III-7；胸鳍18；腹鳍I-5；尾鳍19～20。侧线鳞 $41\sim45\frac{12\sim21}{25\sim32}$。鳃耙7～9+14～16。体长为体高2.8～3.0倍，为头长2.6～2.9倍。头长为吻长3.8～4.6倍，为眼径3.2～4.5倍，为眼间距4.1～5.1倍。尾柄长为尾柄高1.6～1.9倍。

体延长，侧扁；体长一般为头长的 2.6 倍，为体高的 3.2 倍。头大、吻长，与眼径约相等。眼大，突出，上侧位，位于头前半部；眼间距宽平，额棱低延。下颌稍长于上颌。口内有绒毛状齿。眼间隔较宽，约等于眼径。背鳍 13 棘 11～13 鳍条。尾鳍截形，后缘圆凸。体被栉鳞。体背部黑褐色，有不规则深黑色斑块；腹部灰白色。体腔大，腹膜无色。胃大，椭圆形。肠较粗，盘旋二次，肠长约为体长 1.5 倍，肝二叶。幽门盲囊 11 个，呈指状。鳔发达，壁薄。体灰褐色，腹面灰白色。背侧在头后、背鳍鳍棘部、臀鳍鳍条部以及尾柄处各有一暗色不规则横纹。体侧有许多不规则小黑斑，眼后下缘有 3 条暗色斜纹；顶棱前后有 2 横纹；上颌后部有一黑纹。各鳍灰黑色，胸鳍、尾鳍及背鳍鳍条部常具小黑斑。

【生态习性】属于冷温性近海底层鱼类，生活在岩礁地带或泥沙质海底中。体长一般 20～30 cm，大者可达 50 cm。该物种无远距离洄游习性，大多数个体分布海边沿岸地区，较大个体则栖息于水较深、流较急处。属于肉食性鱼类，主要以小型鱼类、甲壳类和头足类为食。繁殖期在每年 4—6 月，属卵胎生。

【分　　布】在我国北方地区分布于辽东湾，此外，黄海北部、东海亦有分布。国外见于朝鲜、日本。

【经济价值】具有很高的经济价值，是辽河口沿海地区常见经济鱼类之一。其肉质细嫩，味道鲜美，深受消费者喜爱。

三十七、短鳍红娘鱼

【拉 丁 名】*Lepidotrigla micropterus*（Güther，1873）

【英 文 名】Smallfin gurnard

【俗　　名】红娘子、红头鱼

【分类地位】鲉形目 Scorpaeniformes、鲂鮄科 Triglidae

【形态特征】背鳍Ⅷ～Ⅸ，Ⅰ-15～16；臀鳍 15～17；胸鳍 10～11＋Ⅲ；腹鳍Ⅰ-5；侧线鳞 65 $\frac{6}{30}$。体长为体高 3.8～4.9 倍，为头长 2.5～3.4 倍。头长为吻长 2～2.7 倍，为眼径 3.5～3.8 倍，为眼间距 4.2 倍。

体延长，侧扁，前部粗大，向后逐渐变细，一般体长为 13～25 cm，体重范围在

155～320 g。头较身体大，近似不规则方形。吻端中央凹入，两侧圆钝，各具几个小棘，边缘有锯齿，上下颌及犁骨具绒毛状牙群。头部背面及两侧均被骨板，体被大栉鳞，头和背部深红色，腹侧为乳白色。具有 2 个背鳍，其基部两侧各有一纵列有棘楯板。第 1 背鳍后上方有一红斑；胸鳍宽大位低、内侧呈红色；其下方有 3 条指状游离鳍条；尾鳍浅凹形，上叶略长于下叶；背、臀鳍呈浅红色。

【生态习性】生活于近海底层，聚群。5 月卵巢饱满，5—6 月生殖。

【分　　布】我国渤海、黄海、东海均有分布。国外见于朝鲜、日本、新西兰、澳大利亚。

【经济价值】常见经济鱼类。肉质一般，主要鲜食。

三十八、大泷六线鱼

【拉　丁　名】*Hexagrammos otakii*（Jordon et Starks，1906）

【英　文　名】Fat greenling

【俗　　　名】黄鱼

【分类地位】鲉形目 Scorpaeniformes、六线鱼科 Hexagrammidae

【形态特征】胸鳍ⅪⅩ～ⅩⅩ - 23，臀鳍21，胸鳍18，腹鳍Ⅰ - 5，尾鳍12～13。侧线鳞100～105。鳃耙4～5＋12～14。体长为体高3.8～4.5 倍，为头长3.7～3.9 倍。头长为吻长3.0～3.3 倍，为眼径4.6～5.2 倍，为眼间距4.0～4.4 倍。尾柄长为尾柄高1.3～1.6倍。

体延长，略侧扁，呈纺锤形。一般体重 500 g，最大个体可达 4 kg。背缘有较小弧度，背侧中部略凹。头较小，眼后缘上角各有 1 个向后伸出的羽状皮瓣，吻端尖。口小，前位，微斜裂。上颌骨略长于下颌骨。两颌均具有绒毛状齿，外行齿略大。眼居中且大，侧上位；眼间隔宽平。鼻孔每侧各 1 个。下颌下方和前鳃盖骨边缘有 10 个黏液孔。前鳃盖骨和鳃盖骨无棘。鳃孔大。尾柄粗，长为高的 1.3～1.6 倍。背鳍 1 个，基底长，始于胸鳍起点，由 19～20 根鳍棘和 23 根鳍条组成，鳍棘部与鳍条部之间有 1 浅凹。胸鳍较大，侧下位，呈椭圆形。腹鳍窄长，位于胸鳍基部后下方，有 1 棘。臀鳍与背鳍鳍条部近同形且相对，鳍条稍短。尾鳍呈截形。体被小栉鳞。有侧线 5 条，第 4 条侧线很短，从胸鳍基部下方开始，向后止于腹鳍尖端前上方。体色受生活环境影响较大，有黄绿色、黄褐色、暗褐色及紫褐色，体侧有大小不一、形状不规则的灰褐色云斑，腹面呈灰白色。背鳍有灰褐色云斑，浅凹处棘上方具1黑色圆斑。胸鳍黄绿色。腹鳍乳白色或灰黑色。臀鳍浅绿色且具较多黑色斜纹。尾鳍灰褐色或黄褐色。雄性当性成熟时有鲜艳的婚姻色。

【生态习性】属于近海冷温性底栖鱼类。全年生活在岸边及岛屿的浅海礁石附近，一般水深 50 m 以内，常集结成群。主要以小型鱼类、甲壳类及多毛类为食。雄性和雌性分别在 1 龄和 2 龄时可达性成熟。秋季雌鱼产卵，主要产卵期为 10 月中旬至 11 月上旬。雄鱼有护卵习性。

【分　　布】我国渤海、黄海、东海等均有分布。国外见于朝鲜、日本。

【经济价值】肉质鲜美，有一定资源量，为辽河口地区主要经济鱼类之一。

三十九、鲬

【拉　丁　名】*Platycephalus indicus*（Linnaeus，1758）

【英　文　名】Flathead

【俗　　　名】尖头鱼、牛尾鱼、辫子鱼

【分类地位】鲉形目 Scorpaeniformes、鲬科 Platycephalidae

【形态特征】背鳍Ⅰ，Ⅶ，Ⅰ-13；臀鳍14；胸鳍18；腹鳍Ⅰ-5；尾鳍20。侧线鳞 $90{\sim}92\frac{17{\sim}21}{29{\sim}30}$。鳃耙4+8。体长为体高9.8～13.3倍，为头长2.5～3.3倍。头长为吻长3.6～5.4倍，为眼径8.1～12.4倍，为眼间距5.6～7.9倍。

体细长且平扁，尾部略侧扁，向后渐细，整体呈圆锥形，一般体长为20～30 cm。头宽，甚平扁。眼上侧位，眼间隔宽且向下凹。吻近扁平。口大，上颌突出且长于下颌。牙细小，两颌及犁骨均有绒毛状牙群不分离。鳃孔宽大。体被小且不易脱落的栉鳞。侧线平直，侧中位。背鳍2个，黑褐色斑点且相距较近；臀鳍和第二背鳍同形相对，均具有13鳍条。胸鳍宽圆。腹鳍亚胸位。尾鳍截形。全身呈黄褐色，腹面浅色，背鳍鳍棘和鳍条上具纵列小斑点，臀鳍后部鳍膜上具斑点和斑纹。

【生态习性】近海底层鱼类，栖息于浅海区域，行动缓慢，一般不结成大群。日行性，主要摄食各种小型鱼类和甲壳动物等。生殖期为 5—6 月，为雌雄同体，在成长阶段伴有性转换现象，属先雄后雌型。

【分　　布】辽河口及附近海域皆有分布。国外见于朝鲜、日本、菲律宾、俄罗斯。

【经济价值】沿海常见经济鱼类。肉质较好。

四十、淞江鲈

【拉 丁 名】*Trachidermus fasciatu*（Heckel，1840）。

【英 文 名】Roughskin sculpin

【俗　　名】四鳃鲈、媳妇鱼（山东）、花鼓鱼

【分类地位】鲉形目 Scorpaeniformes、杜父鱼科 Cottidae

【濒危等级】濒危，1988 年列入《中国濒危动物红皮书·鱼类》；中国国家 II 级保护野生动物，1988 年列入《国家重点保护野生动物名录》。

【形态特征】背鳍 Ⅷ～Ⅸ，18～20；臀鳍 16～18；胸鳍 17～18；腹鳍 I－4；尾鳍 18～26。体长为体高 5.9～6.6 倍，为头长 2.9～3.3 倍。头长为吻长 3.3～3.8 倍，为上额长 2.0～2.3 倍，为眼径 6.0～7.2 倍，为眼间距 5.7～6.4 倍。尾柄长为尾柄高 1.6～1.8 倍。

头及体前端平扁，向后逐渐变细而侧扁。头稍大，头面全蒙皮膜。口大，端位，稍倾斜。吻短；背面中央因前额骨的突起而圆凸，突起两侧各有一鼻棘。前颌骨能伸缩，上下颌和犁骨上有绒毛状细齿。眼后缘距吻端较距鳃孔近。前鳃盖骨的后缘有 4 个刺，上刺大而尖端向上钩曲；后鳃盖骨上有 1 纵棱，鳃孔大。眼后缘距吻端较距鳃孔近。眼间隔宽，中央凹入。两缘高凸，形成眶上棱。顶枕部每侧各有一顶枕棱，棱后端弯向外侧，与眶后棱相接，眼下方还有一眶下棱。眼小，侧上位，眼眶两缘高凸，形成眼上棱。前颌骨能伸缩。上颌骨的后端约伸到眼的后下缘。上下颌、犁骨及腭骨均有绒状牙群。犁骨牙群相连为横月形。腭骨牙群为纵带状，位犁骨两端的后方活宽厚，前端稍游离。前鳃盖骨缘具 4 棘；上棘最大，位眶下棱的后端，后端向上钩曲。鳃盖骨具一低棱，扁而钝。鳃孔宽大。鳃盖膜相连很宽，与峡部不分离。第四鳃弓后方无裂孔。鳃盖条 6 条。鳃耙很短小，颗粒状。

体无鳞，被粒状和细刺状皮质突起。侧线平直，中位，具黏液孔约 37 个。背鳍 2 个，微连，始于胸鳍基底上方，第一背鳍短，鳍棘细弱；第二背鳍长，鳍条末端达尾鳍基。臀鳍与第二背鳍相似，始于第二背鳍 4～5 鳍条下方。腹鳍胸位。胸鳍宽大，长圆形，下侧位，末端伸越肛门；下部 9～10 鳍条不分枝。尾鳍截形，后缘微凸。

体背侧褐色，腹部白色。头侧具 4 条暗色条纹，分别位于眼前方吻侧、眼下、眼后缘至鳃盖骨和眼间隔。体侧有 4 条暗色横斑，第一条位于背鳍 2～4 鳍棘下方至鳃孔背角，第二、第三条在第二背鳍的 5～9 鳍条下方和最后鳍基下方，第四条位于尾鳍基。第一背鳍的 2～4 鳍棘有一暗色斑，第二背鳍、胸鳍、臀鳍和尾鳍均有褐色小斑点形成的横纹。腹鳍白色。鳃盖膜和臀鳍基底橘红色。

【生态习性】淞江鲈为东亚暖温带沿海的降河洄游鱼类，喜欢在澄清的流水中生活。白天潜伏水底，夜间活动，一般在与海相通的淡水河川区域生长肥育。长至 1 龄即达性成熟，性成熟的个体于 11—12 月直至翌年 1—2 月，降河入海在沿海浅水地带产卵，初期 11—12 月雄鱼较多，后期 1—2 月雌鱼较多。性腺在游入海水时逐渐成熟。产卵场在牡蛎礁多的潮间带。在贝壳洞内产卵，2—3 月为产卵盛期，孵化后的幼鱼则向淡水进行溯河洄游。怀卵量为 5 100～12 800 粒。卵粘在穴顶壁上结为块状，由雄鱼守护。繁殖期不索食，繁殖后沿海索食。到 6 月海中的鱼全部返回淡水后索食。孵出的仔鱼长成幼鱼后于 4—5 月随潮水又回到淡水河川中生长肥育。稍大在江河内昼伏夜出。淞江鲈多以虾为食，兼食小鱼。

【分　　布】我国渤海、黄海和东海沿岸及河口均有分布。

【经济价值】淞江鲈为我国"四大淡水名鱼"之一。营养丰富，体内富含矿物质、维生素和氨基酸。目前已行不成渔汛。现人工繁育已经成功。

四十一、牙鲆

【拉　丁　名】*Paralichthys olivaceus*（Temminck et Schlegel，1846）

【英　文　名】Bastard halibut

【俗　　　名】牙片、偏口

【分类地位】 鲽形目 Pleuronectiformes、牙鲆科 Paralichthyidae

【形态特征】 背鳍 79，臀鳍 60，胸鳍 12，腹鳍 6，尾鳍 17。侧线鳞 117～135。鳃耙 5+15。体长为体高 2.3 倍，为头长 3.7 倍。头长为吻长 3.9 倍，为眼径 8.4 倍，为眼间距 7.6 倍。

体延长，呈卵圆形且平扁。双眼均位于头部的左侧方，有些位于右侧方。口开于吻部，下颌突出。牙尖锐，呈锥状，牙齿较发达。鳃盖膜相连，前鳃盖骨后缘游离，无皮膜或鳞片，左右侧线均发达。各鳍均无硬棘，背鳍始于眼睛的上方，背鳍与臀鳍均不高，长至尾柄前方，均不与尾鳍相连。基底短，两侧位置不一定对称，尾柄长而高，但眼侧的腹鳍一定不超过盲侧的第一鳍条。肛门偏于盲侧。有眼侧暗褐色，体部有少许黑色或深褐色斑点；无眼侧灰白色。奇鳍上有暗色斑纹。

【生态习性】 属于冷温性底层鱼类，栖息于较浅的大陆棚区，喜好沙泥底质的环境。漂浮性卵，孵化后小鱼外形和一般鱼类相同，身体左右对称，且先行漂浮性生活，成长后才至沙地上活动。具有保护色，会随外在环境之变化而改变体色。利用背鳍和臀鳍缓缓地游走，遇到敌人，则会摆动身体及尾部快速游动或躲入沙中。是沙地上的隐身能手。属肉食性，平时于沙地上觅食小鱼及甲壳类等。3 月北上生殖洄游，4 月有部分进入辽东湾。当秋季水温下降时逐步向较深的海域移动，一般 9、10 月移向 50 m 以下外海，11—12 月向南移至水深 90 m 或者更深的海底越冬，春季游回近岸水深 30～70 m 的浅水海域进行产卵繁殖。2～3 龄性成熟，4—7 月产卵于水深 20～60 m 处。

【分　　布】 我国沿海均有分布。国外见于朝鲜、日本、俄罗斯。

【经济价值】 牙鲆为我国名贵海水鱼类，营养丰富，肉味鲜美。目前已经成为重要的海水养殖对象。

四十二、木叶鲽

(引自《辽宁省水生经济动植物图鉴》)

【拉　丁　名】 *Pleuronichthys cornutus*（Temminck et Schlegel，1846）

【英 文 名】Horny turbot

【俗　　名】八角、鼓眼

【分类地位】鲽形目 Pleuronectiformes、鲽科 Pleuronectidae

【形态特征】背鳍 78～80，臀鳍 56～59，胸鳍 11，腹鳍 6，尾鳍 9。侧线鳞 98～101。鳃耙 2＋5～6。体长为体高 1.9～2.0 倍，为头长 3.8～4.4 倍。头长为吻长 5.9～10 倍，为眼径 2.9～3.2 倍，为眼间距 8.7～16 倍。

体偏高，呈卵圆形，体左右不对称，尾柄长大于尾柄高。口小，两侧口裂不等长，眼间距较窄，呈脊状隆起，前后各有小棘；吻短，吻长约为眼径一半。眼大，眼球突出，两眼均在头右侧，眼间距窄。有眼侧体褐色或红褐色，分布有不规则的黑色斑点，两颌均无牙；无眼侧为白色，两颌各有 2 至 3 行尖细牙齿。背、腹面被小圆鳞，体表黏液多。腹鳍起始于胸鳍后部至尾柄前端；一对较小的胸鳍；背鳍长，由眼部至尾柄前端。尾鳍呈楔形。头、体部及鳍上布满不规则的小暗色斑点。

【生态习性】属温水性底层经济鱼类，常栖息于温带与亚热带较深的海域，平时大多停栖于海底，并将鱼体埋藏于沙泥中，其体色能随环境变化略微发生改变，游泳能力不佳。其繁殖期在冬季，辽东湾有产卵鱼群。肉食性，主要以小鱼及小型甲壳类为食。

【分　　布】分布于我国沿海。国外见于朝鲜、日本。

【经济价值】沿海常见经济鱼类。

四十三、黄盖鲽

（引自《辽宁省水生经济动植物图鉴》）

【拉 丁 名】*Pseudopleuronectes yokohamae*（Güther，1877）

【英 文 名】Marbled flounder

【俗　　名】小嘴

【分类地位】鲽形目 Pleuronectiformes、鲽科 Pleuronectidae

【形态特征】背鳍 64～71，臀鳍 48～55，胸鳍 10～11，腹鳍 6，尾鳍 18～20。侧线

鳞 75～88。鳃耙 3～4＋6～7。体长为体高 2.1～2.5 倍，为头长 4.1～4.7 倍。头长为吻长 5.6～7.3 倍，为眼径 4.2～5.8 倍，为眼间距 16.7～21.8 倍。尾柄高为尾柄长 1.2～1.5 倍。体扁平，呈卵圆形，左右不对称，尾柄长稍短于尾柄高。头较小。吻较短，吻长短于眼径。眼小，均在头部右侧。鳃耙短宽而扁。鳞小，吻与腭无鳞，眼间有鳞。左右侧线发达。有眼侧两鼻孔位于下眼前方，前鼻孔具有一长管；无眼侧两鼻孔位高，接近头背缘。口小，前位，稍斜裂，有眼侧斜度较大。下颌前突，齿小，锥状，排列紧密，无眼侧齿多。尾鳍近双截形。有眼侧暗褐色或青灰色，体部、背鳍及臀鳍上均有大小不等的暗色斑纹，尾鳍后缘色暗，体浅褐色。

【生态习性】属于冷温性底层经济鱼类，随季节变化在近岸浅海和离岸深水之间移动。繁殖期在每年 3—4 月，产卵场在近岸区域，产后分散索饵；秋后逐渐离岸向深水移动。食性主要以小型虾、蟹类和小型鱼类为主，属于底栖动物食性鱼类。

【分　　布】分布于我国渤海、黄海、东海。国外见于朝鲜、日本。

【经济价值】沿海常见经济鱼类，肉质细嫩，鲜美。

四十四、条鳎

（源自中国水产科学研究院黄海水产研究所王俊研究员）

【拉　丁　名】*Zebrias zebra* （Bolch，1787）

【英　文　名】Zebra sole

【俗　　　名】花牛舌、花手绢

【分类地位】鲽形目 Pleuronectiformes、鳎科 Soleidae

【形态特征】背鳍 84～91，臀鳍 73～80，胸鳍 9～10，腹鳍 4，尾鳍 15～16。侧线鳞 106～137。体长为体高 2.5～2.9 倍，为头长 5.7～6.6 倍。头长为吻长 3.4～4.3 倍，为眼径 5.3～7.6 倍，为眼间距 8.5～9.5 倍。

体态呈卵圆形，极侧扁；两眼均位于身体右侧，眼间隔处有鳞片。口小，口裂弧形，口裂达下眼前下方；吻短钝；眼侧齿不发达，盲侧具细齿状；腭骨无齿。前鼻管单一短小，达下眼前缘。鳃膜与峡部分离。两侧被栉鳞，侧线被圆鳞。背鳍与臀鳍被鳞，分枝或不分枝，不与尾鳍相连；鳃膜不与胸鳍鳍条相连；左右腹鳍约对称；尾鳍圆形。眼侧体橄榄褐色，具有分散的小黑点，背缘的黑圆斑一般有 5 个，另外沿腹缘的黑圆斑有 4 个，沿侧线则有 7～8 个；胸鳍外缘 2/3 处为深黑色。

【生态习性】属于典型的温水性近海底层鱼类，生活在具有泥沙底质的海域。繁殖期在每年 5—6 月，产卵场在近岸，产后群体分散索饵；冬季水温下降，则离开岸边向深水区域移动。该鱼生长缓慢，食性主要以摄食甲壳类、多毛类等小型种类为主，为底栖动物食性。

【分　　布】我国沿海均有分布。国外见于朝鲜、日本、印度尼西亚。

【经济价值】属沿岸常见底层小型鱼类，经济价值一般。分布范围较广泛，个体小且数量不多，为渔业兼捕对象。

四十五、半滑舌鳎

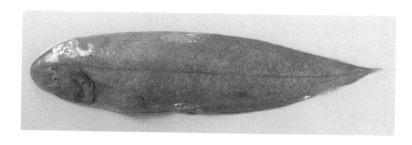

【拉 丁 名】*Cynoglossus semilaevis*（Güther，1873）

【英 文 名】Tongue sole

【俗　　名】踏板鱼

【分类地位】鲽形目 Pleuronectiformes、舌鳎科 Cynoglossidae

【形态特征】背鳍 112～124，臀鳍 93～97，腹鳍 4，尾鳍 10。侧线鳞 17～21＋113～121。体长为体高 3.3～5.2 倍，为头长 4.1～4.6 倍。头长为吻长 2.1～2.8 倍，为眼径 15.5～24.7 倍，为眼间距 10.5～17 倍。

体延长，状似舌，头较短，头长小于头高。吻短，眼睛很小，两眼均分布在头部左侧，上眼位置较下眼位置稍微靠前。口小，下位，口裂半月形，左右不对称。有眼侧上下颌无齿，无眼侧弯度较大且上下颌具有绒毛状细齿，呈不规则带状排列。鳞较小，背鳍及臀鳍与尾鳍相连，鳍条均不分支，无胸鳍，腹鳍只在有眼一侧出现，被膜与臀鳍相连，尾鳍末端较尖细。雌雄个体之间有较大的差异。侧线有 3 条，仅分布于有眼侧，无眼一侧没有侧线。有眼一侧呈褐色或暗褐色，无眼侧呈白色。

【生态习性】属于温水性近海底层鱼类，生活在泥沙底质海域。随季节变化在近岸浅海和离岸深水之间移动。每年5—10月，水温较高时栖息在沿海近岸，冬季水温下降则移向较深水域。个体大，生长快。繁殖期在每年9—10月，产浮性卵，圆球形。食物主要为小型虾、蟹类和小型鱼类，属于底栖动物食性。

【分　　布】我国沿海地区均有分布。国外见于朝鲜、日本、俄罗斯。

【经济价值】肉质细嫩，味道鲜美，属于大中型鲳类，亦是著名经济鱼类之一。

四十六、窄体舌鳎

【拉　丁　名】*Cynoglossus gracilis*（Güther，1873）

【英　文　名】Narrow tongue sole

【俗　　　名】踏板、牛舌

【分类地位】鲽形目 Pleuronectiformes、舌鳎科 Cynoglossidae

【形态特征】背鳍129～137，臀鳍102～108。侧线鳞12～13＋129～142。体长为体高4.2～4.6倍，为头长4.9～5.5倍。头长为吻长2.3～2.4倍，为眼径14.6～17.7倍，为眼间距12.8～13.8倍。

体延长、状似舌，非常扁平，尾端呈尖形，身体四周充满细短的鳍条，如变形虫。双眼均位于头部的左侧，眼睛小、且离得很近。口小、不对称，开口位置为下位。吻部向下方弯曲较大，呈钩形或弧形。无眼侧则具细小的绒毛状齿，有眼侧无齿，锄骨与腭骨均无齿。大多数种类的鳞片为小栉鳞，少数被为圆鳞。侧线有2～3条，均位于有眼侧，无眼侧则无侧线。背鳍起始于头部的前方且与臀鳍、尾鳍相连接，无胸鳍，尾鳍呈尖形。腹鳍大部分都位于有眼侧，无眼侧无腹鳍。

【生态习性】属于温水性近海底层鱼类。适应盐度范围广，具有洄游习性，可进入江河淡水中生活。体长一般为20～30 cm。产卵期位于春末夏初时期，主要以小型软体动物、小虾、鱼卵和植物碎屑为食，属于杂食性鱼类。

【分　　布】分布于我国渤海、黄海、东海等海域。国外见于朝鲜。

【经济价值】辽河口常见鱼类，自然资源量丰富，是辽河口重要野生经济鱼种之一。

四十七、绿鳍马面鲀

【拉 丁 名】*Navodon modestus*（Güther，1877）

【英 文 名】Bluefin leatherjacket

【俗 名】扒皮鱼、皮匠鱼

【分类地位】鲀形目 Tetraodontiformes、革鲀科 Aluteridae

【形态特征】背鳍Ⅱ，37～39；臀鳍 34～36；胸鳍 13～16；尾鳍 1＋10＋1。体长为体高 2.7～3.4 倍，为第二背鳍起点至臀鳍起点间距离 2.9～3.8 倍，为头长 3.3～3.8 倍。头长为吻长 1.2～1.5 倍，为眼径 3.5～5.4 倍。尾柄长为尾柄高 1.5～2.5 倍。体长为体高的 2.5～3.6 倍。

体型较侧扁，呈不规则的长椭圆形，一般体长范围在 10～30 cm，体重 400 g 左右。头较短，口小，牙齿呈门齿状。眼小、位高、近背缘。口裂水平线之下分布着密集的小鳃孔。鳞片细小，呈绒毛状排列。体表呈蓝灰色，无侧线，体侧表层有若干不规则暗色斑块。第一背鳍有 2 个鳍棘，第一鳍棘粗大并有 3 行倒刺；腹鳍退化成一短棘附于腰带骨末端不能活动，臀鳍形状与第二背鳍相似，始于肛门后附近；尾柄长，尾鳍截形，鳍条墨绿色。第二背鳍、胸鳍和臀鳍均为绿色。

【生态习性】属于暖温性底层鱼类，具有洄游习性。栖息水域水深一般不超过 100 m。喜欢集群活动，在越冬和产卵期间有明显的昼夜垂直移动现象。繁殖期在每年的 4—5 月，主要以浮游生物和贝类等附着生物为食。

【分 布】主要分布于我国东海及黄海、渤海。国外见于朝鲜、日本。

【经济价值】我国重要的海产经济鱼类之一，其年产量非常高，仅次于带鱼。食用方法多样，除鲜食外，可加工制成美味烤鱼片，是出口的水产品之一。

四十八、暗纹东方鲀

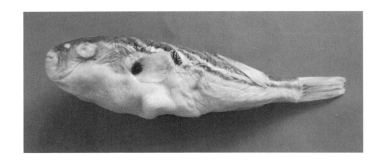

【拉　丁　名】*Takifugu obscurus*（Abe，1949）

【英　文　名】Obscure puffer

【俗　　　名】气泡鱼、廷巴、河豚鱼

【分类地位】鲀形目 Tetraodontiformes、鲀科 Tetraodontidae

【形态特征】背鳍 16～18，臀鳍 14～16，胸鳍 17～19，臀鳍 15～17，胸鳍 16～17，尾鳍 10（8 分枝）。体长为体高 3.7～4.1 倍，为头长 3.5～3.7 倍。头长为吻长 2.2～2.7 倍，为眼径 8.0～12.2 倍，为眼间距 1.5～1.7 倍。尾柄长为尾柄高 1.9～2.5 倍。

体近似圆形，向尾部逐渐变细，尾柄略侧扁。吻较短，头长适中，前端圆钝。口端位，横裂；下唇较长，包在上唇的外端；上下颌各有 2 个喙状牙板。眼小，侧上位。2 个鼻孔均位于眼前上侧。鳃孔中大，位于胸鳍基部前方。背部自鼻孔后方至背鳍前方，腹部自鼻孔下方至肛门前方以及鳃孔前后的皮肤上都被有刺状的小鳞。吻部、体侧和尾柄等处皮肤裸露、光滑，无刺状小鳞。背鳍较小，呈不规则的圆形；胸鳍短而宽。在胸鳍后上方体侧有 1 个镶有模糊白边的黑色圆形大斑。背部有数条浅黑色条纹。

【生态习性】属于中下层鱼类，具有溯河产卵的习性。一般春季集群溯河，产卵繁殖，幼鱼生活在江河或通江的湖泊中肥育，至翌年春季返回海中，在海中生长发育至性成熟后再进入淡水产卵。该鱼生性凶残，但是比较胆小，当环境恶劣时，同类之间相互残杀。其食道构造特殊，遇到敌害时，吸入空气和水，使胸腹部膨大如球，表皮小刺竖立，浮在水面装死，以此自卫。安全后，迅速排放胸腹中的空气与水后快速游走。食性广，幼鱼食性稍不同于成鱼，主要以轮虫、枝角类、桡足类、寡毛类、端足类及多毛类等浮游动物和小鱼苗为食。成鱼的动物性食物包括鱼、虾、枝角类、螺、昆虫幼虫、桡足类、蚌等；植物性食物包括高等植物的叶片、丝状藻类等。整体来讲属于偏肉食性的杂食性鱼类。

【分　　布】分布于辽宁各河口区及我国黄海、渤海、东海。

【经济价值】由于人为捕捞强度过大，天然资源衰退严重，目前，该物种在我国辽河口已不能形成渔汛。河豚肉味鲜美，脂肪和蛋白质含量都很高，但其皮肤、生殖腺、肝、血液中含有毒素。河豚的肝脏和卵巢可提取河豚毒素，用于治疗神经痛、痉挛、夜尿症等。

四十九、菊黄东方鲀

（源自中国水产科学研究院东海水产研究所张涛研究员）

【拉 丁 名】*Takifugu flavidus*（Li，Wang et Wang，1975）

【英 文 名】Yellowbelly pufferfish

【俗　　名】腊头棒子、廷巴

【分类地位】鲀形目 Tetraodontiformes、鲀科 Tetraodontidae

【形态特征】背鳍14～16，臀鳍13～14，胸鳍17～18，尾鳍11。体长为体高3.2～3.8倍，为头长3.0～8.5倍。头长为吻长2.3～3.2倍，吻长为眼后头长1.3～1.6倍，为眼径6.4～9.0倍，为眼间距1.5～1.7倍。尾柄长为尾柄高1.4～1.8倍。

体呈圆筒形，头胸部粗圆，微侧扁，由躯干向身体后部逐渐变细，尾柄呈圆锥状，后部渐侧扁。口稍小，前位。唇厚，下唇较长，其两侧向上弯曲，伸达上唇外侧。头大，钝圆，头长较鳃孔至背鳍起点距短。吻中长，钝圆，眼小，眼间隔宽。鼻瓣呈卵圆形突起，位于眼前缘上方；鼻孔每侧2个，紧位于鼻瓣内外侧。上下颌牙呈喙状，牙齿与上下颌骨愈合形成4个大牙板，中央缝明显。鳃孔中大，侧中位，呈浅斜弧形，位于胸鳍基底前方。鳃膜白色。只有一个背鳍，位于体后部、肛门稍后方，近似镰刀形，中部鳍条稍长。臀鳍一个，与背鳍几同形，基底与背鳍基底几相对。无腹鳍。胸鳍侧中位，短宽，近似方形，后缘呈稍圆形或半截形。尾鳍宽大，后缘呈稍圆形。体腔大，腹腔淡色。鳔大。有气囊。

【生态习性】属于温带近海底层经济鱼类。食性主要以贝类、甲壳类和鱼类为主。产卵期为春夏季节，在近海产卵繁殖，一般体长 15～25 cm。鱼体毒素分布范围广泛，主要在皮肤、肝脏、卵巢和血液中，肉无毒。

【分　　布】分布于我国黄海、渤海、东海。

【经济价值】近海河口区中小型肉食性鱼类，价值较高。人工养殖业发展较快。

五十、黄鮟鱇

【拉 丁 名】*Lophius litulon*（Jordan，1902）

【英 文 名】Yellow goosefish

【俗　　名】老头鱼、结巴鱼、蛤蟆鱼

【分类地位】鮟鱇目 Lophiiformes、鮟鱇科 Lophiidae

【形态特征】背鳍Ⅵ-8～11，臀鳍8～9，胸鳍21～22，腹鳍Ⅰ-5，尾鳍8。体长为体高 6.0～9.1 倍，为体宽 2.1～2.3 倍，为头长 1.8～2.4 倍。头长为吻长 1.8～2.5 倍，为眼径 12.3～16.9 倍，为眼间距 3.4～4.1 倍。尾柄长为尾柄高 0.9～2.0 倍。

体前部稍平扁，呈不规则圆盘状，向后身体逐渐细尖，呈柱状。头较大，宽扁。吻宽阔，背面中央无大凹窝。表皮平滑，无鳞，体侧具有许多皮须；附肢（胸蹼）肥厚；腭骨侧脊具两列低的锥形脊；眼间隔宽且稍凹陷；具有伪鳃（拟鳃）；肱骨脊发达，具2～3枚小棘。吻触手短，纤细，无卷须；饵球具有类似三角信号旗状的简瓣，没有长触毛和眼状囊（附肢）。第Ⅱ背鳍棘短，鳍棘末端呈深色并且具有黑色卷须；第Ⅲ背鳍棘长，色斑深，无卷须；第Ⅳ至第Ⅵ背鳍棘短，无卷须。黄褐色体背具有不规则的深棕色网纹；腹面呈浅色；背鳍基底具一深色斑；胸鳍底末梢呈深黑色；臀鳍与尾鳍深黑色；口腔呈淡白或微暗色，无彩色纹理。

【生态习性】属于近海底层经济鱼类，生活在泥沙底质的海域，游泳能力差，行动迟缓。常隐藏在水底，以吻触手及饵球引诱猎物前来，在瞬间一口吸入猎物。食性主要以鱼类及甲壳类为食。

【分　　布】分布于我国黄海、南海。国外见于太平洋、印度洋、大西洋。

【经济价值】鱼肉富含各种维生素，全身可食，其尾部肌肉可供鲜食或加工制作鱼松等；其鱼肚、鱼子均是高营养食品；皮可制胶；肝可提取鱼肝油；鱼骨是加工明骨鱼粉的好原料。

五十一、银鲳

【拉 丁 名】*Pampus argenteus*（Euphrasen，1988）

【英 文 名】Silvery pomfret

【俗　　名】平鱼、白鲳、扁鱼

【分类地位】鲈形目 Perciformes、鲳科 Stromateidae

【形态特征】背鳍Ⅸ～Ⅻ，Ⅰ-42～48；臀鳍Ⅵ～Ⅶ，Ⅰ-41～46；胸鳍24～27；尾鳍17。体形侧扁，呈卵圆形，背腹缘隆起高。一般体长20～30 cm，最长可达60 cm，体重300 g左右。头较小，吻圆钝略突出。口小，稍倾斜，下颌较上颌短，两颌各有细牙一行，排列紧密。体被小圆鳞，易脱落，侧线完全。体背部微呈青灰色，胸、腹部为银白色，全身具银色光泽并密布黑色细斑。成鱼腹鳍消失，尾鳍深叉形。

口小。鳞片小易脱落。体色银白，背部较暗。背鳍与臀鳍呈镰刀状。身体颜色为上部到腹部由灰色向银白色渐变，发情期下腭至腹部、臀部及臀鳍前几根鳍条，均为红色。

【生态习性】近海底层经济鱼类，生活在泥沙底质的海域，游泳能力差，行动迟缓。常隐藏在水底，以吻触手及饵球引诱猎物前来，在瞬间一口吸入猎物。食性主要以鱼类及甲壳类为食。

【分　　布】分布于我国黄海、渤海、东海、南海。国外分布于朝鲜、日本。

【经济价值】名贵海产食用鱼类之一。

第二节　甲　壳　类

一、中国对虾

【拉　丁　名】*Fenneropenaeus chinensis*（Osbeck，1765）

【英　文　名】Chinese shrimp

【俗　　称】东方虾、斑节虾、青虾

【分　　类】十足目 Decapoda、对虾科 Penaeidae

【形态特征】体形长大，侧扁，甲壳较薄，表面光滑。头部 5 节、胸部 8 节、腹部 7 节，全身共由 20 节组成。除尾节外，各节均有附肢 1 对。有 5 对步足，前 3 对呈钳状，后 2 对呈爪状。头胸甲前缘中央突出形成额角。额角上下缘均有锯齿。额角细长，平直前伸，顶端稍超出第二触角鳞片的末缘，其基部上缘稍微隆起，末端尖细。上缘基部 2/3 或 3/5 具 7～9 齿，末端尖细部分无齿；下缘具 3～5 齿，下缘齿甚小。头胸甲具眼眶触角沟、颈沟及触角侧沟，无中央沟及额胃沟。触角侧沟仅延伸至胃上刺附近。肝沟细而明显，平直前伸；其下方无肝脊。额角后脊至头胸甲中部消失。眼胃脊明显，占据自眼眶边缘至肝刺间距离的 3/5。头胸甲具触角刺、肝刺及胃上刺，眼眶角圆形无眼上刺，前侧角亦为圆形而无颊刺。腹部第 4 至第 6 节背部中央具有纵脊，第 6 节长约为高的 1.5 倍。

尾节长度微短于第 6 节，其末端甚尖，两侧无活动刺。头部 6 节与胸部的 8 节愈合成头胸部，并完全为头胸甲所覆盖。头部还包括额角和具柄的复眼，附肢从前到后依次为：第一触角、第二触角、大颚、第一小颚、第二小颚各 1 对。3 对颚足和 5 对步足。腹部 6 节，前 5 节各具一对腹肢，第六节具一对尾肢，与尾节组成尾扇。腹部腹肢发达适于游泳，每一体节包括一背板和一腹板。口位于头胸部腹面，由大颚、第一小颚、第二小颚及三对颚足共同形成口器。肛门位于尾节腹面基部。第一触角上触鞭长度约为头胸甲的 3.7 倍，下触鞭长度约为头胸甲的 2/3 而与额角相等。第二触角鳞片末缘超出第一触角柄但不及额角的末端，其触鞭很长，约为体长的 10.5 倍。第一小颚的内肢由 2 节或 3 节构成，第一节基部内外缘皆有一突起，内缘末端有一硬刺及一细毛，第二节短小，若具第三节者，则更细小。第三颚足雌性较短，仅伸至第一触角柄第二节中部附近，其指节细小，长度仅为掌节的 1/2；雄性较长，伸至第一触角柄末端或超出，其指节较雌性长，稍短于其掌节。5 对步足皆具短小的外肢，前 3 对步足皆呈钳状，以第 3 对步足为最长，伸至第一触角柄末端（雌）或第 2 触角鳞片末端（雄）附近；后 2 对步足伸至眼的中部附近。雄虾第一腹肢的内肢变形特化成交接器，略呈钟形，中部纵行卷曲，形成圆筒状，中叶的顶端稍尖，伸出到侧叶末缘之外；第二腹肢内肢内缘基部具一附属肢体，由两节构成，末节呈方圆形，其长度大于宽度。雌虾第 4～5 对步足基部的腹甲上，具有一圆盘状交接器，其长度略大于宽度，基部两侧各有 1 个小突起，中央有纵行开口，开口的边缘向外卷曲，口内为一空囊，称之为纳精囊，开口前方有一较大圆形突起，上生密毛。

【生态习性】属广温、广盐性、一年生暖水性大型洄游虾类，雄虾俗称"黄虾"，一般体长 155 mm、体重 30～40g；雌虾俗称"青虾"，一般体长 190 mm、体重 75～85g。体色青中衬碧，玲珑剔透，长半尺许。渤海湾对虾每年秋末冬初，便开始越冬洄游，到黄海东南部深海区越冬；翌年春北上，形成产卵洄游。4 月下旬开始产卵，怀卵量 30 万～100 万粒，雌虾产卵后大部分死亡。卵经过数次变态成为仔虾，仔虾约 18 d 经过数十次蜕皮后，变成幼虾，于 6—7 月在河口附近摄食成长。5 个月后，即可长成 12 cm 以上的成虾，9 月开始向渤海中部及黄海北部洄游，形成秋收渔汛。其渔期在 5 月中旬至 10 月下旬。中国对虾的生活史包括受精卵、胚胎期、无节幼体、溞状幼体、糠虾幼体、仔虾、幼虾和成虾等阶段。成熟的亲虾在近岸浅水水域产卵；胚胎发育阶段在卵膜内度过；孵化后为无节幼体、溞状幼体、糠虾幼体在水中营浮游生活；发育到仔虾之后由浮游生活逐渐转营底栖生活并向河口、浅水区移动；幼虾在近岸水域、河口地区生活，随生长而渐移向外海深水区，待成熟后又游至近岸产卵。中国对虾有明显的季节性洄游习性，5 月、6 月新生的幼虾，到 9 月、10 月体长与亲体大小相似，10 月底雄虾发育成熟，开始交配。此时近岸区水温降低，虾群开始向外海集结，12 月逐渐游离渤海，陆续经山东半岛沿岸到黄海南部深水区越冬。翌年春季 2 月、3 月又开始向北洄游，主群 3 月、4

月经山东半岛沿岸进入渤海，到4月底5月初开始在莱州湾、渤海湾及辽东湾各大河口附近产卵繁殖。

【分　　布】主要分布于黄海和渤海。

【经济价值】肉质细嫩，味道鲜美，营养丰富，并含有多种维生素及人体必需的微量元素，是高蛋白营养水产品。

二、日本鼓虾

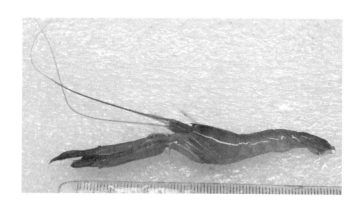

（源自中国水产科学研究院黄海水产研究所王俊研究员）

【拉　丁　名】*Alpheus japonicus*（Muers）

【英　文　名】Pistol shrimp

【俗　　　称】嘎巴虾、枪虾、狗虾、夹板虾、嘎嘣虾

【分　　　类】十足目 Decapoda、鼓虾科 Alpheidae

【形态特征】眼完全被头胸甲覆盖。第一对步足特别强大，钳状，左右不对称。雄性较雌性强大，体背面棕色或绿褐色。额角尖细而长，约伸至第1额角柄第1节末端。额角后脊不明显。大螯长，长为宽的4倍。掌长为指长的2倍左右，掌部内外缘在可动指基部后方各有1个极深的缺刻，外缘的背腹面各具1枚短刺。小螯细长，长度等于或大于大螯，掌部外缘近可动指基部处背腹面也各具1枚刺。尾节背面无纵沟，但具两对较强的活动刺。

【生态习性】栖息于沿岸浅海，幼体营浮游生活。喜欢穴居在海底的泥沙里。与鰕虎鱼共生。鼓虾遇敌时开闭大螯之指，发出响声如小鼓，故称鼓虾。鼓虾的繁殖期在秋季，卵产出后抱于雌性腹肢间直到孵化。鼓虾体长一般为35～55 mm。

【分　　布】我国沿海均有分布。

【经济价值】沿海常见经济虾类，味道鲜美。

三、斑节对虾

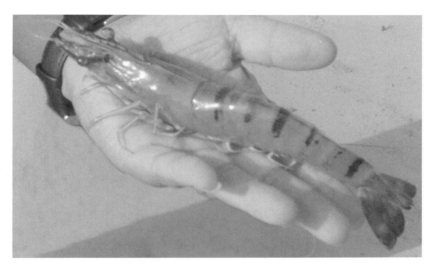

（源自天津农学院徐大为老师）

【拉　丁　名】*Penaeus monodon*（Fabricius）

【英　文　名】Giant tiger prawn

【俗　　　称】鬼虾、草虾、花虾、竹节虾

【分　　　类】十足目 Decapoda、对虾科 Penaeidae

【形态特征】体表光滑，壳稍厚，体色由棕绿色、深棕色和浅黄色环状色带相间排列。额角上缘 7～8 齿、下缘 2～3 齿，额角尖端超过第一触角柄的末端，额角侧沟相当深，伸至目上刺后方，但额角侧脊较低且钝，额角后脊中央沟明显，有明显的肝脊，无额胃脊。其游泳足呈浅蓝色，步足、腹肢呈桃红色。

【生态习性】喜栖息于沙泥或泥沙底质，一般白天潜底不动，傍晚食欲最强，觅食活动频繁。适温范围为 14～34 ℃，最适生长水温为 25～30 ℃，对盐度的适应范围为 5～25。水温低于 18 ℃以下时停止摄食，水温只要不低于 12 ℃，就不会死亡。杂食性，对饲料蛋白质的要求为 35％～40％，贝类、杂鱼、虾、花生麸、麦麸等均可摄食。自然海区中捕获的斑节对虾最大体长可达 33 cm，体重达 500～600g。

【分　　　布】我国沿海均有分布。

【经济价值】天然资源量较少，为当前世界上三大养殖虾类中养殖面积和产量最大的对虾品种，也是对虾中个体最大的一种，发现的最大个体长达 33 cm、体重 500～600g。成熟虾一般体长 22.5～32 cm、体重 137～211g，是深受消费者欢迎的名贵虾类。

四、日本对虾

【拉 丁 名】*Penaeus japonicus*（Bate）

【英 文 名】Marsupenaeus

【俗　　称】花虾、竹节虾、花尾虾、斑节虾、车虾

【分　　类】十足目 Decapoda、对虾科 Penaeidae

【形态特征】体被蓝褐色横斑花纹，尾尖为鲜艳的蓝色。额角微呈正弯弓形，上缘 8～10 齿，下缘 1～2 齿。第一触角鞭甚短，短于头胸甲的 1/2。第一对步足无座节刺，雄虾交接器中叶顶端有非常粗大的突起，雌交接器呈长圆柱形。成熟虾雌大于雄。体长 8～10 cm。额角齿式 $\dfrac{8\sim10}{1\sim2}$。具额胃脊，后端双叉型。额角侧沟长，伸至头胸甲后缘附近；额角后脊的中央沟长于头胸甲长的 1/2。尾节具 3 对活动刺。雌性交接器囊状，前端开口，有一圆突；雄性交接器中叶突出，并向腹面弯折。体表具土黄色和蓝色相间的鲜明横斑，尾肢具棕色横带。肝胃和额胃脊明显。

【生态习性】为广盐性虾类。其适温范围为 17～25 ℃，对盐度的适宜范围是 15～30。栖息于水深 10～40 m 的海域，喜欢栖息于沙泥底，具有较强的潜沙特性，白天潜伏在深度 3 cm 左右的沙底内，活动较少，夜间摄食活动频繁。觅食时常缓游于水的下层，有时也游向中上层。产卵盛期为每年 12 月至翌年 3 月。

【分　　布】主要产于中国的渤海、黄海及朝鲜的西部沿海。

【经济价值】营养极为丰富，蛋白质含量是鱼、蛋、奶的几倍到几十倍；还含有丰富的钾、碘、镁、磷等矿物质及维生素 A、氨茶碱等成分，且其肉质和鱼一样松软，易消化。

五、脊尾白虾

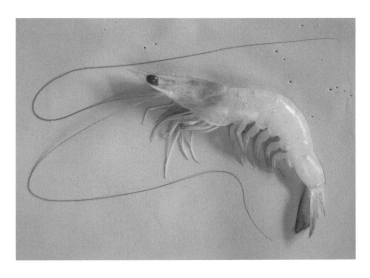

【拉　丁　名】*Exopalaemon carinicauda*（Holthuis）

【英　文　名】Ridgetail white prawn

【俗　　　称】白虾、五须虾、青虾、绒虾、迎春虾

【分　　　类】十足目 Decapoda、长臂虾科 Palaemonidae

【形态特征】体多侧扁，腹部不特别大，与对虾族区别在于第二侧甲覆盖于第 1 节侧甲的外面；前 2 对步足呈钳状或亚钳状，鳃叶状；雌虾产的卵抱于腹肢上。体长 5～9 cm。额角侧扁细长，呈 S 形，基部 1/3 具鸡冠状隆起，上下缘均具锯齿，上缘具 6～9 齿，下缘 3～6 齿。尾节末端尖细，呈刺状，尾节后部有活动刺 2 对，尖端两侧具两对小刺。体色透明，微带蓝色或红色小斑点，腹部各节后缘颜色较深。死后体呈白色。

【生态习性】生活于泥沙底之浅海或河口附近，适宜盐度为 6.8～30.4。繁殖期为 3 月、4 月至 10 月。3 月、4 月当水温达 12～13 ℃时，成熟亲虾即蜕壳、交配、产卵，受精卵黏附于前 4 对游泳足上。在水温 25 ℃左右受精卵经 10～15 d 孵化成溞状幼体，再经数次蜕皮成为仔虾。通常幼体经 3 个月即可长成 4～5 cm 的成虾。这时雌虾就能产卵。在适宜的环境下产卵能连续进行，抱的卵孵化以后，很快就再次抱卵，因此，从 3 月、4 月至 10 月都能看到抱卵的亲虾。5 cm 以下的亲虾抱卵通常 600 粒左右，7 cm 以下的可达 2 000～4 000粒。脊尾白虾对环境的适应性强，水温在 2～35 ℃范围内均能成活，水温 −3 ℃时也能生存；盐度 3.87～30 范围均能适应，在咸淡水中生长最快。对低氧的忍耐能力差，低于 1 mg/L 时，会因缺氧而死亡。在冬天低温时，有钻洞冬眠的习性。喜好群居。食性杂而广，蛋白质含量要求不高，不论死、活、鲜、腐的动植物饲料，或有机碎屑均能摄取，因此小鱼、小虾、豆饼、菜籽饼、米糠等及低档颗粒饲料都可以投喂，饲料来源广。一般生活在水深 1.5～15 m 处。

【分　　布】我国沿海有分布。

【经济价值】我国近海重要经济虾类，在黄海和渤海沿岸产量仅次于中国对虾和中国毛虾。其肉质细嫩，味道鲜美。除供鲜食外，还可加工成海米，因呈金黄色，故也有"金钩虾米"之称。卵可干制成虾籽，也是上乘的海味干品。

六、中国毛虾

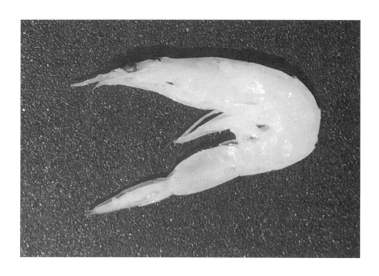

【拉 丁 名】*Acetes chinensis*（Hansen）

【英 文 名】China hansen

【俗　　称】雪雪、虾皮、毛虾、红毛虾、水虾、小白虾

【分　　类】十足目 Decapoda、樱虾科 Sergestidae

【形态特征】体型小，侧扁，体长 2.5～4 cm。甲壳薄。额角短小，侧面略呈三角形，下缘斜而微曲，上缘具 2 齿。尾节很短，末端圆形无刺；侧缘的后半部及末缘具羽毛状。第一触角鞭雌雄异形，雄性下鞭形成抱器；第二触角鞭特长，呈红色，约为体长的 3 倍多。仅有 3 对步足并呈微小钳状。体无色透明，唯口器部分及触鞭呈红色，第六腹节的腹面微呈红色。

【生态习性】喜群聚在湾内或江河口附近水域。游泳能力较弱，移动时主要随潮流定向浮游。无远距离洄游习性，仅随季节做定向移动。越冬场在黄海中部近岸水深 30 m 及渤海中部水深 25 m 左右处水域，冬末春初开始游向沿岸各湾或江河口水域产卵，产卵繁殖后亲体相继死亡。新生幼体生长迅速，2 个多月即发育成熟，开始产卵。此时，随夏季水温的上升，群体开始由近岸做往返移动，产卵场随之向外扩展，在渤海遍及整个三湾

水域。适温范围为 11～25 ℃，适盐范围为 4～35。秋末虾群开始向深水移动，冬季返回越冬场。越冬后亲体产卵生出的毛虾称夏一世代，夏一世代产卵生出的毛虾称夏二世代。夏一世代亲体生殖活动后，有一部分能继续生存下来，同夏二世代一起越冬，成为翌年夏一世代的亲体。主要食物为硅藻类、桡足类和有机碎屑。体外受精，抱卵发育孵化。0.5 龄可达性成熟，生殖期 5—9 月，盛期为 6 月和 8 月。

【分　　布】毛虾为我国特有种类，我国沿海均有分布，尤以渤海沿岸产量最多。渔汛期渤海为 3—6 月及 9—12 月。

【经济价值】因体小壳薄肉嫩，适于加工成虾皮或虾酱，是虾皮、虾酱的主要加工原料。市场上的虾皮即为毛虾加工而成。虾皮的营养价值很高，但以泥底海底出产的毛虾品质最好，营养价值高，风味独特。

七、中华绒螯蟹

【拉 丁 名】*Eriocheir sinensis*（H. Milne Edwards，1853）

【英 文 名】Chinese mitten crab

【俗　　称】河蟹、毛蟹、清水蟹、大闸蟹、螃蟹

【分　　类】十足目 Decapoda、方蟹科 Grapsidae

【形态特征】体近圆形，头胸甲背面为草绿色或墨绿色，腹面灰白，头胸甲额缘具 4 尖齿突，前侧缘亦具 4 齿突，第 4 齿小而明显。腹部平扁，雌体呈卵圆形至圆形，雄体呈细长钟状，但幼蟹期雌雄个体腹部均为三角形，不易分辨。螯足掌部内外缘密生绒毛。4 对步足是主要爬行器官，长节末前角各有 1 尖齿。腹部 7 节，弯向前方，贴在头胸部腹面。雌性腹肢 4 对，位于第 2 至第 5 腹节，双肢型，密生刚毛，内肢主要用以附卵。雄蟹仅有第 1 和第 2 腹肢，特化为交接器。

【生态习性】栖于淡水湖泊河流，但在河口半咸水域（盐度为 18～26，比重为 1.016～

1.020）繁殖。每年 6—7 月新生幼蟹溯河进入淡水后，栖息于江河、湖荡的岸边。喜掘穴而居，或隐藏在石砾、水草丛中。掘穴时主要靠 1 对螯足，步足只起辅助作用。以水生植物、底栖动物、有机碎屑及动物尸体为食。取食时靠螯足捕捉，然后将食物送至口边。营养条件好时，当年幼蟹体重可达 50～70g，最大可达 150g，且性腺成熟（一般两年），可与 2 龄蟹一起参加生殖洄游。

【分　　布】主要分布于亚洲北部、朝鲜西部和中国。我国北自辽宁鸭绿江口、南至福建九龙江、西迄湖北宜昌的三峡均有分布。

【经济价值】肉味鲜美，营养丰富，是重要的经济种类。

八、狭额绒螯蟹

（源自中国水产科学研究院淡水渔业中心徐东坡副研究员）

【拉　丁　名】*Eriocheir leptognathus*（Rathbun，1913）

【英　文　名】Platyeriochei

【俗　　称】毛蟹

【分　　类】十足目 Decapoda、方蟹科 Grapsidae

【形态特征】头胸甲呈圆方形，表面平滑，具小凹点。肝区低平，中鳃区具一条颗粒隆线，向后方斜行。额窄，前缘分成不明显的 4 齿，居中的 2 齿间的缺刻较浅。背眼窝缘凹入，腹眼窝缘下的隆脊具颗粒，延伸至外眼窝齿的腹面。前侧缘包括外眼窝齿在内共分 3 齿，第一齿最大，与第二齿之间具一 V 字形缺刻，第二齿锐而突，第三齿最小。自此齿引入一横行的颗粒隆线，位于前鳃区的前缘。第三对颚足较瘦而窄，居中的空隙较大。螯足，雄比雌大，长节内侧面的末半部具软毛，腕节内末角尖锐，下面有长软毛，掌节外侧面具微细颗粒，有一条颗粒隆线延伸至不动指的末端，此隆线在雌性特别显著，内侧面及两指内侧面的基半部均密具绒毛，但在雌性此处的毛较薄。步足瘦长，各对步足前、后缘均具长刚毛，但第一、第二两对步足前节与指节的背面，又各具一列长刚毛。

雄性腹部呈三角形，雌性腹部呈圆形。

【生态习性】生活环境为海水，多栖息于积有海水的泥坑中，或河口的泥滩上及近海河口处。杂食性，食腐肉。

【分　　布】分布于我国的福建、浙江、江苏、山东以及渤海湾、辽东湾等地。国外分布于朝鲜。

【经济价值】具有一定的食用价值。味道鲜美。

九、天津厚蟹

【拉　丁　名】*Helice tientsinensis*（Rathbun，1931）

【俗　　称】烧夹子

【分　　类】十足目 Decapoda、方蟹科 Grapsidae

【形态特征】头胸甲呈四方形，宽度稍大于长度，表面隆起具凹点，分区明显。前侧缘除外眼窝齿外共分 3 齿，第一齿大，呈三角形，第二齿较小而锐，第三齿很小，第二、第三两齿的基部各有一条颗粒隆线，向内后方斜行，雄性眼窝下腹缘的隆线，中部膨大，由 5～6 颗光滑的突起所组成，内侧部分具 10～15 个颗粒，越到内端则越小，外侧部分具 20～29 个颗粒，愈到外端则愈小，雌性眼窝下腹缘的隆线在中部并不膨大，共具 34～39 个细颗粒，最内面的 4 个较延长。螯足长节内侧面的发音隆脊短而粗，掌节甚高，光滑，可动指的背缘一般平直，各对步足长节的前、后缘近平行，第一对步足前节的前面具绒毛，第二对步足前节的绒毛稀少或无。雄性腹部第六节两侧缘的末部比较靠拢，尾节长方形。雌性腹部圆大。

【生态习性】穴居于河口的泥滩或通海河流的泥岸上。4—5 月抱卵繁殖。杂食性，食腐肉。

【分　　布】我国的广东、福建、江苏以及山东半岛，渤海湾、辽东半岛均有分布。

【经济价值】资源量较大，味道鲜美。

十、口虾蛄

【拉　丁　名】*Oratosquilla oratoria*（de Haan）

【英　文　名】Edible mantis shrimp

【俗　　　称】虾虎、虾公、虾耙子

【分　　　类】口足目 Stomatopoda、虾蛄科 Squillidae

【形态特征】头胸甲前缘中央有 1 片能活动的梯形额角板，其前方有能活动的眼节和触角节。腹部宽大，共 6 节，最后另有宽而短的尾节，其背面有中央脊，后缘具强棘。第一触角柄部细长，分 3 节，末端具 3 条触鞭，司触觉。第二触角柄部 2 节，上生有 1 条触鞭和 1 个长圆形鳞片。口器、大颚十分坚硬，分为臼齿部和切齿部，都有齿状突起，能切断和磨碎食物；大颚触须 3 节，不显著，有感觉作用。第一小颚小，原肢 2 节，其内缘具刺毛。第二小颚呈薄片状，由 4 节构成，内缘具密毛。这 2 对小颚能辅助大颚撕碎食物。胸部具 8 对附肢，前 5 对是颚足，后 3 对是步足（与十足目 3 对颚足、5 对步足正好相反）。第一对颚足细长，末节末端平截并具刷状毛；第二颚足特别强大，末节（指节）侧扁，有 6 个尖齿，可与掌节的边缘凹槽部分吻合，为捕食和御敌利器，称为掠肢；第三至第五对颚足比第一对短，末端为小螯。这些腹肢能将捕捉到的食物送入口中。5 对颚足皆无外肢，但基部具圆片状的上肢。步足细弱无螯，原肢 3 节，下接内外肢，不适于爬行。雄性第三步足基部内侧有 1 对细长的交接棒。腹部前五腹节各有 1 对腹肢，由柄节和扁叶状的内外肢构成，有游泳和呼吸的功能。鳃生在外肢的基部，有许多分枝的鳃丝。每一腹肢的内肢内侧有 1 个小内腹肢，与相应另一侧的小内腹肢相互连接，使 1 对腹肢连成整体，便于游泳。雄性第一对腹肢的内肢变形，成为执握器，交配时用以握住雌体。腹部最后一对腹肢为发达的尾肢，原肢 1 节，外肢 2 节，内肢 1 节，片状。原肢内侧有一强大的叉状刺突，称基突或双刺突，伸于内外肢之间。尾肢与尾节构成尾扇，除具有游泳功能外，并可用以掘穴和御敌。虾蛄类的口位于腹面两个大颚之间，口经食道通入胃，后接肠道，纵穿腹部，向后通至肛门。肛门开口于尾节腹面。心脏呈长管状，从头胸部背面的后端直伸到第五腹节，心脏向两侧和前后伸出动脉血管，通往各部器官组织。雌性生殖孔成对，多在第六胸节的腹面开口，卵巢位于身体背部心脏的下方，怀卵时从头胸部向后伸展，经腹部直至尾节。雄性的一对生殖孔在胸部末节的腹面。头部第二触角基部的小颚腺为排泄器官。

【生态习性】穴居，常在浅海沙底或泥沙底掘穴，穴多为 U 字形。肉食性，多捕食小型无脊椎动物。口虾蛄能以尾肢摩擦尾节腹面或以掠肢打击而发声。性情凶猛，视力十分锐利。善于游泳，多捕食底栖性不善于游泳的生物，包括各种贝类、螃蟹、海胆等。雌雄异体，1 周年性成熟，多数学者认为交配时间在 9—11 月雌口虾蛄未蜕皮之前。一般进行一次交配，再次交尾也时有发生。其繁殖期为 4—9 月，盛期在 5—7 月。繁殖季节，胸部第四节至尾节呈黄褐色，背面有黑色素分布，体轴中线上色素较集中。在第五、第六节处卵巢厚度最大，尾节处扩大，充满尾节，呈扇形。精巢呈乳白色。口虾蛄平均产卵量为 3 万～5 万粒，多者 20 万粒。

【分　　布】为渤海湾特有品种，产量较多。

【经济价值】味道鲜美，经济价值较高。

十一、三疣梭子蟹

【拉 丁 名】_Portunus trituberculatus_（Rafinesque，1815）

【英 文 名】Swimming crab

【俗　　称】飞蟹

【分　　类】十足目 Decapoda、梭子蟹科 Portunidae

【形态特征】头胸甲呈梭形，稍隆起，表面具分散的颗粒，在鳃区的较粗而集中，此外又有横行的颗粒隆浅 3 条，胃区、鳃区各 1 条。疣状突起共 3 个，胃区 1 个，心区 2 个。额分两锐齿，较眼窝背缘的内齿略小，眼窝背缘的外齿相当大，眼窝腹缘的内齿长大而尖锐，向前突出。口上脊露出在两个额齿之间。前侧缘包括外眼窝齿共具 9 齿，末齿长大，呈刺状。有胸足 5 对，螯足发达，长节呈棱柱形，前缘具 4 锐刺，腕节的内、外缘末端各具一刺，后侧面具 3 条颗粒隆线，掌节在雄性甚长，背面两隆脊的前端各具一刺，外基角具一刺。可动指背面具 2 隆线，不动指外面中部有一沟。两指内缘均具钝齿。第四对步足呈桨状，长、腕节均宽而短，前节与指节扁平，各节边缘具短毛。雄性蓝绿色，雌性深紫色。

【生态习性】一般生活在 3～5 m 海底，冬天移居到 10～30 m 的泥沙海底越冬，喜在泥沙底部穴居。其适应盐度为 16～35，水温在 4～34 ℃，pH 在 7～9，最适盐度为26～32，最适温度在 22～28 ℃。水质要求清新、高溶氧，当环境不适应或脱壳不遂时有自切步足现象，步足切断后能再生。杂食性动物，喜欢摄食贝肉、鲜杂鱼、小杂虾等，也摄食水藻嫩芽、海生动物尸体以及腐烂的水生植物。交配季节在黄海、渤海为 4—5 月到初冬。

【分　　布】我国沿海均有分布。

【经济价值】肉多，脂膏肥满，味鲜美，营养丰富。每百克蟹肉含蛋白质 14g、脂肪2.6g。鲜食以蒸制为主，还可盐渍加工"呛蟹"、蟹酱。蟹卵经漂洗晒干即成为"蟹籽"，均为海味品中的上品。

十二、日本蟳

【拉 丁 名】*Charybdis japonica*（A. Miline-Edwards）

【英 文 名】Japanese stone crab

【俗　　称】赤甲红

【分　　类】十足目 Decapoda、梭子蟹科 Portunidae

【形态特征】全身披有坚硬的甲壳，背面灰绿色或棕红色，头胸部宽大，甲壳略呈扇状，头胸甲长与宽比约为 2：3；前方额缘有明显的尖齿 6 个，以中央两齿为大；前侧缘亦有 6 个宽锯齿，额两侧有具短柄的眼 1 对，能活动。口器由 3 对颚足组成，前端有大小触角 2 对。胸肢 5 对，第 1 对为强大的螯足；第 2～4 对，长而扁，末端爪状，适于爬行；最后 1 对，扁平而宽，末节片状，适于游泳。腹部退化，伏于头胸部下方，无尾节及尾肢，雌性腹部呈圆形，雄性呈三角形，腹肢退化，藏于腹的内侧，雌者 4 对，用以抱卵；雄者仅 2 对，且已特化为交配器。

【生态习性】生活于潮间带至水深 10～15 m 有水草或泥沙的水底，或潜伏石底。常以小鱼、小虾及小型贝类为捕食对象，有时也食动物的尸体和水藻等。交配产卵盛期在 5 月中旬至 6 月下旬。

【分　　布】主要分布于日本、马来西亚等国家以及我国的广东、福建、浙江、山东半岛、台湾等地区。

【经济价值】重要经济物种。味鲜美，营养丰富。

十三、日本关公蟹

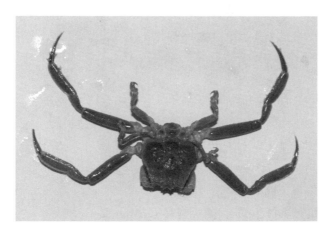

（源自中国水产科学研究院黄海水产研究所王俊研究员）

【拉　丁　名】*Dorippe japonica*（von Siebold）

【英　文　名】Craw

【俗　　称】平家蟹

【分　　类】十足目 Decapoda，关公蟹科 Dorippidae

【形态特征】头胸甲的前半部较后半部为窄，具短毛，各区隆起部分光滑，肝区凹陷。前鳃区的周围有深沟，鳃区中部甚隆。侧胃区稍隆，中胃区的两侧有深的凹点，后胃区小而明显。心区凸起如球状，前缘具 V 形深凹。头胸甲后缘隆起。额窄，颗粒稀少，前缘具凹陷，表面中间具一浅沟。从背面看不见内口沟的隆脊。雌性螯较小而对称，雄性螯较大而常不对称，长节呈三棱形，弯曲；腕节隆起，内缘具短毛；掌节光滑，背、腹缘具短毛。前两对步足很长，为头胸甲长度的 3～4 倍，长节后缘各具明显颗粒，毛稀少，腕节前缘有一沟，具短毛，前节背腹面均具纵沟，指节长，前后缘与前节同样具毛。后两对步足细弱，短小，位于背部，具钩状指。

【生态习性】营底栖生活，生活在浅海泥沙质海底。

【分　　布】主要分布于日本、朝鲜等国家以及我国的广西、广东、福建、浙江、江苏、山东、辽东湾、辽东半岛、台湾等地区。

【经济价值】经济价值不高，主要作为兼捕对象。

十四、中华虎头蟹

【拉　丁　名】*Orithyia sinica*（Linnaeus）

【英　文　名】Chinese tiger-head crab

【俗　　称】鬼头蟹、虎头蟹

【分　　类】十足目 Decapoda、虎头蟹科 Orithyedae

【形态特征】头胸甲圆形，表面有颗粒状隆起，在前部及中部特别显著。鳃区各有一个呈深紫色圆斑，如虎眼状。额部窄，具 3 锐齿，中部较大而突出，长度稍大于宽度。分区明显，疣状突起对称地分布于各区中心。额具 3 个锐齿，居中者较大，前侧缘具 2 个疣状突起及一壮刺，后侧缘具两壮刺，后缘圆钝。螯足不对称，左大右小。第 4 对步足呈桨状，指节扁平卵圆形。腹部雄性短小呈三角形，雌性卵圆形。

【生态习性】喜欢生活在沙质、泥沙质的海底，常昼伏夜出，多在夜间觅食，有明显的趋光性。栖息水环境要求水质清洁，对温度、盐度的适应范围较广。肉食性，常以牡蛎、蛤类、缢蛏、泥蚶等贝类和鱼、虾、蟹等为食，也兼食动物尸体及少量藻类。

【分　　布】我国黄海、渤海及东南沿海均有分布。

【经济价值】属近海温水性大型经济蟹类。

第三节 贝 类

一、福氏玉螺

【拉 丁 名】 *Lunatica gilva*（Philippi，1851）

【英 文 名】 Polinices fortunei

【俗 名】 棕色玉螺

【分类地位】 中腹足目 Mesogastropoda、玉螺科 Naticidae

【形态特征】 贝壳约由 6 层螺层组成，近似球形。螺旋部明显凸起，约占壳高的 1/3，体螺层较膨大，生长纹致密，平滑无肋条。壳表层呈黄白色，上有许多紫褐色斑点。基部银白色，壳顶呈紫色。壳口呈现不规则的卵圆形，内面颜色为青白色。螺纹外缘呈弧线形，内唇中部形成一个结节。脐较窄，下半部几乎被结节覆盖。壳高约 30 mm，螺塔稍高，大多数贝壳呈赤棕色，但也有少许呈青灰色，壳口内色彩相同，脐孔深而小。

【生态习性】 主要生活在潮间带、底质为泥或泥沙滩上。海水退潮后，其匍匐在海滩上，或钻入泥沙内觅食，移动能力较强，属于肉食性贝类，主要食物为双壳类。2 龄可达性成熟，繁殖期在每年 7—8 月，逐渐移向浅滩，冬季移向较深水区。属于雌雄异体、体内受精软体动物。

【分 布】 我国沿海地区均有分布。

【经济价值】 肉质蛋白含量高、脂肪含量低，是海味珍品，具有广阔的开发和利用前景。

二、扁玉螺

【拉　丁　名】 *Neverita didyma*（Röding，1798）

【英　文　名】 Bladder moon

【俗　　　名】 海脐、肚脐螺、大玉螺

【分类地位】 中腹足目 Mesogastropoda、玉螺科 Naticidae

【形态特征】 贝壳呈半球形，坚硬厚实，背腹扁平宽大，螺层约 5 层。壳高可达 3 cm，宽约 4.5 cm。螺塔较低，低层较大。壳顶很小，螺旋部较短，由壳顶向上体螺层宽度突然加大。贝壳表面光滑、无肋纹，但生长纹非常明显。壳表面呈淡黄褐色，顶端为紫褐色，基部为白色。贝壳底部有脐眼，上有棕色脐盘遮盖。壳口呈不规则卵圆形，外唇较薄，呈弧形；内唇滑层较厚，中部形成与脐相连接的深褐色胼胝，沟痕明显。脐孔大而深。厣角质，黄褐色。

【生态习性】 喜栖息于潮间带水深 50 m 的海区，底质为沙或泥沙质，通常在低潮区 10 m 左右水深处生活。常以其他贝类为食，属于肉食性贝类。产卵期在每年的 8—9 月，卵群和细沙混合黏在一起，呈围领状。

【分　　　布】 我国沿海常见种类。

【经济价值】 属于我国营养价值较高的海水经济贝类之一。肉可食用，贝壳可供观赏，制作工艺品，具有很高的食用价值、广阔的养殖前景及市场开发潜力。

三、斑玉螺

【拉　丁　名】 *Natica tigrina*（Roding，1791）

【英　文　名】 Natica maculosa

【俗　　　名】 花螺、香螺

【分类地位】中腹足目 Mesogastropoda、玉螺科 Naticidae

【形态特征】贝壳近球形，壳薄，结实。壳高 27.1 mm，壳宽 22.1 mm。螺层约 6层。螺旋部高起，约占壳高的 1/3。体螺层较膨大，光滑无肋，生长纹细密。壳黄白色，布满紫褐色斑点。基部白色，壳顶紫色。壳口卵圆形，内青白色。外唇弧形，内唇中部形成 1 个结节。脐不十分宽大，下半部几被结节掩盖。厣石灰质。壳薄而坚固，壳宽与壳高近相等。每层的壳面稍隆起，缝合线较浅。壳顶小，呈乳头状。外唇薄，呈弧形。内唇上部不明显，中下部加厚，中部形成 1 个结节附在脐的外方，脐孔大，不深。外侧边缘有两条肋纹。

【生态习性】栖息于潮下带较深沙泥质海底，海水深 20～78 m。穴居生活时，深度可达 5～8 cm。海底拖网常采到。肉食性或腐食性，主要食物为双壳类、底栖性贝类或死亡的鱼类。夏天时会在海底产下大型卵块。通常 2 龄可达性成熟，生殖期为每年的 8—9 月。属于雌雄异体、体内受精贝类。

【分　　布】我国沿海地区均有分布。

【经济价值】我国沿海地区主要经济贝类之一。肉质肥厚，味道鲜美，可鲜食。贝壳还可制作工艺品。

四、古氏滩栖螺

【拉　丁　名】*Batillaria cumingi*（Crosse，1862）

【英　文　名】Crosse's creeper

【俗　　　名】锥玻螺、吸玻螺

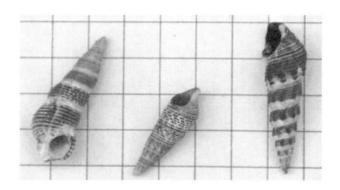

【分类地位】中腹足目 Mesogastropoda、汇螺科 Potamodidae

【形态特征】贝壳高 25 mm，宽 8 mm，呈塔形，贝壳表层具有低平且细的螺肋和纵肋，纵肋有变化。壳表面呈黑灰色，常有若干条白色螺带。贝壳呈长锥形，壳坚厚。螺层约 9 层，缝合线明显，各层宽度较均匀。壳顶尖细，常被磨损而显得平滑。螺旋部突出高于体螺层，体螺层短小，略向腹方弯曲。壳面有低小螺肋多条，两肋间呈细沟状。纵肋较宽粗，在壳上部发达。贝壳基部较膨胀，下部变窄。壳面青灰或棕褐色，有 6～7 条灰白色横宽纹。壳口卵圆形，前沟缺刻状，后沟很短小，不明显。外唇薄，向外扩张并反折，内唇稍扭曲。壳内面有深褐色带。厣角质，褐色。

【生态习性】系广温性底栖贝类，生活在潮间带上区的泥沙滩上。可作短距离移动，食物主要以藻类为主。生殖时集群成堆。属于雌雄异体、体内受精贝类。

【分　　布】我国沿海地区均有分布。

【经济价值】一般食用品种，可鲜食。无经济价值。

五、香螺

【拉　丁　名】*Neptunea cumingi*（Crosse，1862）

【英　文　名】Neptune

【俗　　　名】海螺

【分类地位】新腹足目 Neogastropoda、峨螺科 Buccinidae

【形态特征】属中、大型贝类，体型较长，近菱形。香螺圆胖而厚重。整体呈长双锥形，有 8 个螺层左右，在壳顶的第一个螺层甚小为胎壳，以下逐渐增大而以体螺层最大，体螺层长度几达壳全长的 2/3。纵肋在壳顶以下的第 2～5 螺层较为清楚，各螺层表面肩部以上有 3～5 条螺旋状的螺肋排列，而螺肋之间还有细螺肋存在，肩部以下有 2 条螺旋状的较粗螺肋。各螺层间有缝合线区分开来，螺层外貌为谷仓形，因此螺层的肩部很明显，具有多个扁三角形的突起。贝壳颜色为肉色，表面有土棕色、绒布状感觉的壳皮。壳口甚大与前水管沟相连接，外唇在壳长达 18 cm 以上者会加厚。

【生态习性】生活在潮下带、较深沙泥质海底，海底拖网经常能采到。属于肉食性或腐食性贝类，主要以底栖性贝类或死亡的鱼类为食。繁殖季节在夏季，在海底产下大型卵块，产卵场在深海 20～78 m 的泥沙质海底上，5—6 月为产卵期。

【分　　布】我国北方常见种，其中黄海、渤海产量较高。

【经济价值】肉质肥厚，味道鲜美。其肉、贝壳均有药用价值。

六、脉红螺

【拉 丁 名】*Rapana venosa*（Valenciennes，1846）

【英 文 名】Veined rapa whelk

【俗　　名】海螺、红螺、菠螺

【分类地位】新腹足目 Neogastropoda、骨螺科 Muricidae

【形态特征】该物种贝壳较大，略呈不规则的四方形，壳质坚硬厚实，壳高可达 10.4 cm，宽 7.8 cm，约有 6 层螺层，缝合线较浅。螺旋部明显凸起，其高度约占壳高的 1/5～1/4。螺层中部宽大，基部狭窄。壳面密生较低的螺肋，粗细略均匀。在各螺层的中部和体螺层的上部，有一条螺肋突然向外突出形成肩角，肩角将螺层分为上下两部，上下两部相交近于90°角，其上部有时有褶皱。在体螺层的下部有3～4条具有结节状棘状突起的粗螺旋肋，有的具较弱的结节突起。壳色黄褐，具棕色或紫棕色斑点。壳口较大，内面杏红色。外唇边缘随着壳面的粗肋形成棱角，内缘具多数褶襞；厣角质，核位于外侧。

【生态习性】主要栖息于数米或十余米水深的浅海海底，底质为泥沙、碎贝壳等。幼小个体通常生活在潮间带的岩礁之间。通常与菲律宾蛤仔、中国蛤蜊和竹蛏等混栖在一起，并以其为食；幼螺多生活在低潮线附近，潜入泥沙中捕食瓣鳃类为食，成螺多生活在低潮线下数米水深处。10月至翌年3月分散活动，若水温低于5 ℃时，潜入水底进入休眠状态。动物食性，浮游稚螺摄食单细胞藻类，变态落栖后转为动物食性，主要摄食瓣鳃类和水生动物尸体。产卵期为每年5—8月。

【分　　布】我国渤海、黄海和东海均有分布。

【经济价值】肉质厚实，味道鲜美。除了鲜食，也可加工干品和罐头食品，为我国主要经济贝类之一。贝壳可制作工艺品，也是加工石灰的原料。肉、厣、贝壳可入药。

七、泥螺

【拉　丁　名】*Bullacta exarata*（Philippi，1848）

【英　文　名】Say's paper-bubble

【俗　　　名】泥蛳

【分类地位】头楯目 Cephalaspidea、阿地螺科 Atyidae

【形态特征】外壳较薄且脆弱，多呈卵圆形，成贝体长约为4 cm，宽1.2～1.5 cm。壳较小，不能包住泥螺全部身体，腹足两侧的边缘通常裸露在壳的外面，反折过来遮盖了壳的一部分。体态呈不规则的长方形，头盘较大呈拖鞋状，无触角。壳无螺塔。外套膜薄，被贝壳包被。

【生态习性】泥螺属于生活在潮间带区域的底栖动物，主要栖息于中低潮区、底质为泥沙或泥的滩涂上。海水退潮后，泥螺可以在滩涂表面爬行，但是行动较缓慢，它用头盘掘起泥沙，同时身体可分泌黏液，泥沙与黏液相混合包裹在身体表层，酷似一堆凸起的泥沙球，可对泥螺起保护作用。对温度和盐度的适应范围广，生活能力强，易生长。泥螺属于雌雄同体生物，但异体受精。性成熟季节来临时，常可见到雌雄螺在滩涂上交尾，产下一圆形胶质膜包被的透明卵群，每群有一胶质柄固着在海滩上。卵群随潮涨潮落在水中波动，密密麻麻的煞是壮观。当水温 25～28 ℃时，受精卵经过 4 d 孵化，即可完成胚胎发育。若孵化水温较低时，其发育速度相应减慢。在发育过程中要经过一段浮游生活期，后变态成幼螺开始底栖生活。食性主要以底栖藻类、有机碎屑、无脊椎动物的卵、幼体和小型甲壳类等为食。

【分　　布】我国沿海地区均有分布。

【经济价值】螺肉肉质爽口，新鲜味美，营养丰富，可煲粥、炒螺肉食用。也可盐腌、酒渍加工成泥螺罐头，螺肉切片加工速冻。

八、魁蚶

【拉 丁 名】_Scapharca broughtonii_（Schrenck，1867）

【英 文 名】Ark shell

【俗　　名】赤贝、大毛蛤、血贝

【分类地位】蚶目 Arcoida、蚶科 Arcidae

【形态特征】属于大型蚶类，壳长 9 cm、宽 8 cm、高 8 cm。壳质坚硬且厚实，整体呈斜卵圆形，极端较膨大。左右两壳大小、厚度基本相同。壳背边缘平直，两侧有许多钝角呈现，前端及腹面边缘较圆，后端则延伸拉长。壳表面有 42～48 条清晰的放射肋，大多数个体有 43 条放射肋。放射肋厚度小、较扁平，肋上无明显结节或突起。壳表面的同心生长轮脉，在腹缘略呈鳞片状。壳表面呈现白色，被棕色绒毛状壳皮，有的肋沟呈黑褐色。铰合部直，约 70 枚铰合齿，中间细小直立，两端渐大而外斜。壳内面灰白色，壳缘有毛，边缘具齿。闭壳肌痕明显，前痕较小，呈卵形；后痕外套痕明显，鳃黄赤色，大多数呈梨形。

【生态习性】喜栖息于水深 3～5 m 的海域，软泥或泥沙质底质，埋栖在泥沙中，较浅，体后端常露出底表，通过足丝牢固地附着在石砾或死贝壳上。生长的适温范围较广，5～25 ℃均可满足其正常生长，适盐度范围为 25～32。生活在黄海、渤海区域的种群在每年的 4—10 月生长最快，10 月至翌年 3 月水温较低时生长缓慢或停止生长。属于滤食性贝类，主要以浮游硅藻及有机碎屑为食。魁蚶属于雌雄异体，精子和卵子排入水中受精发育，2 龄贝就有繁殖能力。在我国北方地区繁殖期为 6—9 月，其中繁殖盛期在每年的 7—8 月。

【分　　布】在我国沿海地区均有分布。

【经济价值】魁蚶属于大型蚶之一。味道鲜美，出肉率高，市场上通常销售新鲜的冻净肉，即赤贝肉，鲜度极高。赤贝肉为海鲜火锅原料，也可以蘸芥末、芝麻酱、醋等调料生吃。

九、毛蚶

【拉　丁　名】*Scapharca subcrenata*（Lischke，1869）

【英　文　名】Hairy clam

【俗　　名】毛蛤、瓦楞子

【分类地位】蚶目 Arcoida、蚶科 Arcidae

【形态特征】壳质坚硬厚实，呈长卵圆形，通常两壳大小不相等，右壳较左壳稍小。

背侧两端略呈菱形，腹缘前端略圆，后缘稍微延长。壳顶较突出，向内卷曲，位置偏向前方，两壳顶之间的距离不远。壳面有 31～39 条明显的放射肋，肋上有若干方形小结节，状似瓦垄。腹侧的生长纹极其明显。壳表面呈白色，被有一些褐色绒毛状壳皮。壳内呈乳白色，壳缘具有细齿。两壳铰合处很窄，呈直线形。

【生态习性】主要栖息于内湾浅海低潮线下至水深十多米的泥沙底中，尤喜栖息于有淡水的河口区域附近，以 4～8 m 居多。食性主要以硅藻和有机碎屑为主。小满后毛蚶产卵停止、个体长大肥满时可收获。渤海辽东湾的毛蚶群体多在每年的 7 月上旬至 8 月上旬产卵，其中繁殖期间有 2～3 次精卵排放高峰，每次间隔时间约为半个月。壳长 4 cm 的个体一次排卵量可达 200 万～300 万粒。产卵对水温要求严格，为 25～27 ℃。幼虫主要在海水中生活，通过担轮幼虫期进入 D 型幼虫期，生长至 150 μm 时壳顶开始明显大于壳高，近似长卵形；壳长达 220 μm 以后出现"眼点"，标志着该物种将进入附着变态生活。幼虫结束浮游生活后，主要通过足丝（呈带状，终生存在）附着在沙粒、贝壳、海藻等固体物上。壳长达 1.2～1.5 cm 时，落入海底进入浅埋生活，经 2～2.5 年长成成贝。

【分　　布】在我国沿海地区均有分布。其中以辽东湾、莱州湾、渤海湾、海州湾等浅水区资源尤为丰富。

【经济价值】该物种是渤海湾主要经济埋栖型贝类。毛蚶肉质肥厚、味道鲜美，可鲜食，也可晒制成干；贝壳可作工业原料，如电石、水泥等，也可粉碎后作为禽畜饲料。毛蚶具有很高的营养与药用价值，有散瘀、软坚、消积、化痰等功效，现广泛应用于临床治疗胃病及十二指肠溃疡。

十、紫贻贝

【拉 丁 名】*Mytilus edulis*（Linnaeus，1758）

【英 文 名】Blue mussel

【俗　　　名】淡菜、海红

【分类地位】贻贝目 Mytioida、贻贝科 Mytilidae

【形态特征】贝壳呈楔形，顶端较尖细，腹缘略直，背缘弧形。整体呈紫褐色，内面呈紫黑色或黑色，有珍珠光泽。一般壳长为 6～8 cm，壳长是壳高的 2 倍，贝壳较薄。壳顶靠近贝壳的最前端。两壳左右对称且大小相同。壳面呈现出紫黑色，具有光泽，生长纹细密而明显，自顶部起呈环形生长。壳内面灰白色，边缘部位呈蓝色，有珍珠光泽。足很小，细软。铰合齿不发达。后闭壳肌退化或消失。

【生态习性】该物种生活能力很强，一般分布在低潮线附近，自低潮线下 0.7～2 m 水域生长密度较大。通过足丝固着在其他物体上生活，一般固着在岩石上。主要以硅藻和有机碎屑作为饵料，此外也摄食一些原生动物。一年可繁殖 2 次，分别是每年 4—5 月及 10—11 月。

【分　　　布】该物种主要分布于我国辽宁、山东、浙江、福建等沿海地区。

【经济价值】其副产品淡菜，是大众化的海鲜品。由于紫贻贝收获后不易保存，可将其煮熟后加工成干品——淡菜。淡菜具有很高的营养价值，并且具有一定的药用价值。

十一、厚壳贻贝

【拉 丁 名】*Mytilus coruscus*（Goyld）

【英 文 名】Edible mussel

【俗　　　名】海红

【分类地位】贻贝目 Mytioida、贻贝科 Mytilidae

【形态特征】贝壳整体呈楔形，同紫贻贝相比，个体较大且肥厚。位于壳的最前端的壳顶，又细又尖。壳长一般是壳高的 2 倍。贝壳后端较圆，壳面由壳前段沿腹缘形成一条明显的隆起，将壳面分为上下两部分，上部分宽大，且斜向背缘，但是下部较小而弯向腹缘，故两壳闭合时在腹面构成一菱形平面。壳面具有明显的生长线，呈不规则状分布。壳面多呈棕褐色，顶部由于长时间磨损而显露出鲜亮的白色，贝壳边缘向内弯曲成一镶边。壳内面呈现出紫褐色或灰白色，具有珍珠光泽。足丝呈黄色，粗硬。

【生态习性】生活于潮间带至 20 m 水深处，厚壳贻贝通过足丝附着在其他生物上生活，利用鳃滤食。主要滤食海水中的微小生物以及有机碎屑。贻贝雌雄异体，一年可繁殖 2 次。繁殖期随栖息纬度及水域而有所不同。在我国北方地区，厚壳贻贝的产卵期大致是每年 4—5 月及 10—11 月，产卵时对水温要求严格，需在 12～16 ℃。

【分　　布】我国沿海地区，如黄海、渤海和东海均有分布。在浙江省该物种的自然资源最多。

【经济价值】贝类养殖业中的重要种类之一。世界范围内养殖面积较广，特别是北欧、北美及澳大利亚等地区贻贝养殖业非常发达。厚壳贻贝的经济价值很高，具有一定的药食价值。

十二、近江牡蛎

（引自《水生经济动植物图鉴》）

【拉　丁　名】*Ostrea rivularis*（Gould，1861）

【英　文　名】Southern oyster

【俗　　　名】海蛎子、蚵、蚝、白蚝、蛎黄

【分类地位】珍珠贝目 Pterioida、牡蛎科 Ostreidae

【形态特征】该物种贝壳较大，坚硬厚实。一般呈不规则的圆形、长卵圆形或者三角形。右侧贝壳稍微扁平，比左壳小，贝壳表面数层环生薄而平直的鳞片。壳面色彩斑斓，多数呈现出灰、青、紫或棕色。左壳同右壳相比，更加厚实且大，同心鳞片的层次少，但是纹理强壮。贝壳内面呈银白色，边缘略呈灰紫色。韧带呈紫黑色，长而阔。闭壳肌

很大，位于中部背侧，呈卵圆形或肾脏形。

【生态习性】栖息范围主要在河口附近盐度较低的内湾、低潮线至水深约 7 m 区域，属于固着性生物；适温范围较广，介于 10～33 ℃，适盐范围较广，盐度范围为 5～25，主要以细小的浮游动物、硅藻和有机碎屑等为食，属于滤食性生物。每年 6—8 月是其繁殖期，卵生。

【分　　布】我国沿海均有分布。

【经济价值】该物种在牡蛎品种中个头比较大，最大的个体带壳有 500g 以上，具有很高的经济价值。可生吃，具有补肾、美容的功效。

十三、褶牡蛎

(引自《辽宁省水生经济动植物图鉴》)

【拉　丁　名】*Ostrea plicatula*（Gmelin，1869）

【英　文　名】Oyster

【俗　　　名】蚝、白蚝、蚵、蠔、蛎黄、海蛎子

【分类地位】珍珠贝目 Pterioida、牡蛎科 Ostreidae

【形态特征】该物种贝壳较小，一般长为 3～6 cm。体形变化较多，大多呈延长形，少数为三角形。贝壳较薄且很脆。右壳平如盖，壳面有数层同心环状的鳞片，无放射肋。左壳凹凸不平，整体呈帽状，具有数条粗的放射肋条，若干鳞片层。壳面多为淡黄色，掺杂一些紫褐色或黑色条纹，壳内面呈现乳白色。

【生态习性】主要栖息于潮下带至水深 30 m 的海底，繁殖季节在每年的 6—9 月，繁殖期海水盐度介于 27～32.5。食性主要以细小的浮游动物、硅藻和有机碎屑等为食，属于典型的滤食性生物。

【分　　布】主要分布在我国沿海地区。

【经济价值】牡蛎为我国重要经济贝类之一，其肉质细嫩，味道鲜美，营养丰富。除鲜食外，还可制罐头、加工蚝豉、蚝油和速冻。蛎肉具有很高的药用价值。

十四、中国蛤蜊

【拉　丁　名】*Mactra chinensis*（Philippi，1846）

【英　文　名】Mactra chinensis

【俗　　　名】黄蚬子

【分类地位】帘蛤目 Veneroida、马珂蛤科 Mactridae

【形态特征】贝壳略呈三角形，壳较坚厚。壳长略大于壳高，两壳大小相等。壳顶稍突出，略高出背缘，位于背缘中央稍偏前方，向内弯曲，不接触。小月面及楯面宽大。壳前后缘均圆形，背腹缘呈弧形。壳面膨胀。生长纹明显，呈凹陷形，壳顶处细密，至边缘逐渐增粗。无放射肋。壳面褐色或黄褐色，光滑有光泽，有深浅交替的放射状彩纹，壳顶常受损后呈白色。壳内面白色或带蓝紫色。铰合部两壳各有主齿两枚，左壳八字形，前后各有 1 枚单片状侧齿，右壳人字形，前后各有 1 枚双片状侧齿。内韧带大，三角形，褐色。

【生态习性】栖息于低潮线附近的沙或泥沙底质水域海底。穴居生活，深度可达10 cm。主要食物为硅藻类。雌雄异体，体外受精。1 龄可达性成熟。生殖期在 5—8 月。

【分　　布】我国主要分布于黄海、渤海。国外分布于朝鲜、日本。

【经济价值】肉质鲜美，可鲜食，也可加工成干品或制作罐头食品。胃中含沙，需清洗。一般经济贝类。

十五、四角蛤蜊

【拉　丁　名】*Mactra veneriformis*（Reeve，1854）

【英 文 名】Mactra quadranyularis

【俗　　名】白蚬子

【分类地位】帘蛤目 Veneroida、马珂蛤科 Mactridae

【形态特征】贝壳坚厚，略成四角形。两壳极膨胀。壳顶突出，位于背缘中央略靠前方，尖端向前弯。贝壳具外皮，顶部白色，幼小个体呈淡紫色，近腹缘为黄褐色，腹面常有 1 条很窄的边缘。生长线明显粗大，形成凹凸不平的同心环纹。贝壳内面白色，铰合部宽大，左壳具一个分叉的主齿，右壳具有 2 个排列成八字形的主齿。两壳前、后侧齿发达均成片状，左壳单片，右壳双片。外韧带小，淡黄色；内韧带大，黄褐色。闭壳肌痕明显，前闭壳肌痕稍小，呈卵圆形，后闭壳肌痕稍大，近圆形，外套痕清楚，接近腹缘。

【生态习性】主要栖息于潮间带中下区及浅海的泥沙滩中，营穴居生活。一般可埋栖在沙中 5～10 cm 深。4—6 月性腺成熟。滤食性。属广温广盐性贝类，生存适温为 0～30 ℃，适盐范围为 14～37。

【分　　布】我国沿海分布极广，产量大，以辽宁、山东为最多。

【经济价值】我国沿海常见的底栖经济贝类，肉细味美，营养丰富。还可用作养殖饲料。

十六、文蛤

【拉 丁 名】*Meretrix meretrix*（Linnaeus，1758）

【英 文 名】Clam

【俗　　名】蛤蜊、花蛤、黄蛤、圆蛤

【分类地位】帘蛤目 Veneroida、帘蛤科 Veneridae

【形态特征】贝壳略呈三角形，腹缘略呈圆形。壳质坚厚。长度约为高度的 1.2 倍，

长度为宽度2倍。壳顶突出，先端尖，微向腹面弯曲，位于贝壳背面中部略靠前方。小月面狭长，呈矛头状；盾面宽大，卵圆形。贝壳表面膨胀，光滑，被有一层光泽如漆的黄灰色壳皮。由壳顶开始，常有许多环形的褐色带。顶部具有齿状或波纹状褐色花纹。贝壳内面白色，前后缘有时略呈紫色。铰合部宽。右壳有3个主齿及2个侧齿，2前主齿略呈三角形；后主齿长，与贝壳背缘平行，齿面具纵沟，沟内有波形横脊；前侧齿短而高。外套痕明显，外套窦短，呈半圆形。前闭壳肌痕小，略呈半圆形；后闭壳肌痕大，呈卵圆形。足扁平，舌状。韧带黑褐色，短粗，凸出壳面。

【生态习性】营埋栖生活。常栖息于有淡水注入的内湾及河口附近的平坦沙质滩涂上，底质以细、粉沙质为宜。生长适宜水温为10～30℃。文蛤具迁移习性，靠斧足的钻掘作用有潜沙习性，栖息深度随水温和个体大小而异，随着个体生长而逐渐向低潮区或浅水区迁移。文蛤为雌雄异体，无变性现象，2龄性成熟，繁殖季节在8—9月，繁殖最佳水温为25℃。文蛤以微小的浮游（或底栖）硅藻为主要饵料，间或摄食一些浮游植物、原生动物、无脊椎动物幼虫以及有机碎屑等。

【分　　布】我国沿海均有分布，其中以辽宁省营口、山东省莱州湾、江苏省北部沿海、台湾、广西等地资源较为丰富。

【经济价值】肉质鲜美，营养丰富，具有很高的食疗药用价值和经济价值。为我国沿海主要的养殖贝类。

十七、紫石房蛤

【拉 丁 名】*Saxidomus purpuratus*（Sowerby）
【英 文 名】Wshington-clam
【俗　　名】天鹅蛋、紫房蛤
【分类地位】帘蛤目 Veneroida、帘蛤科 Veneridae

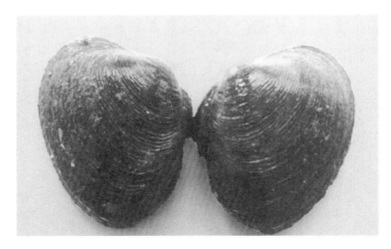

（引自《辽宁省水生经济动植物图鉴》）

【形态特征】 贝壳大型，壳质极为厚重，壳呈卵圆形，壳顶突出，偏于前部，壳高约为壳长的 3/4，壳长约为壳宽的 2 倍。小月面不明显，盾面被柳叶的黑褐色韧带包围。左右两壳坚硬而等大，壳前肌圆形，腹缘较平，后缘略呈截形。壳在腹缘前后不能完全闭合，有缝隙，分别为斧足和水管伸出孔。铰合部宽大，左壳主齿 4 枚，右壳主齿 3 枚。生长纹粗密，呈同心圆排列，无放射肋。壳面黑褐色或灰色。壳内面深紫色，具珍珠光泽。肌痕甚明显，外套窦痕深而大。前闭壳肌呈椭圆形，后闭壳肌呈桃形。

【生态习性】 属冷水性贝类，耐寒性很强，栖息在 0～40 m 的潮间带，营埋栖生活，埋深 10～30 cm，小的个体略浅。喜栖息于泥沙和沙砾底质。体长年增长峰值在 3 龄，体重年增长峰值在 5 龄。

【分　　布】 主要分布在日本海沿岸和俄罗斯远东海域，以及我国辽东半岛南部与山东半岛北部。

【经济价值】 肉质肥大，味道鲜美，为大型经济贝类。

十八、日本镜蛤

【拉 丁 名】 *Dosinia japonica*（Reeve，1850）

【英 文 名】 Japanese dosinia

【俗　　名】 牛眼蛤、蛤叉、小沙蛤、小白蛤、骚蛤

【分类地位】 帘蛤目 Veneroida、帘蛤科 Veneridae

【形态特征】 贝壳近圆形，壳较小而坚厚。壳长略大于壳高，两壳大小相等。壳顶尖，位于贝壳前方 1/3 处，背缘中央稍靠前方，向前弯曲。小月面深，呈心脏形。盾面狭长披针状。盾面长度约为韧带长度的 2 倍。背缘前端凹入，后缘截形，腹缘圆。壳面较扁

（引自《辽宁省水生经济动植物图鉴》）

平。生长纹宽而粗，盾面两侧形成刻纹。无放射肋。壳面白色。壳内面白色或黄白色。铰合部宽，两壳各有主齿 3 枚。右壳前 2 主齿平行，后主齿斜列，有前侧齿 2 枚；左壳前 2 主齿呈八字形，有前侧齿 1 枚。

【生态习性】广温性底栖贝类。营穴居生活，深度可达 10～15 cm。栖息于潮间带中区附近至水深 50 m 的泥沙底质水域海底。主要食物为硅藻类。雌雄异体，体外受精。性腺成熟时，雄性呈乳白色，雌性呈乳灰黄色。1 龄可达性成熟。生殖期 5—7 月。

【分　　布】我国沿海均有分布。

【经济价值】肉味鲜美，为一般经济贝类。

十九、薄片镜蛤

（引自《辽宁省水生经济动植物图鉴》）

【拉 丁 名】*Dosinia laminata*（Reeve，1850）

【英 文 名】Dosinia corrugata

【俗　　名】灰蚶子、黑蛤、蛤叉

【分类地位】帘蛤目 Veneroida、帘蛤科 Veneridae

【形态特征】贝壳中等大，贝壳呈圆形，壳较大而薄。壳长与壳高近相等，两壳大小相等。壳顶低而尖，位于背缘中央稍靠前方，向前弯曲。小月面深，心脏形。盾面披针状。外韧带长度约与盾面长度相等。壳面较扁平。生长纹密细，盾面附近较粗。无放射肋。壳面黑色。壳内面白色或黄白色。铰合部宽，两壳各有主齿 3 枚，左壳有前侧齿 1 枚。

【生态习性】营穴居生活，深度可达 20～30 cm，栖息于潮间带中下区至数米深的黑色泥或泥沙底质水域海底。主要食物为硅藻类。雌雄异体，体外受精。性腺成熟时，雄性呈乳白色，雌性呈乳灰黄色。1 龄可达性成熟。生殖期在 4—5 月。

【分　　布】我国沿海均有分布。

【经济价值】肉味极鲜美，营养价值高，属一般经济贝类。

二十、青蛤

（源自天津农学院徐大为）

【拉 丁 名】*Cyclina sinensis*（Gmelin，1791）

【英 文 名】Chinese venus

【俗　　名】赤嘴仔、赤嘴蛤、环文蛤、海蚬、蛤蜊、黑蚬

【分类地位】帘蛤目 Veneroida、帘蛤科 Veneridae

【形态特征】壳呈膨大的圆形，壳质薄而坚。前端圆弧而后端稍呈楔形，壳的腹缘中

央稍尖。前端的小月面及后端的盾面都不清晰。壳顶歪向一方，并有以壳顶为中心的同心层纹，排列紧密，沿此纹或有数条灰蓝色轮纹。腹缘带细齿状。壳上有成长轮及放射肋，在紫色的外环部分特别清晰而成为网纹雕刻。壳的内面为白色，壳内面乳白色或青白色，光滑无纹。内壳边缘带有紫色并有细小的锯齿排列，铰齿发达而坚硬。壳外表黄白或青白色。体轻，质坚硬略脆，断面层纹不明显。气稍腥，味淡。贝壳中型，韧带外在，位于后方。主齿加上前侧齿有3个。双闭壳肌。套线湾三角形或圆形或缺乏。壳顶向两侧膨胀而偏向前方。

【生态习性】 栖息在河口或底质为沙泥质的浅水区，营埋栖生活。以其强而有力的斧足潜行，平常将水管伸出来交换氧气及吸取食物。饵料一般为单细胞藻类，主要有叉鞭金藻、小球藻及扁藻等。雌雄异体，无性变现象，一般2年性成熟，生殖期在7—8月。

【分　　布】 分布于我国沿海及河口沿岸。

【经济价值】 肉质细嫩鲜美，营养丰富，是我国常见的经济贝类。

二十一、江户布目蛤

（源自中国科学院海洋研究所王海燕研究员）

【拉 丁 名】 *Protothaca jedoensis*（Lischke，1870）

【英 文 名】 Protothaca jedoensis

【俗　　名】 麻蚬子

【分类地位】 帘蛤目 Veneroida、帘蛤科 Veneridae

【形态特征】 贝壳近圆形。壳长略大于壳高，两壳大小相等。壳坚厚。壳顶突出，位于背缘中央靠前方。小月面深凹，心形，极明显。盾面披针状。韧带长，铁锈色，不突出壳面。壳面膨胀。生长纹明显，与许多粗的放射肋相交成布纹状。壳面灰褐色，常有褐色斑点或条纹。壳内面灰白色，边缘具有与放射肋相应的小齿。铰合部两壳各有主齿 3 枚，无侧齿。

【生态习性】广温性底栖贝类。栖息于低潮线以下泥沙或沙砾底质水域海底。营穴居生活，但钻潜深度不大，有时也在表层。主要食物为硅藻类。雌雄异体，体外受精。性腺成熟时，雄性呈乳白色，雌性呈乳灰黄色。1 龄可达性成熟。生殖期在 5—8 月。

【分　　布】我国沿海均有分布。

【经济价值】一般经济贝类。

二十二、菲律宾蛤

【拉 丁 名】*Ruditapes philippinarum*（Adams et Reeve，1850）

【英 文 名】Short-neck clam

【俗　　名】杂色蛤、蚬子、蛤蜊、花蛤

【分类地位】帘蛤目 Veneroida、帘蛤科 Veneridae

【形态特征】贝壳小而薄，呈长卵圆形。壳顶稍突出，于背缘靠前方微向前弯曲。放射肋细密，位于前、后部的较粗大，与同心生长轮脉交织成布纹状。贝壳表面的颜色、花纹变化极大，有棕色、深褐色、密集褐色或赤褐色组成的斑点或花纹。贝壳内面淡灰色或肉红色，从壳顶到腹面有 2～3 条浅色的色带。铰合部细长，每壳有主齿 3 枚，左壳前 2 枚与右壳后 2 枚顶端分叉。

【生态习性】广温、广盐物种。栖息于风浪较小的内湾且有适量淡水注入的中、低潮区。营穴居生活，穴居深度一般在 3～15 cm。生殖期在 6—10 月，生殖盛期在 7—9 月。

【分　　布】我国沿海均有分布。

【经济价值】味道鲜美，为一般经济贝类。

二十三、大竹蛏

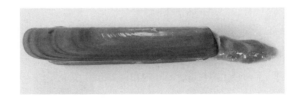

【拉 丁 名】*Solen grandis*（Dunker，1856）

【英 文 名】Razor shell

【俗 　 名】马刀、竹蛏

【分类地位】帘蛤目 Veneroida、竹蛏科 Solenidae

【形态特征】贝壳长，壳长为壳高的 4～5 倍。贝壳表面凸出。壳顶位于最前端，壳的背腹缘平行，并被有 1 层发亮的黄褐色外皮。两壳抱合呈竹筒状，前后开口。表面平滑无放射肋，生长线明显。有时有淡红色的彩色带。贝壳内面白色或可见到淡黄色的彩带。两壳各具 1 个主齿。足部肌肉特别发达，前端尖，左右扁，水管短而粗。体末端具触手，表面有黑白相间的花纹，外套肌底部有一条黑色的色素带，足细长呈柱状。

【生态习性】喜栖息于潮间带中下潮区至浅海的沙泥滩中，底质以泥沙为主，营穴居生活，穴居后仅在穴内，随涨落潮做上下运动。以强而有力的锚形斧足直立生活，将身体大部分埋入沙泥中。主要食物为硅藻类。雌雄异体，体外受精。1 龄可达性成熟。生殖期在 5—7 月。

【分 　 　 布】我国沿海均有分布。

【经济价值】个体肥大，足部肌肉特别发达，味极鲜美，是我国重要的经济贝类。

二十四、长竹蛏

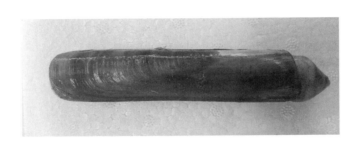

【拉 丁 名】*Solen strictus*（Philippi，1846）

【英 文 名】Gould's jackknife clam

【俗　　名】蛏子、竹管蛏、笔管蛏、小辣蛏、小蛏子

【分类地位】帘蛤目 Veneroida、竹蛏科 Solenidae

【形态特征】贝壳极延长，壳长为壳高的 6～7 倍，两壳大小相等。壳薄而脆，两壳抱合时呈笔管状，两端开口。壳顶不突出，位于背缘最前端。壳前缘自背缘向前斜伸至腹缘，后缘圆形，背腹缘平行，腹缘中部稍向内凹。韧带黑褐色。壳面光滑。生长纹细密而明显，沿后缘及腹缘方向排列，呈弧形。无放射肋。壳面被黄褐色壳皮，壳顶周围壳皮常脱落呈白色。壳内面白色或淡黄色。铰合部小，两壳各有主齿 1 枚。

【生态习性】广温性底栖贝类。栖息于潮间带中下区至低潮线以下附近的沙泥底质滩上。营穴居生活，穴与滩面垂直，深度可达 20～30 cm。穴居后仅在穴内随涨落潮做上下运动。主要食物为硅藻类。雌雄异体，体外受精。1 龄可达性成熟。生殖期在 5—6 月。

【分　　布】我国沿海均有分布。

【经济价值】肉质鲜美，是我国重要的经济贝类。

二十五、缢蛏

【拉 丁 名】*Sinonovacula constrzcta*（Lamarck）

【英 文 名】Razor clam

【俗　　名】蛏子

【分类地位】帘蛤目 Veneroida、竹蛏科 Solenidae

【形态特征】贝壳脆而薄，呈长扁方形，自壳顶到腹缘，有一道斜行的凹沟。壳面被有一层黄绿色的皮，顶部常脱落呈白色。贝壳内面呈白色。壳顶下面有与壳面凹沟相应的 1 条突起。铰合部小，右壳具有 2 枚主齿，左壳具有 3 枚主齿。动物体外套膜在足孔周围有触手 2～3 排，水管 2 个，靠近背侧为出水管，又是泄殖孔。

【生态习性】喜栖息于海水盐度低的河口附近和内湾软泥滩涂中。营穴居生活，穴与滩面垂直，深度可达 10～20 cm。穴居后仅在穴内随涨落潮做上下运动。主要食物为硅藻类。雌雄异体，体外受精。1 龄可达性成熟。生殖期长，为 8—11 月。

【分　　布】我国沿海均有分布。

【经济价值】肉质鲜美，是我国重要的经济贝类。

第四节　腔　肠　类

一、海蜇

（源自大连海洋大学陈雷）

【拉　丁　名】*Rhopilema esculenta*（Kishinouye，1870）

【英　文　名】Seajelly

【俗　　名】海蜇

【分类地位】根口水母目 Rhizostomeae、根口水母科 Rhizostomatidae

【形态特征】体呈蘑菇状，分伞部和口腕两部分。伞部（即海蜇皮）超过半球形，直径最大可长到 1 m。外伞部表面光滑，中胶层厚，晶莹剔透。伞缘感觉器 8 个，每个伞缘有缘瓣 14～20 个。内伞部有发达的环状肌，间辐位有 4 个半圆形的生殖下穴，其外侧各有 1 个生殖乳突。内伞中央由胃腔向伞缘伸出 16 条辐管，辐管侧生许多分枝状小管，并彼此相连，且各辐管中部由 1 条环管连接，形成复杂的网管系统。伞体中央向下伸出圆柱形口腕，其基部从辐位有 8 条三翼形口腕。肩板和口腕处有许多小吸口、触指和丝状附器，上面有密集刺丝囊。口腕各翼生有若干棒状附器。伞下 8 个加厚的（具肩部）腕基部愈合使口消失（代之以吸盘的次生口）。通体呈半透明，体色多样，白色、青色或微黄色，多呈紫褐色或乳白色；伞部和口腕部的颜色通常是相似的，但有时两部分颜色完全相异。

【生态习性】 喜栖息于半咸水，底质为泥、泥沙的河口附近海域，对淡水有一定程度的敏感性，干旱的年份可随潮进入河道。营浮游生活，为暖水性水母，自泳能力较弱，随波逐流。主要以小型浮游甲壳类、硅藻、纤毛虫以及各种浮游幼体等为食。有很强的再生能力。海蜇的生殖方式包括营浮游生活的有性世代和营固着生活的无性时代水螅型，两种生殖方式互相交替进行，即所谓世代交替生殖。螅状幼体营固着生活，从秋季至翌年夏初的 7～8 个月时间，螅状幼体能以足囊生殖，即足囊萌发出新的螅状幼体。当水温上升到 13 ℃以上时，螅状幼体以横裂生殖（无性生殖）方式产生出有性世代的碟状幼体。初生碟状幼体 2～4 mm，营浮游生活。在自然海域经二三个月生长后成水母成体。

【分　　布】 在我国主要分布在黄海、渤海。

【经济价值】 营养价值极高，是重要的经济水产品。

二、沙蜇

（源自大连海洋大学陈雷）

【拉 丁 名】 *Stomolophus meleagris*（L. Agassiz，1862）

【英 文 名】 Ellyfish

【俗　　名】 沙蜇

【分类地位】 根口水母目 Rhizostomeae、根口水母科 Rhizostomatidae

【形态特征】 成体伞部呈半球状，中胶层厚而坚硬，外伞面具有较密的粒状凸起，伞缘有 96～112 个缘瓣。成体伞径最大可超过 1 m。伞柄部粗短，有 8 条二翼形口腕，各口腕末端均无棒状附器。口腕各翼有许多丝状附器及触指。口腕基部有 8 对肩板，肩板上亦有许多丝状附器和触指。触指基部均有许多吸口。内伞面有发达的环状肌和 4 个马蹄形的生殖腺下腔，每个下腔外侧均无生殖乳突。体灰白色或淡褐色。

【生态习性】喜栖息于半咸水，底质为泥、泥沙的河口附近海域，对淡水有一定程度的敏感性，干旱的年份可随潮进入河道。营浮游生活，为暖水性水母，自泳能力较弱，随波逐流。主要以小型浮游甲壳类、硅藻、纤毛虫以及各种浮游幼体等为食。有性繁殖，受精卵会长成水螅子（即幼体），可以无性繁殖，方式叫足囊繁殖，8—9 月在黄海出现，然后逐渐向南漂浮。

【分　　布】主要分布于我国黄海、东海。

【经济价值】经济价值较海蜇略逊色。

第六章
辽河口渔业资源现状与可持续利用管理

第一节　辽河口及其邻近海域鱼类研究简史

关于辽河鱼类研究报道最早见于 19 世纪中叶。1855 年，Basilewsky 在《中国北方的鱼类学》一书中记述了辽河支流浑河的两种鲤 *Cyprinus chinensis* 和 *Cyprinus obesus*〔实则均为鲤 *Cyprinus*（*Cyprinus*）*carpio* Linnaeus 的同物异名〕。1898 年出版的《中国北部牛庄鱼类采集报告》，记载了辽河下游牛庄采集的 22 种鱼类标本，其中淡水鱼类 8 种、海洋鱼类 14 种（有 1 个新种——*Opsariichthys morrisoni* Gunther）。1899 年，Fowler 在《内蒙古东部鱼类》中记载了辽河口鳅科鱼类的 2 个新种——*Nemachilus dixoni* 和 *Nemachilus pechiliensis*。1908 年，Regan 报道了辽河口长鳍银鱼 *Parasalanx longianalis*。1926 年，Oshima 报道了辽河口上游赤峰段的 3 种鱼类（其中 *Leucogobio mongolicus* 为新种）。1927 年，Mori 发表了辽河口 4 种淡水鱼类新种——*Leucogobio mantschuricus*、*Gobio liaoensis*、*Leuciscus brevirostris*、*Parapelecus elongatus* 以及海洋鱼类 16 种。1936 年，Mori 在《东亚淡水鱼类地理分布研究》中记载辽河口鱼类 63 种。1940 年，Miyadi 在《满洲淡水鱼类》中记述了辽河口鱼类 42 种。1962 年，史为良在《东北地区淡水鱼类的地理分布及区系形成的初步分析》中，记录了辽河口淡水鱼类 53 种。1965 年，傅桐生在《东北习见淡水鱼类》中，记述了上述文献报道过的辽河口鱼类。1964 年，赵肯堂等记述了西辽河口鱼类 19 种。1964 年和 1977 年，伍献文在《中国鲤科鱼类志》中记载了辽河口鲤科鱼类 17 种（其中辽河口鳊为新种，长吻似鉤和突吻鉤为新记录）。1973 年，Banarescu 等在鉤亚科鱼类专著中记录了辽河口分布有 8 种，可能有分布的 4 种。1980 年，秦克静在《辽宁鉤亚科鱼类及新记录》中记载了鉤亚科鱼类 20 种，其中辽河口 8 种。此外，尚有其他学者报道过辽河口鱼类，但种类均未超过上述作者的范围。1981 年，解玉浩在《辽河口的鱼类区系》中报道了辽河口鱼类 96 种，其中淡水鱼类 83 种（土著鱼类 76 种，引进鱼 7 种），辽西诸河 46 种，其中淡水鱼类 35 种（土著鱼类 31 种，人工引进的 4 种）。1987 年，秦克静在《辽宁动物志·鱼类》中描述了两个新种：辽宁棒花鱼 *Abbottina liaeningensis* Qin 分布于辽河水系、鸭绿江水系和辽东半岛河流；另一种为辽河口突吻鉤 *Rostrogobio liaohensis* Qi，分布于辽河口水系，原记述的突吻鉤 *R. amurenses* Taranetz 应为这一新种的同物异名。1993 年，伍汉霖、吴小清、解玉浩在《中国沙塘鳢属鱼类的整理和一新种的叙述》一文中，把产于辽河口支流太子河和鸭绿江、辽东半岛河流的沙塘鳢提订为新种：鸭绿江沙塘鳢 *Odontobutis yaluensis* Wu，原记产于该地区的沙塘鳢 *O. obscurus* Temminck et Schlegel 和河川沙塘鳢 *O. potamcphila* Gunther 应为鸭绿江沙塘鳢的同物异名。1981 年之后在辽河口下游采到似鳊 *Toxabramis swinhonis* Gunther 标本，为辽河口鱼类新记录。1998 年以来，《中国动物志·硬骨鱼纲·鲤形目》等各卷陆续出版，涉及一些辽河口出产鱼类的属种名称更迭变换，如原记的红鳍鲌 *Culter erythropterus* Basilewsky 应为红鳍原鲌 *Cultrichthys erythropterus* Basilewsky 等。目前所知新种、新记录的增加和原记载不确定种的删除，辽河口鱼类约有 96 种和亚种。1981 年之后，除了鱼类区系的研究之外，还先后重点开展了辽河水系诸多水库如大伙房水库、清河水库、汤河水库、莫力庙水库等渔业资源调查、鱼类生物学以及公鱼和大银鱼移植驯化研究，辽东湾渔业资源调查研究，发表了一些调查研究报告。

第二节　辽河口及邻近海域渔业生产简史

一、渔业发展简史

辽东湾及辽河口渔业捕捞历史悠久。早在明代就有从黄河、长江岸边北上打渔人在二界沟（今盘锦市二界沟镇）定居。1508 年，二界沟就成为渔民捕鱼集中之地，时因双台子河口地震，渔村荒废。1748 年，山东渔民在红草沟废墟上建铺，名沟南村。1796 年，又有部分渔民在沟北建铺。1811 年，河北省滦县人多到此捕鱼，有些渔户在秋季围海筑堤建造网铺定居。随着定居人数的增多，过往渔船多达千艘。1830 年，有 5～6 t 渔船 30 艘左右。此时四五家渔户便开始自愿联合作业，由谓之"搭伙"。少数渔户发展成为渔业资本家或小业主。1875 年，二界沟有网铺 50 余家，渔船 70 余只，雇用渔工上千人。每年单船生产量约 15 万 kg，总产量达 1 000 万 kg 以上。1906 年，清政府便在营口设奉天渔业公司，1908 年，改设奉天省渔业商船保护总局。据 1908 年沿海渔业胎厂区域调查表记载：当时的西河套、鲅鱼圈、望海寨、熊岳河、盖平西河口、田庄台、枣外沟、二界沟、老网铺、耿家屯、大井子、半疋河、南大岗等 13 个渔区，共有渔户 611 户，渔业劳力 3 207 人，出海渔船 600 只，年捕获量 1 555 t。1909 年，有 31 户具有资产和政治势力"大网东"到二界沟开设网铺。"大网东"一般不住在二界沟，均由管家和经理人代管。网铺共有渔船 55 艘，渔民 2 027 人。

据 1921 年 8 月营口县渔业调查表记载：渔户 940 户，渔民 4 430 人，年产黄鳞（黄花）、鲛、鳓、鲈、鲵以及大小杂鱼和虾等 3 500 t。据《中国经济年鉴》中辽宁省渔业调查一览表记载：1934 年营口地区共有渔民 4 086 户，渔业劳动力 11 677 人，渔船 1 941 艘，年捕捞产量 12 611 t。1937 年，日本侵略者在二界沟渔村建立"渤海株式会社"，从东北各地强行招收数千名劳工遣送到二界沟渔村，围海筑堤、织网造船、盖房建铺、修建码头。1939 年春，正式投入生产，拥有 50kW 机轮 4 艘，大樯张网船 23 艘，大樯网桩 1 000 余根，渔工近 500 名，渔村"网东"完全被日本人控制。1945 年，日本侵略者投降，"株式会社"随之瓦解，渔业设施几乎全部破坏，仅剩网铺 20 多户，渔船 20 多艘，当年产量仅有 500 t 左右（营口市人民政府地方志办公室，2003）。

中华人民共和国成立以后，盘锦地区有渔业木帆船 249 只，从事海捕专业劳动力 1 385 人，海捕量 4 842 t，均为船主经营。1948 年初，在田庄台和二界沟成立渔民会，建立国营渔业水产公司（1955 年撤销）。1952 年，二界沟开始成立渔民互助组。1954 年，互助组集体购置一艘 11kW 机动渔船，拖带木帆船在海上作业，结束长期单纯用舢板与风帆船作业的历史。1955 年，沿海渔村组织 8 个初级渔业社。1957 年，二界沟组成高级渔业社——金星渔业社。1958 年 7 月，渔业社改为"辽盘渔庄"，吸收小庄子渔场、佟家、有雁沟、新兴、坨子里、赵圈河等渔业社、队加入。1961 年 11 月，成立二界沟人民公社，水产品实行统购统销。1966 年，全地区有机动渔船 9 艘，非机动渔船 560 艘，海捕专业劳动力 1 186 人，海产品年产量 3 367 t，比 1957 年产量（5 832 t）下降 2 465 t。1978 年，有海上机动渔船 92 艘，比 1957 年增加 72 艘，非机动渔船 74 艘，海捕专业劳动力 1 105 人，年产量 6 768 t，比 1957 年增加 932 t。1981 年，试行承包制。1985 年，转向以家庭联产、联户为主体合作经营，年末，有 122 艘机动渔船下放归 66 户个体专业户与 55 家联合经营单位。1985 年，营口市海洋捕捞年产量增加到 30 871 t。其中经济价值较高的大王鱼、刀鱼和海蜇三个品种的产量为 13 012 t，占 1985 年产量的 40.9%。1986 年底，又有 151 艘机动渔船下放归 46 家联合经营单位和 119 户个体专业户。1986 年，渔船向内海游动。到 1990 年，营口市有机动渔船 853 艘，总功率 18 618Hp*；有非机动渔船 99 艘，海捕产量 15 762 t（营口市人民政府地方志办公室，2003）。

二、渔具发展简史

网渔具简称网具，是由网衣、网纲、浮子、沉子及其附属件组成的捕捞工具。

1. 刺网

刺网俗称锚网、绷网或兜网，营口渔民称挂子网。片状无囊，属传统性游动渔具。其作业特点是用锚或沉石等将网固定张设在较狭窄的渔场或近岸浅海水域拦截捕捞渔获物。按其作业方式分为定刺网（锚刺网）和流刺网；按其构造和用途又分为青鳞渔网（或称青皮网）、海蜇网、鲅鱼流网（或称马鲅鱼流网）、鲶渔网、花渔网、同乐渔网、鲳鱼网、鲐鱼网、青虾网、对虾流网、梭子蟹网、鲈鳌网、河蟹网、小鱼挂网等。

---

* Hp 为非法定计量单位。1Hp＝735.499W。

2. 拖网

拖网属游动渔具，靠船只或人力拖曳作业，分有翼、无翼、地曳三种。前两种有囊网，称船拖网，适于海底平坦无障阻物的深水海区作业。地曳网一般为无囊网，以沿岸为基地，用小型渔船将长带形网在海中撒成弧形，包围鱼群，借人力或机械力将网拖曳上岸。按渔船类别，分别配备地曳网（大网、地拉网）、扒拉网、裤裆网、机帆船单拖网、机帆船双拖网、渔轮单拖网、渔轮双拖网等不同网具。

3. 围网

围网属游动渔具，一般无囊网，用以围捕集群鱼类。根据渔船类别分为风帆船围网，亦称风网；按作业船只大小和组成围网的多少，又分大风网、小风网、渔轮围网；按作业方式不同分有单船作业、子母船作业、灯诱作业三种。机帆船围网，网具规格较小，作业方式与渔轮围网类同。灯诱围网，一般白天围捕起浮鱼群，夜间按鱼类习光特性，用灯光诱使游鱼集群而捕获。

4. 建网

建网一般为有囊网，靠桩橛、沉石或锚将网固定在水中。作业须在潮流急、潮差大的水域，捕捞随潮流移动的毛虾、杂鱼、虾蟹等。按网的结构和作业方式的不同，分有坛网（桶网）、墙张网、底张网、袖网（架子网）、船张网、安康网、海蜇张网、蠓子网、须龙网、亮网、插网、倒帘网、丝挂网、起落网、棍网等。

5. 抄网

抄网为单人操作的较轻便简单的渔具，一般在近岸、滩涂、沟汊使用，不受潮流限制。由于网的结构和作业方式不同，分有光腿网、撮网、无饵提网、有饵提网，提笼网、赶网等（营口市人民政府地方志办公室，2003）。

三、渔船发展简史

营口、盘锦等地沿海捕鱼使用木船历史悠久。100多年来，随着渔业生产发展，木船船型不断改进、载重量不断增加，由靠手摇橹转到靠风力行驶，发展到柴油发动机。

1. 帮摇

帮摇首尾较窄，舱较浅，甲板面平坦较宽大。吃水深，船速快，适合拉网撮兜等捕捞作业。

2. 燕飞

燕飞又名"江流子"。头尖、尾方、底瘦，但舱口较高，船板厚，船体坚固，适用于船张网、摸蛤仔等捕捞作业。

3. 乘子

乘子船头较尖，船尾宽方、底瘦，甲板面较宽（呈仰月形），适用于水流挂网等捕捞作业。

4. 马槽子

马槽子船形类似马槽，船身长，甲板面较宽、底瘦，吃水量大，速度较快，适用于风网捕捞作业。

5. 铲子

铲子船身长，甲板宽，首尾上翘，呈弓形，航速快，船体板厚、坚固，适用于橹张网捕捞作业。

6. 花鞋

花鞋船身瘦长，首尾略呈方形，适用于浅水拉网捕捞作业。

7. 盘山小燕子

盘山小燕子首尾较瘦，甲板面平坦、底瘦且较小，吃水量小，航速较快，适用于浅海沟汊与内河小网捕捞作业。

8. 木制渔轮

中华人民共和国成立后，木制渔轮拖头出现。由拖头拖带渔船出海、返航速度加快。营口市袖网木船原来靠风帆行驶，出渔效率不高。1953年起用渔轮拖带，出海天数成倍增加。1958年，渔轮拖头增加到13艘，专门拖带渔船出海、返航，不从事海上捕捞作业。后因机帆船出现、发展，20世纪60年代末，渔轮拖头基本被淘汰。

9. 机帆船

1951年，营口市开始使用机帆船试验渔业生产。1953年，营口机帆船站成立，有机帆船3艘，配合其他船只进行风网作业。机帆船是以木帆船为基础，仿照渔轮特点改造而成的。刚兴起时为节省柴油，有风时用帆、无风时用发动机，成本低、效率高。进入20世纪60年代，船帆逐渐被淘汰，成为纯机船，但习惯上仍称机帆船。1961年增加到37对，20世纪70年代中期增至220艘，到1985年增至1 321艘，基本属于渔户自有。机帆船的大量出现，促进了营口市渔业生产的发展。

10. 水泥船

在渔船不断增多的新形势下，为节约木材、钢材，营口市渔业公司于1972—1976年，制造并投产2艘100Hp水泥船，主要从事袖网和拖网作业。但由于对制造工艺技术尚未全掌握，质量不过关，致使水泥养生不好，强力不足，因钢筋、钢网没形成一个固体等原因而被淘汰。

11. 600Hp渔轮

1971年，根据中日渔业发展协定，营口市海洋捕捞公司从1972年新增设两对8101D型600Hp渔轮并投入生产。渔轮设有较先进的自动操舵装置、自动吊杆、起锚机和液压绞网机，航程远，适应性好，抗风力强，生产效率高。对船进行拖网作业，渔场范围由黄海扩展到东海，由舟山群岛扩展到台湾海峡，开创了营口市远洋渔业新纪元。

随着机帆船生产的发展，渔业捕捞作业的机械化程度也逐渐广泛。早期的稳车一般使用皮带传动，20 世纪 70 年代以后逐渐被机械传动所代替。营口市袖网船较多，每年春秋在海里打根时，皆靠人力手工操作，劳动强度大，效率低。1973 年，营口市渔业公司创制了袖网打根机，不仅速度快、省人力，而且质量好，生产效益大增。20 世纪 70 年代前，沿海流网作业大量发展，但起网作业全由人力手工拔网，强度大，效率低。1982 年，鲅鱼圈海星二队机帆船开始使用液压起网机，效果好，特别在海蜇生产中发挥很大作用，比手工拔网提高工效十几倍，很快在营口全市渔船推广。进入 21 世纪后，渔船"小改大""木改钢"开始兴起，随着当前近海渔业资源减少，与木质渔船相比，钢质渔船不但安全性能显著提高，更适合长时间的远洋作业，捕捞量至少增加 1/3。钢质新船吨位大，达到730Hp，抗 10 级以上大风，船上还设有冷藏舱，不用多次往返，在海上就能完成交易。此外，钢质船还带有自动导航装置，安全性能显著改善（营口市人民政府地方志办公室，2003）。

第三节 辽河口及邻近海域渔港概况

一、辽河口及邻近海域渔港

双台子河口及邻近海域具有渔业生产规模的渔港有二界沟渔港和小道子渔港 2 处。

1. 二界沟渔港

二界沟渔港位于辽东湾东北部海岸，大洼县西南部，港口距辽东湾渔场 20n mile。港池水域面积 18 万 km²，停泊区 12 万 km²，可停泊中小型渔船 700～800 艘。由于渔港处于内河，港口向南，除南风 7～8 级、波高 0.5 m 外，其他风向港内小波。港池最大水深2.8 m，最小水深 1 m。码头岸边为黑黏土，港池为泥沙底质。港内淤积甚微。每年 12 月至翌年 3 月初为结冰期（盘锦市人民政府志办公室，2005）。渔港卸鱼量 7 500 t。盛产海蜇、青虾、毛虾、对虾、海蟹、梭鱼、鲈及驰名中外的天下第一鲜——文蛤等鱼虾贝类。二界沟蛤蜊岗文蛤蕴藏量约 1.5 万 t。

2. 小道子渔港

小道子渔港位于辽东湾北部海岸，辽河入海口河道北岸，盘山县西南部，距辽东湾渔场10n mile，临近海蜇中心渔场。河口海区海蜇资源量较大，占辽东湾总产量 1/2。滩涂淤岗 140 km²。1981 年，渔港投产受益。港内水域宽阔，面积 40 万 km²，停泊区 8 万km²。可停泊中小型渔船 400～500 艘。港口最大水深 5.5 m，最小水深 1.7 m。12 月至翌年 3 月初为结冰期（营口市人民政府地方志办公室，2003）。

二、大辽河口及邻近海域渔港

大辽河口及邻近海域的渔港共有 6 处，包括辽滨渔港、西市渔港、四道沟渔港、北海渔港、光辉屯渔港和盐场渔港。

1. 辽滨渔港

辽滨渔港位于辽东湾北部海岸，大辽河入海口北岸，盘锦市大洼县东南部，面临渤海，距辽东湾渔场 15n mile。每年汛期，有河北、山东等地的拖网、围网、钓具作业渔船到此生产并收港。港内水域宽阔，面积 5 万 km^2，可停泊大小渔船 200～300 艘，主航道以北皆可锚泊。由于港口在大辽河北岸，南北河岸形成天然屏障，除西北大风稍有波浪外，其他风向微波。港内水深，距岸边 50 m 外水深均超过 4 m。码头岸线及锚泊区皆为泥底质。每年 12 月至翌年 3 月为结冰期（营口市人民政府地方志办公室，2003）。

2. 西市渔港

西市渔港位于营口市区西部、大辽河南岸，东西长 500 m，从码头到河心 200 m 以内水域均可停泊渔船，是营口市水产公司的渔业生产基地。每年汛期，有辽宁省内和天津市、河北省、山东省等地的数百艘船以该港为基地从事渔业生产。渔港靠近渔场，避风条件好（营口市人民政府地方志办公室，2003）。

3. 四道沟渔港

四道沟渔港位于大辽河入海口下游左侧，四道沟北岸。该港始建于 1959 年。经续建，到 1966 年建成钢筋水泥结构直立式码头，总长 80 m，面积 1 300 m^2（营口市人民政府地方志办公室，2003）。

4. 北海渔港

北海渔港位于营口市盖县沿海北部的团山公社北海渔业村，是自然形成的渔港。港口水域面积较广，属浅水薄滩，可停泊渔船百余艘。每年生产旺季有大连、山东等地渔船百余艘，以该港为基地进行捕捞。港口距渔场较近，是多种经济鱼虾的产卵场（营口市人民政府地方志办公室，2003）。

5. 光辉屯渔港

光辉屯渔港位于营口市盖县团山公社光辉屯西，1984 年前是一个天然小港口，停船较少。渔港建成后，经常有百余艘渔船在此停泊，是渔船卸货，特别是避风的安全港。港内设有水产交易市场、渔需品商店。每年捕捞海蜇、对虾期间，复县、大连以及山东地区的渔船常在该港停泊卸货以及采购各种渔需物品（营口市人民政府地方志办公室，2003）。

6. 盐场渔港

盐场渔港位于营口市盖县沿海中部，辽东半岛西岸北部，水路距营口市 28n mile，距沈大公路 2 km。1975 年春开始兴建，1976 年 6 月末建成长 350 m 的码头和 285 m 延长的防波堤。该港水域面积 0.5 万 m²，可停泊渔船 250 余艘。附近渔场盛产鲅、鳓、小黄鱼、青鳞鱼、黄姑鱼、对虾、青虾、梭子蟹等（营口市人民政府地方志办公室，2003）。

第四节　辽河口生态环境面临的问题

河口及海岸是人类活动最密集的地带，独特的地理位置和丰富的资源成为众多行业交叉开发的目标，同时也是城市化水平较高的地区。随着人口的增加和社会经济的飞速发展，人类对河口海岸的要求越来越多；随着科学技术的发展，人类对河口海岸的作用也越来越大（冯砚青，2003）。河口及海岸在给人类带来利益的同时，也带来诸多不可逆转的负面效应。

一、人类活动与辽河口及近岸环境变异

陆海相互作用将陆地和海洋有机地联系成一个整体，河口及近岸环境研究需要从全流域的角度开展。流域的自然环境（如地质构造、岩石成分、地面结构和流域的最大高度等）与河流的泥沙入海量有着密切的关系，严重影响着河口及近岸环境的变异（冯砚青，2003）。随着社会的发展和科技的进步，人类对辽河口及近岸的变异起着越来越重要的作用。

1. 流域内水利水电工程引起的环境变异

辽河口流域现已建成大小水库几百座，其中大型水库 17 座（张燕菁，2014）。目前，在辽河口干流建有一座大型控制性水利枢纽——石佛寺水库，控制面积 16.48×10⁴ m²。此外，在辽河口干流重点河段修建了 11 座橡胶坝，下游感潮河段末端建有盘山闸。流域内这些水利工程在调节径流的同时，也大幅度地拦截了泥沙。如老哈河上的红山水库自 1965 年开始运用至 1995 年，水库年均泥沙淤积量达 3 682 万 t（张燕菁 等，2014）。辽河口下游盘山闸修建后，泥沙入海量减少了 4 000 万 t（赵丹，2016）。由此可见，水利工程拦沙是辽河口流域输沙量减少的主要影响因素。由于辽河口和大辽河口入海泥沙以细颗粒物质为主，入海泥沙数量减少导致含沙量明显降低，造成辽河口和大辽河口及邻近海岸线的侵蚀作用相应增加。含沙量的降低也同时导致河口有机物质吸附的载体减少，导致大量的营养物质流失，从而降低了河口附近动植物所需的营养盐含量。由于流域内水利工程调度，入海淡水量在时间调配上发生了明显变化。辽河口下游盘山闸的修建阻隔了刀鲚、鳗鲡、淞江鲈等鱼类的洄游路线。综上所述，流域内水利水电工程产生了一

系列的生态环境问题。

2. 地下水超采引起的环境变异

辽河口地区地下水超采引起的环境变异主要体现在海水入侵。辽河口地区多年平均水资源总量为 6.68 亿 m³，人均占有水资源量为 257 m³，仅为辽宁省人均占有水资源量的 32%，为全国人均占有水资源量的 11.7%，属于资源型缺水区域。由于水资源不足，导致供水保证率低。特别是近几年遇连续干旱年份，供水量出现严重不足。区域地表水开发利用程度较高，局部地区地下水不合理开采，造成了区域地下水位下降。1999—2003 年，营口市地下水位平均下降 2.2 m，而 2003 年比 2002 年下降了 6.3 m，地下水位下降速度急剧加快，2003 年仅盖州大清河下游地区的降落漏斗面积比 2002 年扩大了 10 km²，造成了大面积的海水入侵（赵丹，2016）。

二、辽河口及近岸生态环境问题

人类活动对辽河口及近岸和环境变异累积的结果，产生了如生境退化、渔业资源衰退、生物多样性下降、近岸侵蚀、水质污染等一系列的问题。

1. 生境退化，生物多样性急剧下降

辽河、大辽河、大凌河和小凌河等 4 条较大的入海河流，多年平均入海水量为 91.42 亿 m³，携带着丰富的有机物和营养元素，为辽河口区生物提供了丰富的食物来源。辽河口浅水区营养盐丰富、泥沙沉积，为许多经济鱼类、虾类、蟹类、贝类及其他生物提供良好的栖息地。近海滩涂、潮间带等湿地，是陆地与海洋进行物质和能量交换的重要场所。辽东湾曾是我国著名的渔场之一，基础生产力较高，生物多样性丰富。湿地在调节气候、涵养水分、碳氮循环及生物多样性保护等方面发挥着不可替代的作用。随着经济社会的发展，辽河口及近岸经历着无序、过度开发的过程。城市建设、水产资源、盐业资源、石油天然气资源、港口资源和旅游资源等几个方面的开发利用（陈伟 等，2012），导致滩涂面积减少、湿地面积萎缩，河口及近岸生态环境退化，诸多生物的栖息生境丧失，生物多样性下降。

近 30 年来，辽河口三角洲湿地主要景观类型的变化特征呈自然湿地面积逐年减小、人工湿地面积逐渐增加的趋势。芦苇、裸滩、翅碱蓬等自然湿地所占面积从 1976 年的 60.08% 减少到 2004 年的 40.95%，而水田、池塘和水库等人工湿地以及城建用地大量增加，人工湿地从 27.80% 增加到 43.55%，城建用地从 5.71% 增加到 10.92%。海水养殖面积从 1986 年的 1.09 万 hm² 逐渐增加到 2000 年的 3.27 万 hm²，淡水养殖面积由 1986 年的 0.63 万 hm² 增加到 2000 年的 2.08 万 hm²。"八五"期间，石油开发占用自然湿地面积 3.19 万 hm²。自然湿地面积正以每年 0.43% 的速度减少。辽河口湿地是目前世界上最大的黑嘴鸥繁殖栖息地，在辽河口湿地繁殖栖息的黑嘴鸥数量占到了全球总量的 70%，滩涂开发的压力对黑嘴鸥栖息地生态环境产生巨大影响，适宜栖息地面积逐渐减少（周洁 等，2014）。辽河口三角洲是我国第三大油田——辽河油田的所在地。由于该地区石油开发强度大，井喷油管破裂、原油泄漏、油井的钻探、输油气管线的铺设等逐渐改变着原有自然湿地面貌，导致较为严重的景观破碎化现象。在辽河口自然保护区内的 600 余口油井、200 km 道路和 1 000 km 地下管道的分割和侵蚀下，最大的沼泽面积从 1986 年的 5.91×10^4 hm² 下降到 2000 年的 5.71×10^4 hm²。自然湿地斑块面积的减少、内部结构的简单化造成生态系统自我调节能力和抗干扰能力的下降，增加了湿地的脆弱性（王西琴、李力，2006）。冷延慧 等（2006）对辽河口三角洲地区苇田生态系统影响因素的研究认为，石油污染对苇田造成了一定程度的危害，但不是苇田产量降低的主要因素，石油开发的各种地面工程造成了严重的景观破碎化现象，破坏了湿地的原有生境，这是造成湿地生态系统退化和苇田减产的主要因素（王永洁 等，2011）。

刀鲚、凤鲚、梭鱼、银鱼、河蟹和对虾曾是辽河口主要的渔业品种。20 世纪 50 年代的鱼产量为 400～2 000 t，年平均鱼产量为 870 t，此后由于河口生境的退化及支流河闸修建，过度捕捞，水质污染，鱼类资源受到严重影响。辽河口是中华绒螯蟹的主产区，20世纪 50～60 年代资源十分丰富。1965 年前河蟹年产量为 500～700 t，1978 年后产量急剧下降，最低点已不足 100 t；1984 年后由于开展了人工增养殖，产量开始回升到 300～600 t 的水平。至于河蟹苗的历年产量多在几亿到几十亿只，1986 年后蟹苗年捕量已下降到不足 0.1 亿只，资源量趋于枯竭。目前，辽河口及邻近水域渔业资源严重衰退，渔获物种类组成单一、种群结构低龄化、小型化。从 20 世纪 80 年代中期至今，已至少有 40 种以上的海洋物种消失，生物多样性急剧下降（赵丹，2016）。

2. 近岸侵蚀严重

河口三角洲、沙质海岸及基岩海滩地区的冲蚀作用是河口区地形演变的主要特征（冯砚青，2003）。目前辽东湾沿岸侵蚀后退现象严重。造成海岸后退的原因主要有三个方面：①三角洲各大河流上游兴修水库和河口建闸，使得河流入海泥沙减少。如辽河 1964 年建闸后，入海水量、沙量由建闸前的 39.5 亿 m³ 和 4 938 万 t 分别降至 27.5 亿 m³ 和 899 万 t；②由于在海滩大量挖沙，沿岸泥沙动态平衡失调；③近十年来海平面上升，造成海岸线后退。依据 1987 年、1994 年遥感影像和 1971 年地形图分析辽东湾沿岸 20 余年来海岸变化情况，发现除大辽河口附近岸段以外，其余岸段均不同程度地出现侵蚀后退的现象。辽河至大凌河之间以及大凌河以西淤泥海岸在 1971—1987 年后退速率约为 50 m/a；1987—1994 年后退速率更快，从遥感影像的分析来看，为100～200 m/年（郑建平 等，2005）。由于营口地区围海造地，高密度兴建港口、企业以及各类宾馆、酒店等海岸项目和沿岸乱采滥挖海沙，导致近海岸线被大规模开发利用，目前仅存自然海岸线约 20 km，局部岸线受蚀后退，最大速率每年达 10 m。营口市鲅鱼圈号房一带海岸段，由于乱挖海沙，造成原生海岸地貌被破坏，海防林已变成稀疏低矮灌木，海岸蚀退60 m（赵丹，2016）。

三、海水入侵地下含水层

河口区河流作用的减弱，海洋作用将逐渐处于主导地位，从而导致海水入侵。地下水系统是一个较为敏感且脆弱的生态系统（冯砚青，2003）。河流径流的减少导致地下水失去一个重要的补给源，加之工农业过度开采河口地区地下水，其地下水生态平衡遭到破坏，地下水位随之下降，当河口地区的开采规模接近或超过多年平均补给规模时，地下水位不断下降形成地下漏斗，诱发海水入侵地下含水层，导致地下水的含盐度大大增加而失去饮用价值和农业灌溉价值，土地盐渍化。根据1993—2000年辽河口流域海水入侵调查结果，太子河及大辽河口干流入侵面积 3 350 hm²，主要在营口市盖州市。海水入侵造成营口市地下淡水污染的环境地质灾害，主要表现在：①地下水位下降速度加快，使海水入侵污染程度扩大。1999—2003年地下水位平均下降2.2 m，而2003年比2002年下降了6.3 m，速度急剧加快。2003年仅盖州大清河下游地区的降落漏斗面积比2002年扩大了10 km²，造成了大面积海水入侵。②水质下降。2000年以后经过近5年的系统观测，由于海水入侵，地下水氯离子含量升至 625 mg/L（国家饮用水标准为 250 mg/L）；矿化度含量最高值为 2 266 mg/L（国家饮用水标准为 1 000 mg/L）；亚硝酸盐超过饮用水规定10倍，其他有毒有害物质也随之增加。海水入侵，使耕地含水层中盐分增多，造成土壤板结、盐碱化，已严重影响农作物的生长，农作物大面积减产，严重地段出现绝收（郑建平 等，2005）。随着河口地区的开发，河口区淡水资源将是河口地区经济发展的主要制约因素之一。

四、河口区及近岸污染较重

河口污染是中国河口面临的最严重威胁之一。目前，河口实际上已成为工业污水、生活污水和农用废水的承泄区域。我国河口已普遍受到总氮、总磷等营养物质的点源污染和面源污染，富营养化程度严重。

由于辽东湾属三面环陆、一面环海的封闭式海湾，海水交换能力很弱，水污染问题比较严重。辽河口属于辽东湾最大的污染源，该区域大、中、小城市的水系污染物全部输送到辽东湾。因此，辽河口入海口一带也是辽东湾污染最重的海域。辽东湾海水中无机氮和磷酸盐的污染日趋严重，近岸海域富营养化水平较高，破坏了海洋的生态平衡，导致海水中藻类过量繁殖和藻类种群的单一化发展。赤潮特征藻类在局部地区已呈优势。1998—1999年辽东湾连续发生特大赤潮，面积分别达到50万 hm² 和60万 hm²，仅1998年赤潮造成海洋水产的直接经济损失就约5亿元。目前，辽东湾的富营养化指数高达29.36，已处在严重的富营养状态，极易引发赤潮（周艳荣 等，2009）。

国家海洋局 2007—2010 年发布的中国海洋环境质量公报显示（国家海洋局，2007—2010），辽东湾海水中的石油类污染是仅次于无机氮和正磷酸盐的最主要污染物之一（刘亮 等，2014）。2006 年大辽河流入辽东湾的污水占流入河流污水总量的 63.1%，主要入河污染物有 BOD_5、COD、无机氮、无机磷、重金属、悬浮物和挥发酚等（刘娟 等，2008）。有关部门的监测结果表明，营口市的局部近岸海域水质超过国家三类海水水质标准，主要污染指标为无机氮和活性磷酸盐、石油类、铅、镉等，其中无机氮超标率高达 95%，另外，活性磷酸盐所占比重也很大。作为入海口的辽河口下游地区，辽河口邻近海域是海洋渔业的生产基地，未经处理的生活污水和工农业废水的大量排放，以及近岸海水养殖业的迅猛发展，造成了滨海湿地以及近岸水域的污染严重。湿地污染可引起湿地生物死亡，破坏湿地的原有生物群落结构，并通过食物链逐级富集进而影响其他物种的生存，严重干预了湿地生态平衡（王永洁 等，2011）。

根据辽宁省海洋环境报告统计（2016），2016 年辽河口全年主要入海污染物总量 48 895 t。其中，石油类 68 t，化学需氧量（COD_{Cr}）为 47 552 t，占入海污染物总量的 97.2%；氨氮（以氮计）846 t，总磷（以磷计）76 t，硝酸盐（以氮计）37 t，亚硝酸盐（以氮计）293 t，重金属 21 t，砷 2 t。大辽河口全年主要入海污染物总量 221 229 t，其中：石油类 216 t，化学需氧量（COD_{Cr}）为 217 012 t，占总污染物入海总量的 98.09%；氨氮（以氮计）1 968t，总磷（以磷计）425 t，硝酸盐（以氮计）461 t，亚硝酸盐（以氮计）1 050 t，重金属 85 t，砷 12 t。大凌河全年主要入海污染物总量 769.8 t。其中，石油类 0.4 t，化学需氧量（COD_{Cr}）为 749 t，占入海污染物总量的 97.3%；氨氮（以氮计）2 t，总磷（以磷计）1 t，硝酸盐（以氮计）16 t，亚硝酸盐（以氮计）1 t，重金属 0.3 t，砷 0.1 t。

辽东湾符合第一类海水水质标准的海域面积为 5 280 km²；符合第二类海水水质标准的海域面积为 3 850 km²；符合第三类海水水质标准的海域面积为 2 410 km²；符合第四类海水水质标准的海域面积为 3 160 km²。主要分布在大辽河口、普兰店湾近岸海域，主要污染要素为无机氮、活性磷酸盐和石油类（辽宁省海洋环境报告统计，2016）。

近年来，虽然相关部门已对流域内和近岸从水污染防治、水生态保护和水资源管理等方面开展了大量工作，但是由于辽河口流域污染负荷较重，辽河口主要河流水质均不能满足水功能区达标要求，水体水质基本在 Ⅳ～Ⅴ 类，主要超标因子为氨氮、总氮、总磷等。值得关注的是，污染指标中的铅、镉等重金属和石油类虽然所占比例相对较小，但入海后很难分解，因此，对河口及近岸海域环境的影响是长期的。

五、河口淤积不断增加

目前，辽河、大辽河、大凌河等已在中上游或口门处建坝建闸，这不仅改变了河口原有的水文泥沙过程，而且导致更多的泥沙被拦阻在河口内部，人为地增加了河口的"过滤效率"，从而使大量泥沙淤积在河口区。随着河口淤积的不断加剧，河口泄流能力逐年下降。例如1968年，在辽河口下游修建了盘山闸后，由于长期关闸蓄水造成河闸上、下游严重淤积及泄流不畅，目前河闸的泄流能力比设计能力降低了46.6%。另外，大辽河口岸的营口（老）港，曾是我国北方重要商港。由于外航道有长约3 km的拦门沙淤积阻航，经整治，1986年后各浅滩潮水深可达10.7～11.6 m，能通航万吨级海轮，但通海航道不仅有6处碍航浅滩，而且航道弯曲、狭窄，大型船舶航行困难。另外，泥沙淤积也使锚地日益缩小（郑建平 等，2005）。

第五节　渔业资源面临的问题

辽东湾沿岸有辽河、大辽河、大凌河、小凌河等河流入海，河口及近岸水域饵料资源丰富，是多种水生生物重要的栖息地。辽东湾曾是我国重要的渔场之一，自20世纪70年代以来，由于人类对环境的破坏和不合理利用，使辽河口及近岸的渔业产品产量和质量明显降低，同时过度捕捞也给渔业带来严重的问题，昔日忙碌的海上捕捞景象已不复存在，渔场功能严重衰退，鱼产量逐年下降，特别是主要经济鱼类资源开始呈现不同程度的衰退，渔获质量逐渐从优质经济种向低质小型鱼类更替。目前，辽河口及近岸渔业资源主要存在以下问题。

一、水生生物栖息环境破坏

河口是生态环境的脆弱区。由于受河口水域环境污染、渔业过度捕捞、滩涂无序围垦等人类活动的影响，辽河口及近岸生态环境受到一定程度的破坏，河口湿地面积迅速减少，湿地污染日益加重，湿地结构明显受损，湿地的生产和生态功能迅速降低；生物多样性指数明显降低，生物物种逐年减少，底栖生物明显减少，水生生物栖息地环境遭到破坏，一些物种濒危程度不断加剧。

二、渔业生产压力增大，渔业资源严重衰退

过度捕捞是造成辽河口及近岸渔业资源衰退的主要原因之一。自1985年辽东沿海地区普遍实行船网作价归户经营以后，辽宁省机动渔船与马力增加，渔船盲目发展。辽东沿海地区海洋捕捞渔船增长了近3倍，捕捞强度大大超过渔业资源的再生能力。同时，小

型渔船比例逐渐提高。小型渔船主要在沿岸及近海渔场进行捕捞作业，小型渔船数量的增加，一方面加大了对近海渔业资源的过度利用，另一方面弱化渔船在外海的渔业捕捞能力。随着捕捞技术的进步和捕捞力度和强度的增加，近年来，辽东湾主要经济鱼类生物量及种类减少、渔业资源明显朝着低龄化、小型化、低质化方向演变。到 20 世纪 90 年代，辽东湾盛产的黄鱼、刀鱼、对虾和海蜇等经济渔业品种资源已经枯竭（孙康、徐斌，2007）。小型鱼类和贝类产量明显增加，仅以 1985 年与 1995 年两年数据为例，1985 年经济鱼类产量 1 928 t，占海捕总产量的 6.3%；而 1995 年经济鱼类产量 2 767 t，占总产量的 4.8%。有重要经济价值的渔业资源从过去的 70 种减少到目前的 10 种左右，小黄鱼、带鱼、蓝点马鲛等大型的底层和近底层鱼类已被黄鲫等小型中上层鱼类替代（王钢，2012）。

2006—2007 年，高音等（2013）和刘修泽等（2014）分别对辽东湾调查发现，鱼类资源仍在逐渐减少，大部分渔业生物的平均体重小于 40 g，尤其是优势种，渔业生物种类组成以小型个体和大中型鱼类的低龄群体占绝对优势。大型鱼类蓝点马鲛在辽东湾近岸海域仅夏季能捕获到，平均体重为 60.5 g，均为当年生幼鱼。鱼类的生长繁殖需要有充足的食物来保障，辽东湾总渔获量的变化是与该海域毛虾资源的剧烈变化相关联的。毛虾是辽东湾的主要渔业资源之一，其产量一直为辽东湾渔业总产量的首位。毛虾是一些重要经济鱼类的饵料来源。相关研究发现，辽东湾总渔获量的变化与该海域毛虾资源量的剧烈变化密切相关（高音 等，2013）。20 世纪 50~70 年代，辽东湾毛虾的捕获量曾占总捕获量的 65.9%（林振涛，1982），2006 年毛虾的捕获量只占总捕获量的 41.8%（赵振良 等，2008），可见毛虾的数量在逐年减少。因此，恢复辽东湾毛虾资源，将是恢复辽东湾各种鱼虾资源的重要基础（高音 等，2013）。

辽东湾滩涂贝类资源丰富，已经成为当地经济发展的支柱产业。近年来，随着贝类采捕强度的日益增加，其资源量急剧减少。陈远等（2012）于 2009 年和 2010 年对蛤蜊岗滩涂部分区域文蛤、四角蛤蜊等贝类及相关资源的调查显示，文蛤资源现存量仅为 489.3 t，与 20 世纪 80 年代相比下降了 4 600 多 t，资源严重衰退。

辽东湾海蜇捕捞是当地渔民重要的收入来源。近年来，海蜇资源量呈锐减趋势。据统计，1991 年辽东湾海蜇年平均产量约为 29.6 万 t，2003 年年平均产量约为 11.9 万 t，到 2013 年，辽东湾的海蜇产量只有几百吨，海蜇产量逐年下降，整个辽东湾捕蜇渔民经济收入受到极大影响（孙康、徐斌，2007；李文全 等，2013）。

三、渔业生产方式改进滞后

近些年来，渤海湾沿岸渔业行政主管部门为了保护渔业资源采取了一些措施，做了很多非常有效的工作。但是，粗放的捕捞方式，严重影响鱼类早期资源的补充，仍然是导致渔业资源严重衰退的主要原因之一，主要体现在：

（1）渔具渔法不合理　渤海湾传统的渔业生产一直以使用拖网等严重破坏资源的网具为主。拖网的特点是既能捕底层鱼，也能捕中上层鱼；不论鱼群大小，只要在其有效范围内均能被捕到。另外，河口及近岸一些靠捕鱼为生的低收入渔民，由于缺乏其他就业技能和渠道，"绝户网"等违规渔具是他们主要的捕鱼工具。因此，采用这些捕捞方式严重地破坏了渔业资源，特别是对幼鱼的破坏最为明显。

（2）捕捞时机不合理　在渔业生产中，大多采用粗放的捕捞方式，未考虑捕捞对象的生物学特点和生态习性，做到适时适宜的可持续捕捞。捕捞产卵前的亲鱼、未成熟的幼鱼，阻隔洄游群体，导致鱼类繁育和补充的自然群体稳定状态遭到破坏，加速渔业资源的衰退（王钢，乔延龙，2012）。

四、渔政管理能力亟待提升

由于经济发展，市场需求量不断增长，捕捞量增长的同时，面对有限的渔业资源，渔民间的竞争日趋激烈。面对非法的渔业行为时，以处罚为主要手段，而处罚的主要类型是以罚款为主。但是渔政处罚规定偏轻、幅度太大、执行力度不够。在一定程度上，这种惩罚只是变相向渔民收取费用，没有对违规者进行法律方面的教育及解释，对违规者的心理威慑作用不大，知法犯法的案例呈上升趋势。尽管随着渔政管理的发展，渔政管理的基层基础设施和安全监管工作得到较快发展，但是，近年来，海上极端自然灾害频发，辽东湾周边海域生产形势复杂化和海上权益纠纷的尖锐化，渔船渔港基础设施陈旧老化，新设备的普及率低，更新换代缓慢，渔业安全基础设施工作相对落后，处理紧急突发事件的难度日益加大。为了改变这一现状，必须加快现代渔政信息网络化的支撑保障能力建设，加强渔政指挥信息网络化能力的建设。

由于渔政管理和其他行政部门相比，有着其特殊性及复杂性，因而执法工作难度很大。目前，在渔政执法过程中，由于基层人员对渔政管理中渔业方面的专业知识缺乏，导致执法效率低，与渔民的摩擦较多。渔政执法人员在执法过程中，尤其是在基层的执法人员，面对的管理对象是文化水平较低的渔民，他们法律意识淡薄，许多违法者不服从管理，不接受处罚，有些性质恶劣、涉及治安问题时，由于渔政管理人员不能使用武力、警械，只能配合公安部门执法，因而影响了执法力度。在水产品上市标准、渔船下海规范等与渔业相关的经济活动中，渔政执法机关还需要和工商行政管理部门及立法机构加强沟通，及时出台相关的政策法规，提升执法效率（安景峰，2017；袁子蝉 等，2016）。

第六节　渔业资源可持续利用管理策略

一、严格控制陆源污染

控制和消减陆源污染，降低入海污染物总量，是保护辽河口及近海水生生物多样性的前提和基础。如果辽河流域污染得不到有效的控制，河口水域栖息地修复、增殖放流等措施都难以取得成效。应认清保护河口及近岸环境的重要性和紧迫性，建立内蒙古、吉林、辽宁三省（自治区）辽河水污染治理会商机制，完善水污染生态补偿机制，实现辽河、大辽河、大凌河和小凌河等流域水污染治理目标，形成有效的流域水环境管理模式。控制排污总量，加强对点源污染和面源污染的整治和管理（潘家华、庄贵阳，1998）。转变经济增长方式，推动产业结构优化升级，淘汰落后、高污染企业，从源头上减少排海污染物。走资源节约型、环境友好型的科学发展道路，是减少排海污染物、控制河口及近岸污染的治本之策。

二、严格控制捕捞强度

目前，辽河口及近海渔业资源正在日渐衰退，而捕捞强度却仍在不断增加。由于单船产量逐渐下降，导致渔获物种类组成单一、种群结构低龄化、小型化，渔业劳动力和作业海区也在不断扩大。

随着捕捞技术的不断提高，渔船的作业能力也在不断提高，因此应严格控制捕捞强度（曹朝清，2007），减少作业船只。为保护渔业资源的可持续利用，要严格监督、管理和检验捕捞渔船，坚决取缔"三无"及"三证"不全的渔船；淘汰技术水平低且对近岸渔业资源与环境危害较大的渔船；鼓励扶持大马力渔船发展外海远洋生产；加强渔政执法力度，提高、改善执法队伍人员素质和装备；充分利用现有的队伍装备，提高管理效率，适应日益繁重的渔政管理任务；严格控制近岸小型、地方性作业网具数量，合理安排好渔民转产分流（聂善明，2000），真正达到降低捕捞压力的目的。

三、调整捕捞生产方式结构

目前，辽河口及近海水域很多渔民采用网具作业时，横扫海底，对海底环境破坏极大，而且污染水质，不利于水生生物的生存。调整捕捞生产方式结构，有效控制底拖网、定置网和小网目刺网的使用，降低网具对渔业资源的危害（吴明辉，1994；聂善明，2000）。

严格执行渔业法，控制不同网具的最小网目尺寸及目标种的最小可捕尺寸，以有效地保护幼鱼资源，保证渔业资源的补充量；加强对高选择性、高专捕性网具的研究，提高网具性能，减少副渔获物（唐衍力　等，2003）；此外，应加强宣传力度，增强渔民对副渔获物的认识，在实际作业中能正确对待副渔获物，减少资源的浪费。

四、加强重要物种栖息地保护

科学有序地开展重要物种栖息地保护与恢复工作，而保护其栖息地的主要途径是建立自然保护区（曹朝清，2007）。在水生生物的栖息地建立自然保护区或种质资源保护区，不仅可以保护濒危物种及其栖息地，还可以保护区内的其他生物，提高资源的自我修复能力。早在 1985 年辽宁省已建立辽河口自然保护区，改善了水生生物栖息环境，提高了水域生产力。开展生态环境改造和人工增殖放流，有助于实现海洋渔业资源的可持续利用。

建立辽河口重要、珍稀物种暂养保护站和救护中心，保证洄游通道畅通，划定禁捕区，保护刀鲚、鳗鲡、河蟹等重要物种的产卵场，禁止船挑网捕捞蟹苗，实施对洄游物种 3 年全面禁捕，以期尽早恢复种群数量和资源量。

五、统筹规划生态环境质量监测

统一布设环境质量监测站位，科学设计监测时间频率，形成布局合理、功能完善的河口及近海环境质量监测体系。长期开展河口和近海生态功能区、敏感区和脆弱区的连续监测。加强对珍稀濒危生物、重要经济物种等专项监测，提高河口生态区渔业资源和水生生物的科学研究投入，强化生态治理能力建设。

六、加快高新海洋技术推广运用

在河口和近海都应该加快高新海洋技术的推广运用，如改变技术落后的捕捞方式，改善网箱海水养殖，推广科学养殖技术，引进先进的管理理念和生产方式，实施 HACCP 制度，大力推进海洋养殖业和加工业的清洁生产工艺，以避免和减少水体有毒有害物质的积累，保护河口及近海生态安全。

七、严格涉水工程项目审批和监管

有目的、有计划地制订河口及近海保护措施和控制计划，对经济和生态敏感区进行发展控制与有效保护。对围海造田等工程实施严格审批制度，加强海域使用论证。把生态功能区划的规划与协调纳入海域使用可行性论证内容。为了保证各项海洋生态健康发展政策和措施的顺利实施，要建立可持续发展的河口及近海环境保护资金筹措和投资机制，通过行之有效的管理，实现生态监控区可持续发展的目标。

附 录

附录一　辽河口附近海域不同季节浮游植物的种类名录

序号	中文名	学名	季节			
			春	夏	秋	冬
1	具槽直链藻	*Melosira sulcata*	+	+	+	+
2	颗粒直链藻	*Melosira granulata*	+	+	+	+
3	六幅辐裥藻	*Actinoptychus senarius*	+		+	
4	具翼漂流藻	*Planktoniella blanda*			+	
5	圆筛藻	*Coscinodiscus* sp.		+		
6	细弱圆筛藻	*Coscinodiscus subtilis*	+			+
7	威利圆筛藻	*Coscinodiscus wailesii*				+
8	格式圆筛藻	*Coscinodiscus granii*	+	+		+
9	中心圆筛藻	*Coscinodiscus centralis*	+	+	+	+
10	星脐圆筛藻	*Coscinodiscus asteromphalus*	+	+	+	+
11	辐射圆筛藻	*Coscinodiscus radiatus*	+		+	
12	巨圆筛藻	*Coscinodiscus gigas*	+	+	+	+
13	琼氏圆筛藻	*Coscinodiscus jonesianus*	+		+	
14	明壁圆筛藻	*Coscinodiscns debilis*				+
15	美丽漂流藻	*Planktoniella formosa*				+
16	海链藻	*Thalassiosira* sp.	+	+		
17	圆海链藻	*Thalassiosira rotula*	+	+		
18	太平洋海链藻	*Thalassiosira pacifica*	+			
19	诺氏海链藻	*Thalassiosira nordenskioldii*	+			
20	优美旭氏藻矮小变型	*Schroderella delicatula*	+		+	
21	中肋骨条藻	*Skeletonema costatum*	+	+	+	
22	冠盖藻	*Stephanopyxis* sp.		+		
23	掌状冠盖藻	*Stephanopyxis palmeriana*		+	+	
24	塔形冠盖藻	*Stephanopyxis turris*			+	
25	地中海指管藻	*Dactyliosolen mediterraneus*		+		

（续）

序号	中文名	学名	季节			
			春	夏	秋	冬
26	丹麦细柱藻	*Leptocylindrus danicus*		+		
27	萎软几内亚藻	*Guinardia flaccida*			+	
28	柔弱几内亚藻	*Guinardia delicatula*	+		+	
29	豪猪棘冠藻	*Corethron hystrix*	+		+	
30	根管藻	*Rhizosolenia* sp.	+	+		
31	印度翼根管藻	*Rhizosolenia alata* f. *Indica*		+	+	
32	笔尖根管藻	*Rhizosolenia styliformis*	+		+	
33	刚毛根管藻	*Rhizosolenia setigera*	+	+	+	+
34	翼根管藻	*Rhizosolenia alata*			+	
35	斯托根管藻	*Rhizosolenia stolterfothii*		+	+	
36	粗根管藻	*Rhizosolenia robusta*			+	
37	细长翼根管藻	*Rhizosolenia. alata* f. *gracillima*			+	
38	透明辐杆藻	*Bacteriastrum hyalinum*		+	+	
39	脆杆藻属	*Fragilaria* sp.	+			
40	角毛藻属	*Chaetoceros* sp.		+		
41	洛氏角毛藻	*Chaetoceros lorenzianus*		+	+	
42	密联角毛藻	*Chaetoceros densus*		+		
43	窄细角毛藻	*Chaetoceros affinis*		+	+	
44	旋链角毛藻	*Chaetoceros curvisetus*	+	+	+	
45	冕孢角毛藻	*Chaetoceros subsecundus*	+	+	+	
46	柔弱角毛藻	*Chaetoceros debilis*	+			
47	卡氏角毛藻	*Chaetoceros castracanei*			+	
48	扭链角毛藻	*Chaetoceros tortissimus*	+			
49	丹麦角毛藻	*Chaetoceros danicus*		+		
50	北方角毛藻	*Chaetoceros borealis*			+	
51	盒形藻	*Biddulphia* sp.				+
52	活动盒形藻	*Biddulphia mobiliensis*	+	+	+	+
53	中华盒形藻	*Biddulphia sinensis*	+	+	+	+
54	钝头盒形藻	*Biddulphia pulchella*		+		
55	长耳盒形藻	*Biddulphia aurita*	+			

（续）

序号	中文名	学名	季节			
			春	夏	秋	冬
56	正盒形藻	*Biddulphia biddulphiana*	+			
57	太阳双尾藻	*Ditylum sol*	+	+	+	+
58	布氏双尾藻	*Ditylum brightwelli*	+	+	+	+
59	中鼓藻	*Bellerochea* sp.			+	
60	锤状中鼓藻	*Bellerochea malleus*	+			
61	钟形中鼓藻	*Bellerochea horologicalis*	+		+	
62	浮动弯角藻	*Eucampia zodiacus*	+	+	+	+
63	泰晤士扭鞘藻	*Streptotheca thamesis*		+	+	
64	加拟星杆藻	*Asterionella kariana*	+			
65	日本星杆藻	*Asterionella japonica*			+	
66	菱形海线藻	*Thalassionema nitzschioides*	+	+	+	
67	佛氏海毛藻	*Thalassiothrix frauenfeldii*	+	+	+	+
68	短柄曲壳藻	*Achnanthes brevipes*				+
69	曲舟藻	*Pleurosigma* sp.	+	+	+	+
70	舟形藻	*Navicula* sp.	+	+	+	+
71	羽纹藻	*Pinnularia* sp.	+		+	
72	菱形藻	*Nitzschia* sp.	+	+	+	+
73	尖刺伪菱形藻	*Nitzschia pungens*	+	+		+
74	长菱形藻	*Nitzschia longissima*	+	+	+	
75	柔弱伪菱形藻	*Nitzschia delicatissima*	+		+	
76	奇异菱形藻	*Nitzschia paradoxa*	+	+	+	
77	四角网硅鞭藻	*Dictyocha fibula*	+	+	+	
78	厚甲多甲藻	*Peridinium crassipes*	+		+	
79	锥形多甲藻	*Peridinium conicum*		+		+
80	斯氏扁甲藻	*Pyrophacus horologicum*		+	+	
81	多边舌甲藻	*Lingulodinium polyedra*		+		
82	长角角藻	*Ceratium macroceros*	+	+	+	
83	三角角藻	*Ceratium tripos*	+	+	+	+
84	纺锤角藻	*Ceratium fusus*	+	+	+	+
85	底顶角藻	*Ceratium humile*		+		

（续）

序号	中文名	学名	季节			
			春	夏	秋	冬
86	分叉角藻	*Ceratium furca*		+	+	
87	膝沟藻	*Gonyaulax* sp.	+			
88	锐新月藻	*Closterium acerosum*	+	+	+	
89	莱布新月藻	*Closterium leibleinii*	+	+	+	
90	集星藻	*Actinastrum* spp.		+	+	
91	单角盘星藻	*Pediastrum simplex*		+		
92	四尾栅藻	*Selenastrum quadricanda*	+	+	+	
93	二形栅藻	*Scenedesmus dimorphus*		+		
94	龙骨栅藻	*Scenedesmus carinatus*		+		
95	月牙藻	*Selenastrum bibraianum*	+	+	+	
96	梭形裸藻	*Euglena acus*		+		
97	席藻	*Phormidium* spp.		+	+	

附录二　辽河口附近海域不同季节浮游动物的种类名录

序号	中文名	学名/英文名	季节			
			春	夏	秋	冬
1	双刺纺锤水蚤	*Acartia bifilosa*	+	+	+	+
2	克氏纺锤水蚤	*Acartia clausi*	+		+	
3	近缘大眼剑水蚤	*Corycaeus japonicus*	+	+	+	+
4	拟长腹剑水蚤	*Oithona similis*	+	+	+	+
5	强额拟哲水蚤	*Paracalanus crassirostris*	+	+	+	
6	小拟哲水蚤	*Paracalanus parvus*	+	+	+	+
7	真刺唇角水蚤	*Labidocera euchaeta*	+	+		+
8	圆唇角水蚤	*Labidocera rotunda*	+	+		
9	细巧华哲水蚤	*Sinocalanus tenellus*	+	+	+	
10	中华哲水蚤	*Calanus sinicus*	+	+	+	+
11	瘦尾胸刺水蚤	*Centropages tenuiremis*	+	+	+	+
12	墨氏胸刺水蚤	*Cetropages mcmurrichi*	+	+		
13	太平洋纺锤水蚤	*Acartia pacifica*		+	+	
14	特氏歪水蚤	*Tortanus derjuginii*	+	+		
15	火腿许水蚤	*Schmackeria poplesia*		+		
16	猛水蚤	*Harpacticoida* sp.	+	+		
17	鸟喙尖头溞	*Penilla avirosiris*		+		
18	诺氏三角溞	*Evadne nordmanni*		+		
19	圆囊溞	*Pdoon polyphemoides*	+	+		
20	肥胖三角溞	*Evadne tergestina*		+		
21	双壳类幼体	Bivalve larvae	+	+	+	+
22	多毛类幼体	Polychaeta larvae	+	+	+	+
23	浮浪幼虫	Planula larvae	+	+	+	
24	阿利玛幼体	Alima larvae	+		+	+
25	短尾类溞状幼体	Brachyura zoea larvae	+	+		

（续）

序号	中文名	学名/英文名	季节			
			春	夏	秋	冬
26	腹足类幼体	Gastropoda larvae	+	+	+	+
27	长尾类幼体	Macrura larvae		+	+	+
28	腔肠动物幼体	Coelenterata larvae			+	
29	桡足类无节幼体	Nauplius larvae	+	+	+	+
30	桡足类幼体	Copepodite larvae	+	+	+	+
31	蔓足类幼体	Balanus larvae				+
32	棘皮动物幼体	Echinodermata larvae	+	+	+	
33	糠虾幼体	Mysidacea larvae		+	+	
34	异体住囊虫	Oikopleura dioica				+
35	细长脚（蛾）	Themisto gracilipes		+	+	
36	钩虾	Gammarus sp.	+	+	+	+
37	强壮箭虫	Sagitta crassa	+	+	+	+
38	罗氏水母	Lovesnella assimilis	+		+	
39	小介穗水母	Podocoryne minina			+	
40	五角水母	Muggiaea atlantica			+	
41	崎状镰螅水母	Amphinema dinema		+	+	
42	薮枝螅水母	Obelia spp.	+	+	+	+
43	嵊山秀氏水母	Sugiura chengshanensis		+	+	+
44	锡兰和平水母	Eirene ceylonensis	+		+	+
45	球形侧腕水母	Pleurobrachia globosa		+	+	
46	灯塔水母	Turritopsis dohrnii	+		+	
47	绿杯水母	Phialidium hemisphaericum			+	
48	带拟杯水母	Phialicium taeniogonia		+	+	
49	八斑芮氏水母	Rathkea octopunctata			+	+
50	首要鲍氏水母	Bougainvillia principis		+	+	
51	蟹形舟水母	Phortis kambara		+		
52	中国毛虾	Acetes chinensis		+	+	+
53	长额刺糠虾	Acanthomysis longirostris	+	+	+	+
54	三叶针尾涟虫	Diastylis tricincta				+
55	古氏长涟虫	Iphinoe gurjanovae		+		

附录三　辽河口附近海域不同季节底栖动物的种类名录

序号	中文名	学名	季节			
			春	夏	秋	冬
1	长吻沙蚕	*Glycera chirori*	+			
2	新三齿巢沙蚕	*Diopatra neotridens*	+	+		+
3	异足索沙蚕	*Lumbrineris heteropoda*		+		
4	孟加拉海扇虫	*Pherusa bengalensis*	+	+		
5	微黄镰玉螺	*Lunatia gilva*				+
6	扁玉螺	*Neverita didyma*	+	+	+	+
7	脉红螺	*Rapana venosa*	+	+	+	+
8	红带织纹螺	*Nassarius succinctus*	+	+		
9	尖高旋螺	*Acrilla acuminate*	+	+		
10	毛蚶	*Scapharca subcrenata*	+	+	+	+
11	日本镜蛤	*Dosinia japonica*	+	+		
12	四角蛤蜊	*Mactra veneriformis*	+	+	+	
13	菲律宾蛤仔	*Venevupis philippinarum*	+	+	+	
14	文蛤	*Meretrix meretrix*	+	+	+	
15	缢蛏	*Sinonovacula constricta*	+	+	+	
16	大竹蛏	*Solen grandis*	+	+		
17	短蛸	*Octopus ocellatus*	+			+
18	日本浪漂水蚤	*Cirolana japonensis*	+			
19	大寄居蟹	*Pagurus ochotensis*	+	+	+	+
20	艾氏活额寄居蟹	*Diogenes edwardsii*	+	+		+
21	隆背黄道蟹	*Cancer gibbosulus*	+			
22	日本蟳	*Charybdis japonica*	+	+	+	+
23	小刺毛刺蟹	*Pilumnus spinulus*	+			+
24	泥足隆背蟹	*Carcinoplax vestita*	+		+	+
25	隆线强蟹	*Eucrate crenata*			+	+
26	口虾蛄	*Oratosguilla oratoria*	+			
27	正环沙鸡子	*Phyllophorus hypsipyga*	+	+		

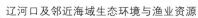

（续）

序号	中文名	学名	季节			
			春	夏	秋	冬
28	钮细锚参	*Leptosyna ptaooplax*	＋	＋		
29	棘刺锚参	*Protankyra bidentata*	＋	＋		
30	砂海星	*Luidia guinaria*	＋	＋	＋	＋
31	罗氏海盘车	*Asterias rollestoni*	＋	＋	＋	＋
32	细雕刻肋海胆	*Temnopleurus tereumaticus*	＋		＋	
33	哈氏刻肋海胆	*Temnopleurus hardwickii*	＋	＋	＋	＋
34	马粪海胆	*Hemicentrotus pulcherimus*	＋	＋		＋
35	司氏盖蛇尾	*Stegophiura sladeni*	＋		＋	＋
36	紫蛇尾	*Ophiopholis mirabilis*	＋		＋	

附录四　辽河口附近海域不同季节游泳动物的种类名录

序号	中文名	学名	季节			
			春	夏	秋	冬
1	斑鰶	*Clupanodon punctatus*		+	+	
2	青鳞鱼	*Sardillnella zunasi*		+		
3	鳀	*Engraulis japonicus*		+		
4	赤鼻棱鳀	*Thrissa kammalensis*		+		
5	黄鲫	*Setipinna taty*		+	+	
6	大银鱼	*Protosalanx hyalocranius*		+		
7	海龙	*Syngnathus acus*		+		+
8	油鲆	*Sphyraena pinguis*		+		
9	鲛	*Liza haematocheila*				+
10	叫姑鱼	*Johnius bolengeri*		+	+	
11	黄姑鱼	*Nibea albiflora*		+		
12	白姑鱼	*Argyrosomus argentatus*			+	
13	小黄鱼	*Pseudosciaena polyactis*		+	+	+
14	棘头梅童鱼	*Collichthys lucidus*	+	+		
15	黑鳃梅童鱼	*Collichthys niveatus*				
16	方氏云鳚	*Enedrias fangi*			+	+
17	长绵鳚	*Zoarces elongatus*	+		+	+
18	玉筋鱼	*Ammodytes personatus*		+		
19	李氏鮨	*Callionymus richardsoni*				+
20	暗缟鰕虎鱼	*Tridentiger obscurus*				+
21	裸项栉鰕虎鱼	*Ctenogobius gymnauchen*				+
22	乳色阿匍鰕虎鱼	*Aboma lactipes*				+
23	斑尾复鰕虎鱼	*Synechogobius ommaturus*	+	+	+	+
24	矛尾鰕虎鱼	*Chaeturichthys stigmatias*	+	+	+	+
25	五带高鳍鰕虎鱼	*Pterogobius zacalles*			+	+

（续）

序号	中文名	学名	春	夏	秋	冬
26	红狼牙鰕虎鱼	*Odontamblyopus rubicundus*	+	+		
27	中华栉孔鰕虎鱼	*Ctenotrypauchen chinensis*	+	+	+	
28	小头栉孔鰕虎鱼	*Ctenotrypauchen microcephalus*				+
29	小带鱼	*Eupleurogrammus muticus*		+	+	
30	蓝点马鲛	*Scomberomorus niphonius*		+		
31	银鲳	*Pampus argenteus*		+		
32	许氏平鲉	*Sebastes schlegeli*	+	+		+
33	绿鳍鱼	*Chelidonichthys kumu*			+	
34	大泷六线鱼	*Hexagrammos otakii*	+	+		+
35	鲬	*Platycephalus indicus*		+		
36	黑斑鲥子鱼	*Liparis choanus*		+		
37	细纹鲥子鱼	*Liparis tanakae*				+
38	斑纹鲥子鱼	*Liparis maculatus*				+
39	牙鲆	*Paralichthys olivaceus*			+	
40	半滑舌鳎	*Cynoglossus semilaevis*		+		
41	焦氏舌鳎	*Cynoglossus joyneri*	+	+	+	+
42	中国对虾	*Fenneropenaeus chinensis*		+		
43	鹰爪虾	*Trachypenaeus curvirostris*			+	
44	鲜明鼓虾	*Alpheus heterocarpus*	+	+	+	+
45	短脊鼓虾	*Alpheus brevicritatus*		+		
46	日本鼓虾	*Alpheus japonicus*	+	+	+	+
47	葛氏长臂虾	*Palaemongravieri*	+	+		+
48	脊尾白虾	*Exopalaemon carinicauda*		+		
49	脊尾褐虾	*Crangon affinis*	+			
50	大蝼蛄虾	*Upgobin major*	+			
51	大寄居蟹	*Pagurus ochtensis*	+		+	
52	艾氏活额寄居蟹	*Diogenes edwardsii*	+			
53	日本关公蟹	*Dorippe japonica*	+	+	+	+
54	七刺栗壳蟹	*Arcania heptacantha*			+	
55	杂粒拳蟹	*Philyra heterograna*	+			

（续）

序号	中文名	学名	季节			
			春	夏	秋	冬
56	红线黎明蟹	*Matuta planipes*		+		
57	中华虎头蟹	*Orithyia sinica*	+	+		
58	隆背黄道蟹	*Cancer gibbosulus*				+
59	三疣梭子蟹	*Portunus trituberculatus*	+	+	+	+
60	日本蟳	*Charybdis japonica*	+	+	+	+
61	泥足隆背蟹	*Carcinoplax vestita*	+		+	
62	隆线强蟹	*Eucrate crenata*		+	+	
63	中华近方蟹	*Hemigrapsus sinensis*		+		
64	沈氏厚蟹	*Helice sheni*				+
65	口虾蛄	*Oratosquilla oratoria*	+	+	+	+
66	日本枪乌贼	*Loligo joponica*		+	+	
67	火枪乌贼	*Loligo beka*		+		+
68	短蛸	*Octopus ocellatus*	+	+	+	
69	长蛸	*Octopus variabilis*	+	+	+	+

参 考 文 献

安景峰.2017. 辽宁渔政管理现状及发展趋势研究［C］//中国太平洋学会海洋维权与执法研究分会.
2016年学术研讨会论文集.

陈珊珊,陈晓辉,孟祥君,等.2016. 渤海辽东湾海域海底地形特征及控制因素［J］. 海洋地质前沿
(5):31－39.

陈伟,谢艾楠,于大勇.2012. 辽河口海岸滩涂开发治理管理相关问题探讨［J］. 东北水利水电(10):
56－58.

陈远,姜靖宇,李石磊,等.2012. 盘锦蛤蜊岗、小河滩涂文蛤及其相关资源调查报告［J］. 河北渔业
(1):46－49.

陈则实. 中国海湾志编纂委员会,1998. 中国海湾志:重要河口(第十四分册)［M］. 北京:海洋出版
社.

方子云.2004. 中国水利百科全书. 环境水利分册［M］. 北京:中国水利水电出版社.

冯慕华,龙江平,喻龙,等,2003. 辽东湾东部浅水区沉积物中重金属潜在生态评价［J］. 海洋科学
(27):52－56.

冯夏清,章光新,尹雄锐.2010. 基于生态保护目标的太子河下游河道生态需水量计算［J］. 环境科学
学报(7):1466－1471.

冯砚青.2003. 河口海岸的环境变异、环境问题及对策探究［J］. 中山大学研究生学刊(自然科学、医
学版),24(1):49－53.

高音,刘明勇,汤勇.2013. 辽东湾渔业资源及生态环境的调查分析［J］. 大连海洋大学学报,28(2):
211－216.

耿秀山.1981. 黄、渤海地貌特征及形成因素探讨［J］. 地理学报(4):423－434.

郭芬.2009. 辽河口流域水生态与水环境因子时空变化特征研究［D］. 北京:中国环境科学研究院.

何磊.2004. 海湾水交换数值模拟方法研究［D］. 天津:天津大学.

胡童坤.1963. 辽宁西部大凌河中游地区的地貌母质类型和水土保持的关系［J］. 沈阳农学院学报(1):
124－130.

孔祥鹏.2014. 辽东湾顶自净能力季节变化与排污调控策略［D］. 大连:大连海事大学.

冷延慧,郭书海,聂远彬,等.2006. 石油开发对辽河三角洲地区苇田生态系统的影响［J］. 农业环境
科学学报25(2):432－435.

李春初.1997. 论河口体系及其自动调整作用——以华南河流为例［J］. 地理学报(4):67－74.

李文全,田由甲,张忠军.2013. 海蜇资源近几年锐减原因浅析［J］. 河北渔业(11):21－21.

林振涛.1982. 关于辽东湾渔业资源恢复与合理利用的初步研究［J］. 水产科技情报(3):1－4.

刘爱江,吴建政,姜胜辉,等.2009. 双台子河口区悬沙分布和运移特征［J］. 海洋地质动态(8):
12－16.

刘建华，王庆，仲少云，等.2008. 渤海海峡老铁山水道动力地貌及演变研究［J］. 海洋通报（1）：68－74.

刘娟.2006. 渤海化学污染物入海通量研究［D］. 青岛：中国海洋大学.

刘娟，孙茜，莫春波，等.2008. 大辽河口及邻近海域的污染现状和特征［J］. 水产科学（27）：286－289.

刘汝海，吴晓燕，秦洁，等.2008. 黄河口河海混合过程水中重金属的变化特征［J］. 中国海洋大学学报（自然科学版）（1）：157－162.

刘伟，何俊仕，陈杨.2016. 浑河流域降水与径流变化特征及同步性分析［J］. 水土保持研究（1）：150－154.

刘晓瑜，董立峰，陈义兰，等.2013. 渤海海底地貌特征和控制因素浅析［J］. 海洋科学进展（1）：105－115.

刘修泽，董婧，于旭光，等.2014. 辽宁省近岸海域的渔业资源结构［J］. 海洋渔业，26（4）：289－299.

陆永军，侯庆志，陆彦，等.2011. 河口海岸滩涂开发治理与管理研究进展［J］. 水利水运工程学报（4）：1－12.

聂善明.2000. 如何解决海洋渔业过度捕捞问题的探讨［J］. 中国渔业经济，（6）：26－28.

潘桂娥.2005. 辽河口演变分析［J］. 泥沙研究（1）：57－62.

潘家华，庄贵阳.1998. 中国黄海海域污染的态势与控制方略浅析［J］. 太平洋学报1：48－54.

曲富国.2014. 辽河流域生态补偿管理机制与保障政策研究［D］. 长春：吉林大学.

沈焕庭.1991. 我国河口水文研究的回顾与建议［J］. 水科学进展（3）：201－205.

石明珠.2012. 大辽河口盐淡水混合与水交换特性数值研究［D］. 青岛：中国海洋大学.

孙凤华，李丽光，梁红，等.2012.1961—2009年辽河流域气候变化特征及其对水资源的影响［J］. 气象与环境学报（5）：8－13.

孙刚.2011. 辽河口盐度分布及潮区界、潮流界的数值研究［D］. 青岛：中国海洋大学.

孙康，徐斌.2007. 辽东湾渔业资源枯竭原因探究［J］. 辽宁大学学报（哲学社会科学版）35（2）：108－112.

唐衍力，梁振林，万荣.2003. 拖网中副渔获物分离栅的研究进展［J］. 大连海洋大学学报18（4）：301－306.

王钢，乔延龙.2012. 渤海湾渔业资源面临的问题及其养护工作的建议［J］. 海洋经济（9）：52－53.

王焕松，李子成，雷坤，等.2010. 近20年大、小凌河入海径流量和输沙量变化及其驱动力分析［J］. 环境科学研究（10）：1236－1242.

王永洁，郑冬梅，罗金明.2011. 双台子河口湿地生态系统变化过程及其影响分析［J］. 安徽农业科学39（21）：12954－12956.

吴明辉.1994. 国营海洋捕捞业的现状及出路［J］. 中国渔业经济（6）：22－23.

熊金锋，杨光.2011. 锦州市小凌河泥沙分析［J］. 吉林水利（4）：38－40.

徐家声.1990. 渤海西部海岸带地貌发育的动力因素及特征分析［J］. 海洋通报（2）：58－64.

杨俊鹏.2007. 双台子河口潮滩土壤元素地球化学特征及其生态效应［D］. 长春：吉林大学.

杨丽娜.2011.大辽河口生态系统健康评价指标体系与技术方法研究［D］.青岛：中国海洋大学.

杨宇峰，王庆，陈菊芳，等.2006.河口浮游动物生态学研究进展［J］.生态学报（2）：576－585.

殷旭旺，渠晓东，李庆南，等.2012.基于着生藻类的太子河流域水生态系统健康评价［J］.生态学报（6）：1677－1691.

袁子蝉，张仁顺.2016.渔政管理能力建设与现代渔业生态文明发展展望［J］.中国水产（10）：50－54.

岳伟.2012.我国北方典型河流碎屑角闪石特征和物源区分［D］.烟台：鲁东大学.

张蕊.2010.双台子河口湿地生态水文模拟与调控［D］.青岛：中国海洋大学.

张燕菁，胡春宏，王延贵.2014.辽河流域水沙变化特征及影响因素分析［J］.人民长江，45（1）：32－35、68.

张子鹏.2013.辽东湾北部现代沉积作用研究［D］.青岛：中国海洋大学.

赵丹.2016.营口近岸海域资源保护与开发利用研究［J］.辽宁经济（3）：42－44.

赵仕兰，赵骞，袁秀堂.等，2011.2009年辽东湾北部海域Pb和Cd的时空分布特征及其污染风险评价［J］.海洋环境科学（6）：780－783，788.

赵振良，孙桂清，金龙.2008.2006年渤海湾近岸渔业资源调查与分析［J］.河北渔业，（3）：31－34.

郑建平，王芳，华祖林.2005.辽东湾北部河口区生态环境问题及对策［J］.东北水利水电，23（10）：47－50.

《中国水利百科全书》编辑委员会，2006.中国水利百科全书（第2卷）［M］.北京：中国水利水电出版社.

周洁，李迪华，任君为，等.2014.辽河口湿地黑嘴鸥繁殖栖息地的动态变化、保存与恢复［J］.中国园林（11）.

周艳荣，张巍，温国义，2009.辽东湾海域富营养化评价指标体系的构建［J］.海洋开发与管理26（8）：47－50.

周永德，吴喜军，李洪利.2009.大凌河流域的水文特性及其对生态环境的影响与对策［J］.东北水利水电（3）：35－36、70.

朱龙海.2004.双台子河口潮流沉积体系研究［D］.青岛：中国海洋大学.

庄平，等.2006.长江口鱼类［M］.上海：上海科学技术出版社.

Davies J，Moses C A.1964. A morphogenic approach to world shorelines［J］. Zeitschrift fur Geomorphologie（8）：127－142.

Glenne B.1967. Classification system for estuaries［J］. Journal of the Waterways and Harbors Division（93）：55－62.

Hagström A，Azam F，Andersson A，et al.，1988. Microbial loop in an oligotrophic pelagic marine ecosystem：possible roles of cyanobacteria and nanoflagellates in the organic fluxes. Marine ecology progress series［J］. Oldendorf（49）：171－178.

Pritchard D W.1967. What is an estuary：physical viewpoint［J］. American Association for the Advancement of Science.

Pritchard D W，Kinsman B.1960. Lectures on estuarine oceanography［D］. Baltimore：Johns Hopkins University.

作者简介

霍堂斌 男，1980 年 8 月生，博士，中国水产科学研究院黑龙江水产研究所副研究员。主要从事渔业资源调查与评估、鱼类生态学研究。2011 年入选"中国水产科学研究院百名科技英才培育计划"。主持及参与国家星火计划、农业行业专项、农业农村部财政专项物种资源保护项目、生态环境部全国生物物种生物多样性调查项目、中央级科研院所基本科研业务费等科研项目 20 余项。发表学术论文 50 余篇，其中，SCI/EI 收录 6 篇。主持编写黑龙江省地方标准 2 项，主编专著 2 部，参编专著 3 部。获得国家授权发明专利、国家实用新型专利 10 余项。